面向"十三五"高等教育规划教材

等离子喷涂工艺及热障涂层
数值模拟理论及应用

范群波　著

北京理工大学出版社
BEIJING INSTITUTE OF TECHNOLOGY PRESS

内容简介

本书是面向"材料成型及控制工程"专业本科生及"材料加工工程"专业硕士生编写的专业教材，同时也适用于其他相关专业及广大工程技术人员。等离子喷涂工艺制备热障涂层技术，是延长发动机使用寿命的关键技术之一，在航空、航天、车辆、船舶及军事领域有着广泛的应用。随着各领域对新型发动机性能需求的不断提高，完全基于经验或试验进行工艺优化的传统方法已不再适用，掌握等离子喷涂工艺及热障涂层数值模拟技术则有望大幅缩短研发周期、节约研制成本。本书系统介绍了等离子喷涂工艺制备热障涂层过程的数值模拟理论与方法，以及涂层典型热物理性能、力学性能及使用寿命数值模拟理论与方法。全书凝聚了作者多年来的研究成果，参考了大量国内外文献资料，并针对一些具体工程应用实例进行了深入阐述和剖析。

版权专有　侵权必究

图书在版编目（CIP）数据

等离子喷涂工艺及热障涂层数值模拟理论及应用 / 范群波著 . —北京：北京理工大学出版社，2017.3

ISBN 978－7－5682－3644－7

Ⅰ.①等… Ⅱ.①范… Ⅲ.①等离子喷涂－数值模拟②热障－涂层－数值模拟 Ⅳ.①TG174

中国版本图书馆 CIP 数据核字（2017）第 021120 号

出版发行 / 北京理工大学出版社有限责任公司
社　　址 / 北京市海淀区中关村南大街 5 号
邮　　编 / 100081
电　　话 /（010）68914775（总编室）
　　　　　（010）82562903（教材售后服务热线）
　　　　　（010）68948351（其他图书服务热线）
网　　址 / http：//www.bitpress.com.cn
经　　销 / 全国各地新华书店
印　　刷 / 保定市中画美凯印刷有限公司
开　　本 / 787 毫米 × 1092 毫米　1/16
印　　张 / 12
彩　　插 / 4
字　　数 / 288 千字
版　　次 / 2017 年 3 月第 1 版　2017 年 3 月第 1 次印刷
定　　价 / 36.00 元

责任编辑 / 李秀梅
文案编辑 / 杜春英
责任校对 / 周瑞红
责任印制 / 王美丽

图书出现印装质量问题，请拨打售后服务热线，本社负责调换

前　言

利用等离子喷涂工艺制备热障涂层，并将其应用于发动机热端部件，可显著提高发动机耐高温、抗热冲击、长寿命等服役性能要求，已成为发展新型高性能发动机的一项关键技术，在航空、航天、车辆、船舶等领域有着广泛的应用。

但等离子喷涂工艺参数众多，涉及喷枪内部复杂的物理化学反应、带化学反应的湍流射流场、射流场与颗粒群的流固耦合作用、颗粒群在基体表面的沉积及涂层生长过程、熔融颗粒高速碰撞于基体表面的变形机理等，使长期以来工程技术人员多以经验为主进行相关工艺参数优化。不仅如此，涂层内部的微观结构也十分复杂，包含各种微孔洞、微裂纹等缺陷，且存在大量的片层粒子间界面，将显著影响涂层热导率、结合强度以及服役寿命等重要性能。

随着计算机软、硬件技术的发展，利用数值模拟进行等离子喷涂工艺过程及热障涂层性能的有效预测已成为可能，从而有望让研发人员摆脱"经验加试验"的传统思路。通过计算机即可实现涂层虚拟制备和材料设计，跟踪从原始粉体材料到射流场、涂层的全过程演变历程，人们能够对涂层的形成机理、材料的失效本质及其主控因素等有更为深入的认识。而且，相关工作可以极大地缩短研制周期，节约研制成本。尽管如此，目前国内外仍然缺乏针对此领域的专业教材，一定程度上影响了本学科的发展。本书的撰写，正是在这一背景需求下开展的。

作者从国家"十五"计划开始就开展等离子喷涂工艺及热障涂层数值模拟研究，相关内容是作者近20年来的工作积累。全书共分11章，分别介绍了等离子喷涂及热障涂层数值模拟发展现状、等离子喷枪出口关键参数预测方法、等离子体二维射流场数值模拟、等离子体二维射流场中飞行颗粒数值模拟、等离子喷涂三维场数值模拟、等离子喷涂涂层的数值模拟、颗粒与基体相互作用过程数值模拟、基于涂层显微组织的有限元模型生成方法、缺陷及片层粒子间界面对涂层基本属性的影响、涂层拉伸结合强度预测方法、涂层热循环寿命预测方法，并讲述了相应的工程应用实例。全书力求突出新颖性、实用性和先进性，可作为

"材料加工工程"专业研究生以及"材料成型及控制工程"专业本科生的专业教材，也可以供"表面工程"专业的有关教学和科研人员参考。

本书在撰写过程中得到了恩师王富耻教授、王鲁教授的鼓励与支持，李树奎教授、沈伟博士以及王琳琳硕士也给予了作者极大的帮助，在此一并表示感谢。

作　者

2016 年 1 月于北京

目 录

第 1 章 等离子喷涂及热障涂层数值模拟发展现状 ············· 1
  1.1 等离子喷涂数值模拟概述 ············· 2
    1.1.1 等离子体射流模型 ············· 2
    1.1.2 等离子体与颗粒的相互作用模型 ············· 3
    1.1.3 涂层的沉积模型 ············· 5
    1.1.4 颗粒与基体的相互作用模型 ············· 5
  1.2 热障涂层性能预测研究现状 ············· 7
    1.2.1 涂层有限元模型构建 ············· 7
    1.2.2 涂层基本属性计算 ············· 9
    1.2.3 涂层结合强度预测 ············· 11
    1.2.4 涂层热循环失效机理分析 ············· 11
    1.2.5 涂层热循环寿命预测 ············· 14
  参考文献 ············· 15

第 2 章 等离子喷枪出口关键参数预测方法及实例分析 ············· 19
  2.1 数学模型 ············· 19
    2.1.1 能量守恒方程与输入功率 ············· 20
    2.1.2 冷却水带走的热功率 ············· 22
    2.1.3 气体的受热功率 ············· 22
    2.1.4 气体电离功率 ············· 23
    2.1.5 喷枪出口处基本变量的确定 ············· 24
  2.2 工程应用实例分析 ············· 25
    2.2.1 基本试验参数 ············· 25
    2.2.2 电流强度的影响 ············· 25
    2.2.3 工质气体的影响 ············· 26
    2.2.4 电流强度与气体流率的综合影响 ············· 30

2.2.5　喷枪出口处温度与速度的分布……………………………………… 31
参考文献…………………………………………………………………………… 32

第3章　等离子体二维射流场数值模拟及实例分析…………………………… 33
3.1　数学模型…………………………………………………………………… 33
　　3.1.1　连续性方程…………………………………………………… 33
　　3.1.2　动量守恒方程………………………………………………… 34
　　3.1.3　能量守恒方程………………………………………………… 34
　　3.1.4　$k-\varepsilon$双方程………………………………………………… 35
　　3.1.5　化学反应方程………………………………………………… 35
3.2　基本物性参数与输运系数………………………………………………… 36
3.3　工程应用实例分析………………………………………………………… 38
　　3.3.1　几何模型与边界条件………………………………………… 38
　　3.3.2　典型工况下射流温度场与速度场…………………………… 39
　　3.3.3　典型工况下射流场内的组分分布…………………………… 41
　　3.3.4　电流强度对射流场的影响…………………………………… 43
　　3.3.5　Ar流率的影响………………………………………………… 46
　　3.3.6　He流率的影响………………………………………………… 48
参考文献…………………………………………………………………………… 50

第4章　等离子体二维射流场中飞行颗粒数值模拟及实例分析……………… 53
4.1　数学模型…………………………………………………………………… 54
　　4.1.1　颗粒的受力平衡方程………………………………………… 54
　　4.1.2　热量交换方程………………………………………………… 54
4.2　飞行颗粒关键参量试验验证方法………………………………………… 55
4.3　工程应用实例分析………………………………………………………… 56
　　4.3.1　几何模型与边界条件………………………………………… 56
　　4.3.2　颗粒的飞行轨迹……………………………………………… 57
　　4.3.3　固定轴向位置颗粒直径、速度与温度的分布状况………… 58
　　4.3.4　颗粒的速度变化历程………………………………………… 62
　　4.3.5　颗粒的表面温度变化历程…………………………………… 64
　　4.3.6　电流强度对颗粒的影响……………………………………… 66
　　4.3.7　Ar流率对颗粒的影响………………………………………… 68
　　4.3.8　He流率对颗粒的影响………………………………………… 70
　　4.3.9　颗粒在飞行过程中的熔化状态……………………………… 72
参考文献…………………………………………………………………………… 77

第5章　等离子喷涂三维场数值模拟及实例分析……………………………… 79
5.1　数学模型…………………………………………………………………… 79

5.1.1	连续性方程	80
5.1.2	动量守恒方程	80
5.1.3	能量守恒方程	80
5.1.4	$k-\varepsilon$ 双方程	81
5.1.5	化学反应方程	81
5.1.6	射流与基体相互作用方程	82
5.1.7	颗粒轨道模型	82
5.1.8	等离子体-颗粒热量交换方程	83

5.2 工程应用实例 ... 84
 5.2.1 几何模型与边界条件 ... 84
 5.2.2 无基体三维空间射流场 ... 85
 5.2.3 有基体三维空间射流场 ... 87
 5.2.4 三维空间颗粒群 ... 89
参考文献 ... 90

第6章 等离子喷涂涂层的数值模拟 ... 93
6.1 计算模型及计算过程 ... 94
 6.1.1 蒙特卡洛随机模型介绍 ... 94
 6.1.2 随机操作过程 ... 94
 6.1.3 网格的划分 ... 95
6.2 模拟涂层三维形貌及其生长过程 ... 96
 6.2.1 涂层三维形貌计算过程及表征参量 ... 96
 6.2.2 涂层密度的计算 ... 98
 6.2.3 涂层生长时间的确定 ... 98
6.3 模拟涂层的二维组分分布 ... 98
6.4 随机模型的影响因素 ... 99
 6.4.1 材料组分的影响 ... 100
 6.4.2 随机操作数的影响 ... 101
 6.4.3 初始输入颗粒数的影响 ... 102
6.5 工程应用实例 ... 103
 6.5.1 涂层的三维形貌 ... 103
 6.5.2 涂层的二维组分分布 ... 110
参考文献 ... 111

第7章 颗粒与基体相互作用过程数值模拟及实例分析 ... 113
7.1 数学模型 ... 114
7.2 颗粒倾斜入射的数值模拟参数定义 ... 114
7.3 计算方法 ... 115

7.4 工程应用实例 ··· 115
   7.4.1 熔融颗粒垂直碰撞瞬间变形历程分析 ···························· 115
   7.4.2 熔融颗粒倾斜入射过程的数值模拟 ······························· 118
参考文献 ··· 121

第8章 基于涂层显微组织的有限元模型生成方法 ································· 123
8.1 涂层显微组织图像的数字图像处理 ··· 123
   8.1.1 图像数字化 ·· 124
   8.1.2 阈值分割处理 ·· 125
   8.1.3 有限元网格模型的生成 ·· 126
8.2 基于Micro-CT的涂层三维模型的构建 ······································ 128
   8.2.1 Micro-CT测试系统 ·· 128
   8.2.2 三维微观组织有限元模型的生成 ································· 129
参考文献 ··· 131

第9章 缺陷及片层粒子间界面对涂层基本属性的影响 ···························· 133
9.1 缺陷及片层粒子间界面对涂层基本属性影响的数学模型 ··················· 133
   9.1.1 缺陷及片层粒子间界面对涂层弹性模量影响的数学模型构建 ··· 133
   9.1.2 缺陷及片层粒子间界面对涂层热导率影响的数学模型构建 ····· 136
9.2 缺陷对涂层基本属性影响系数的确定 ······································ 137
   9.2.1 缺陷对涂层弹性模量影响系数的确定 ···························· 139
   9.2.2 缺陷对涂层热导率影响系数的确定 ······························· 140
   9.2.3 缺陷对涂层弹性模量及热导率的影响比较 ························ 141
9.3 片层粒子间界面对涂层基本属性影响系数的确定 ·························· 141
   9.3.1 涂层基本属性的试验测定 ······································· 142
   9.3.2 片层粒子间界面对涂层基本属性影响系数的计算 ················ 142
9.4 缺陷及片层粒子间界面对涂层基本属性的影响分析 ······················· 143
参考文献 ··· 144

第10章 涂层拉伸结合强度预测方法及实例分析 ································· 145
10.1 涂层拉伸结合强度的试验测试 ··· 145
   10.1.1 涂层拉伸试验 ··· 145
   10.1.2 结合强度试验值Weibull统计分析 ······························· 145
   10.1.3 涂层拉伸失效位置 ··· 146
10.2 涂层结合强度预测的有限元方法 ·· 146
10.3 解析法预测涂层拉伸结合强度 ·· 147
   10.3.1 解析模型 ··· 147
   10.3.2 结合强度解析解Weibull统计分析 ······························· 149

  10.3.3 涂层结合强度预测的解析方法 ··· 150
 10.4 涂层拉伸结合强度预测有限元法与解析法的比较 ····························· 151
 10.5 工程应用实例1 ·· 151
  10.5.1 有限元模型、材料性能参数与载荷施加 ·· 152
  10.5.2 拉伸失效裂纹扩展模拟 ·· 153
  10.5.3 涂层典型区域拉伸结合强度计算 ··· 155
  10.5.4 结合强度有限元计算值Weibull统计分析 ··· 156
 10.6 工程应用实例2 ·· 158
  10.6.1 基本参数及三维有限元模型的构建 ·· 158
  10.6.2 施加载荷及边界条件 ··· 158
  10.6.3 模拟结果与试验结果的对比 ·· 160
  10.6.4 涂层失效过程及机理分析 ··· 161
 参考文献 ·· 164

第11章 涂层热循环寿命预测方法及实例分析 ··· 165
 11.1 涂层热循环试验 ··· 165
  11.1.1 试验条件 ·· 165
  11.1.2 TGO生长动力学曲线 ··· 165
  11.1.3 涂层热循环试验寿命 ··· 167
 11.2 涂层热循环应力计算有限元方法 ··· 168
 11.3 多因素耦合计算方法 ··· 171
 11.4 工程应用实例分析 ··· 172
  11.4.1 几何模型及边界条件 ··· 172
  11.4.2 陶瓷层高温阶段的应力 ··· 174
  11.4.3 陶瓷层室温阶段的应力 ··· 176
  11.4.4 陶瓷层热循环应力影响因素分析 ··· 177
 参考文献 ·· 180

第 1 章
等离子喷涂及热障涂层数值模拟发展现状

热障涂层的研究始于 20 世纪 40 年代，在航空、航天、车辆、船舶等领域有着广泛的应用。所谓热障涂层，是指由金属黏结层（如 NiCrCoAlY）和高熔点陶瓷（如 Y_2O_3 部分稳定的 ZrO_2）表面层组成的涂层系统，作用于发动机热端部件可起到良好的隔热作用。以航空发动机为例，随着其向高流量比、高推重比等更高性能方向发展，在发动机热端部件表面制备热障涂层已成为保证发动机使用安全性和可靠性的关键因素。

热障涂层的制备方法很多，主要有等离子喷涂法、气相沉积法（CVD、PVD 或 PCVD 法）、高温自蔓延合成法、粒子排列法、粉末冶金法和离心铸造法等。而在制备热障涂层方面，等离子喷涂法具有明显的优势。如图 1-1 所示，等离子喷涂法利用喷枪产生的直流电弧加热工作气体（氩气（Ar）、氦气（He）等或其混合气体），通过离化和复合反应获得超高温（通常在 10 000 ℃ 以上）和高速等离子射流，熔化由载气送入的陶瓷、金属粉体材料，并最终使之与基体碰撞形成涂层。此外，等离子喷涂法还具有零件无变形、涂层种类多、工艺稳定、零件尺寸不受限制及涂层质量高等诸多优点，是目前制备热障涂层最实用的一种途径。

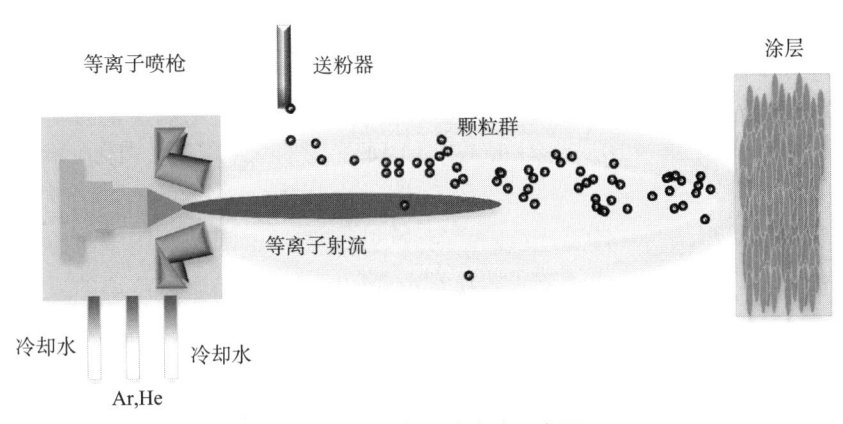

图 1-1 等离子喷涂法示意图

采用等离子喷涂法制备热障涂层，所涉及的物理和化学过程十分复杂，其中包括等离子射流的生成、射流与喷涂颗粒之间的传热、传质及动量传递，颗粒与基体的相互作用，以及热障涂层的形成等，使得理论研究工作长时间滞后于技术应用的发展，许多喷涂现象的实质仍有待深入探索。所以长期以来，工程师们一直都是凭经验和直觉甚至反复试验去加工，以获得所期望的热障涂层，这样往往费工费钱。随着计算机软、硬件技术的发展，利用数值模拟的方法进行虚拟加工，以寻求最优的工艺方案，不仅可以提高产品加工质量，而且可以缩短研制周期，降低成本。

不仅如此，热障涂层的服役环境极度恶劣，通常要承受热冲击、高温氧化、热腐蚀等多种侵害，加之涂层本身为多层结构，不同层之间的材料性能不同，使热障涂层在实际服役过程中承受着复杂的应力场作用，最终导致热障涂层易过早剥落失效。通过数值模拟方法对涂层的关键热物理性能、力学性能及服役寿命等进行有效预测，揭示其失效机理，确定其主控因素，进而改进涂层制备工艺，具有十分重要的工程指导价值。

1.1 等离子喷涂数值模拟概述

有关等离子喷涂领域的数值模拟工作已取得了很大进展，主要内容包括：
(1) 等离子体射流模型；
(2) 等离子体与颗粒的相互作用模型；
(3) 涂层的沉积模型；
(4) 颗粒与基体的相互作用模型。

1.1.1 等离子体射流模型

常见的等离子体包括电弧等离子体、高频等离子体和燃烧等离子体。电弧等离子体以其功率大、操作方便等优点而获得了广泛的应用。电弧等离子体喷涂的原理是：借助流经亚声速或超声速喷嘴的非氧化性控制气氛来稳定并压缩电弧产生高温；当气体流经电弧时，温度可达 10 000 ℃ 以上；在此温度下，气体离化成等离子体射流从喷嘴中喷出。

模拟等离子体射流遇到的主要困难是高温变物性和射流的流动状况。射流在上万度的温度下，必然伴随着气体热物理性质的大幅度变化。例如，1 000 K 时 Ar 的密度、热导率和黏性系数分别为 0.487 kg/m³、0.04 W/(m·K) 和 5.35 × 10⁻⁵ kg/(m·s)；而在 10 000 K 的等离子体温度下，相应的 Ar 的密度、热导率与黏性系数分别为 0.047 8 kg/m³、0.625 W/(m·K) 和 2.90 × 10⁻⁴ kg/(m·s)。因此，在计算过程中，必须考虑气体大幅度的物性变化。

等离子体射流模型认为气体是连续的多组分的反应介质，其热动力学与传输特性均与温度有关。应用于等离子喷涂的热等离子体通常由多种成分及其分解和电离的成分组成，它们包括双原子分子、单原子分子、分子离子、原子离子和自由电子。等离子体流动可能受到诸如偏离电离和分解平衡等化学动力学效应和多种组分的混合特性等的显著影响。此外，射流边界上的卷吸作用使得大量的环境气体进入射流，所以还涉及如何计算等离子体多组分混合物物性的问题。

对于大尺寸、大流量、大功率的工业等离子体装置，其流动状况通常为湍流流动。而喷涂时等离子体射流在出口附近的中心区流动通常是层流的，然后再转为湍流，环境气体向湍流等离子体射流的卷吸具有复杂的特征。到目前为止，对于高温电离气体的湍流流动研究，至今仍没有合适的湍流模型。常用的处理方法是，沿用非电离气体流动与传热研究中所用的模拟方法，采用湍流动能与耗散函数的双方程模型（标准 $k-\varepsilon$ 双方程模型，或略加修改的低雷诺数 $k-\varepsilon$ 双方程模型）来进行等离子体流动的数值模拟。

等离子体射流模型的重点在于研究射流场内的温度分布与速度分布状况，进而通过计算颗粒与射流的相互作用达到预测射流场中颗粒温度和速度的目的。目前，人们已提出了大量的等离子体射流场模型，通常这些模型是建立在已知喷嘴出口处的温度与速度分布基础上；射流中各组分气体组成的混合气体满足质量守恒、动量守恒与能量守恒；部分模型还考虑了组分气体的电离复合与化合反应；各模型采用的几何维度涉及二维与三维。二维模型计算时间较短，但无法描述射流在三维空间中的温度、速度分布；三维模型较二维模型信息完整，且可进一步计算喷涂颗粒在三维空间中的分布以及在涂层表面的沉积状况，但其计算时间要长得多。

对于等离子喷涂法制备热障涂层工艺而言，喷涂过程可以在不同的气氛和压力下进行，但是等离子喷涂法是一项复杂的技术，有数百个影响因素。其中，输入功率、电弧电压、电弧电流、喷距以及喷涂角度对涂层的性质和寿命起着关键作用。

1.1.2 等离子体与颗粒的相互作用模型

等离子喷涂中，喷涂粒子的行为可分为碰撞前和碰撞后两个阶段。喷涂粉末经由送粉嘴进入等离子焰流后，将首先受到焰流的加热和加速，与等离子体射流发生相互作用，如图 1-2 所示。之后，具有一定速度的熔滴和基体发生碰撞，熔滴迅速变形并急速冷却凝固，从而形成扁平的粒子。

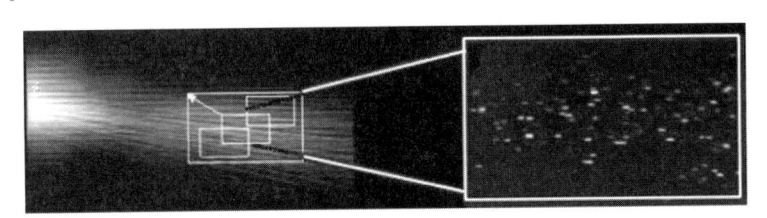

图 1-2 等离子体射流与颗粒的相互作用

在许多情况下，供给等离子喷枪的能量只有较少一部分传给颗粒，但在喷涂过程中，颗粒还必须从等离子体中得到适量的动量，以便喷涂颗粒更牢固地和喷涂表面结合。事实上，涂层的质量很大程度上取决于颗粒在碰撞前的速度和它是否完全熔化。因此，必须了解颗粒在等离子体中的受力状况、运动轨迹、温度和物理状态的变化过程，从而控制各种实验条件，使颗粒和等离子体有足够的接触，以获取必要的热量和动量，达到最佳的喷涂效果。在此研究领域，数值模拟需要解决的主要问题包括：颗粒在等离子体中的受力及颗粒群轨道模型、颗粒与等离子体的传热以及颗粒内部的导热状况。

1. 颗粒在等离子体中的受力

作用在颗粒上的力可分为三类：

（1）与流体-颗粒的相对运动无关的力，如惯性力、重力和压差力等。

（2）依赖于流体-颗粒间的相对运动，其方向沿着相对运动方向的力，如黏性阻力、附加质量和 Basset 力等。

（3）依赖于流体-颗粒间的相对运动，其方向垂直于相对运动方向的力，如升力、

Magnus 力和 Saffman 力等。

结合等离子体本身的高温特性，可对经典模型进行修正，主要包括：

（1）等离子体射流密度与喷涂颗粒密度相比要小得多，这使附加质量力、升力等力可以忽略不计。

（2）重力等力与黏性阻力相比要小得多，故重力可以忽略不计。

（3）压力的影响可以忽略不计，故压差力可以忽略不计。

（4）热泳引起的力，该力使颗粒的运动方向随机分布，运动方式趋于复杂化。

在此基础上，可将颗粒在等离子体中的受力模型简化为

$$F = F_D + F_B + F_{th} \tag{1-1}$$

式中，F 为惯性力，F_D 为黏性阻力，F_B 为 Basset 力，F_{th} 为热泳所产生的力。

目前，拉格朗日（Lagrange）轨道模型是分析颗粒及颗粒群轨道较为完善的一种方法。它把颗粒看成是与气体有滑移的，沿轨道运动的分散群，并完整地考虑了两者之间的相互作用。

2. 颗粒与等离子体的传热

颗粒在等离子体中的受热是研究的重点，因为它关系到颗粒在碰撞固化前是否能够完全熔化，以获得高质量的涂层；同时，又要避免颗粒的过分蒸发，以减少材料和能量的损失。尽管通常喷涂颗粒的直径仅为几十微米，但其在等离子体射流或等离子体反应器中的停留时间往往较短（10^{-3} s 左右），并且等离子体系统中往往存在巨大的温度梯度与速度梯度，要使所有颗粒都能得到适当而有效的加热，并不是一件容易的事情。只有那些能够送到等离子体射流的高温区并获得足够长的加热时间的颗粒，才能获得有效的加热。

颗粒的加热历程与许多因素有关，如颗粒的运动轨迹、颗粒材料的种类（包括材料密度、熔点、熔化潜热、沸点、蒸发潜热和比热等）、颗粒的形状、颗粒尺寸、颗粒喷射位置、颗粒喷射方向、颗粒喷射速度、等离子体射流的温度场与速度场，等等。

3. 颗粒内部的导热

颗粒内部的导热是一个复杂而重要的问题，尤其对于非金属喷涂材料，因为它直接决定了等离子体传给颗粒的热量在颗粒内部的分配及颗粒内部的温度分布，从而直接决定了颗粒是否完全熔化。实际的处理方法也视各种条件的不同而分为两种：一种是忽略颗粒内部的温度梯度，即认为其热传导系数足够大，而把它当成一个均温的球体来处理；另一种是用差分方法来数值求解颗粒的热传导方程，从而得出其温度分布 $T(r, t)$。

第一种方法比较简单，但需要满足一定的条件。事实上，当毕欧数 $Bi < 0.1$ 时，即可将颗粒视为均温球体。对于一般的金属喷涂材料，如钨、铝，Bi 可以认为小于 0.1，但对于一般的非金属材料，如 Al_2O_3、Cr_2O_3、ZrO_2，通常都不能满足。

颗粒在等离子体中的升温过程如下：

（1）颗粒进入等离子体，从常温被加热到熔点，该过程中没有质量损失。

（2）颗粒表面温度达到熔点后，表面开始熔化，熔化逐步从表面向颗粒内部移动。从颗粒中心到熔化表面是固态，从熔化表面到颗粒外表面是液态，两部分的温度都在逐步升高。

（3）颗粒表面温度达到沸点，表面开始蒸发，如果这时颗粒还没有完全熔化，则熔化表面继续向中心移动，固液两部分温度仍逐步上升。

（4）颗粒开始冷却，温度下降，直至重新固化。

1.1.3 涂层的沉积模型

1. 传统的涂层沉积模型

等离子喷涂涂层的沉积与固化至今是等离子喷涂过程中人们认识最空白的地方。认识上的困难是因为两个动态边界的运动很难计算，即涂层表层的运动和随后涂层内部的固-液界面的运动。除此之外，关于涂层的热传导知识对预测涂层的显微结构、缺陷机理以及热应力是必需的。

尽管存在以上困难，但是研究发现，粒子彼此间相互热影响的可能性是很小的。或者说，熔融粒子落到过去喷上而尚未结晶完的粒子上的概率是很小的，在计算中可不予考虑。各粒子与基体相互作用的独立性，使分析涂层形成原因的工作容易多了，可把它归结为研究单个粒子接触相互作用的集成。因此，涂层从整体来看可以认为是由薄片组成的材料，这些薄片在接触表面上被粒子凝固时一定面积的焊合点相互联结在一起，焊合点并不充满粒子间整个的接触面积。

为模拟涂层的形成，人们发展了各种不同的模型。

Cirolini 等人[1]将涂层视为一种简单的材料，且按一定的速率生长，并受到等离子体以及喷涂颗粒的加热。该模型对于孔隙的形成、未熔（或部分熔化）颗粒与基体（或沉积层）的相互作用以及因残余应力作用而引起的翘起现象提出了一系列规则：

（1）上层熔滴严格按下层粒子的形状铺展开。

（2）如果在最上层扁平粒子下方出现孔隙，则在其上方飞入的新的粒子将推动原上层粒子下沉，并破坏该孔隙。

（3）顶层熔滴凝固时将发生翘起现象，其翘起程度取决于与最初碰撞点之间的距离。

（4）未熔颗粒彼此间，以及与基体（或沉积层）之间不会发生黏着现象，如果彼此接触，将发生反弹。

（5）部分熔化颗粒应分开处理，熔化的部分遵从规则（1）~（3），未熔的部分遵从规则（4）。

Kanouff 等人[2]提出了用 String 法来模拟涂层的形成，即用一串等距节点定义涂层表面形状，并跟踪沉积涂层形状的变化。该模型可计算任意涂层形状复杂的表面，并模拟大量热喷涂液滴的随机沉积。

2. 涂层沉积模型在制备热障涂层过程中的应用

对于等离子喷涂制备热障涂层，由于其结构特殊，制备工艺复杂，故形成涂层中界面的尺寸、形状、成分、结构都比较复杂，因此针对涂层界面的研究十分困难。热障涂层在形成与固化过程中主要的界面有：黏结层（即纯金属层）与金属基体间的界面，各过渡层之间的界面，纯陶瓷层与过渡层间的界面，同一过渡层中喷枪两次行程间得到的层间界面（由时间间隔造成的界面），层内粒子间的界面（粒子搭接和焊合的接触面）。涂层由大量的变形粒子堆积而成，这不可避免地导致了疏松孔隙、微裂纹等的出现。涂层的性能因变形粒子的散流形状、彼此间的相互作用、不同类型的微观结构以及熔化状态而不同。

1.1.4 颗粒与基体的相互作用模型

颗粒与基体的相互作用模型，主要是研究单个或多个处于熔融状态的飞行颗粒以液滴形式与基体发生碰撞后,其形变的过程与机理。具体来说,主要是建立诸如液滴大小、速率以及材料特性这类参数与最后液滴散流大小、散流时间之间的关系。这类模型对于深入分析涂层的微观形成机理,从而进一步实现对涂层宏观性能的预测具有十分重要的意义。

由于涉及瞬间发生的变形机制,喷涂时熔融粒子碰撞冷基体将发生凝固,且这两个过程同时进行,所以这是一类非常复杂的问题。根据研究的重点和方向不同,国内外已提出了各种不同的模型。比较典型的有颗粒与基体的垂直相互作用和颗粒与基体的倾斜相互作用,其重点是从流体力学、热学及形态学的角度来研究熔融粒子在基体表面的变形机制及传热规律等。此外,研究颗粒与基体相互作用时瞬态压力的形成与发展规律,对于分析涂层的形成也具有极为重要的意义。

1. 颗粒与基体的垂直相互作用

颗粒与基体的垂直相互作用模型是其他模型的基础,根据变形与变温处理方法的不同,可将其分为等温过程和变温过程。对于等温过程,在计算过程中只考虑了粒子变形流动的流动力学过程,主要文献均没有考虑粒子变形过程中的传热和粒子的冷却凝固过程,即利用了"先变形,后冷却凝固"的假设前提。对于变温过程,则将粒子的流变和冷却凝固过程结合起来,即同时考虑了颗粒与基体之间的热相互作用,这无疑是对喷涂粒子的沉积过程更为接近的模拟。

Harlow 等人[3]最初于 1967 年采用标记单元法(Marker – and – Cell,MAC)研究了碰撞最初瞬间的熔滴变形过程,试图通过数值模拟结果解释高速摄影所拍摄的实验现象。计算中忽略了表面张力和黏性的影响,因而没有得到最终的变形粒子的尺寸。

Trapaga 等人[4]利用 Flow – 3D 分析了等温条件下液滴在固体表面及已沉积颗粒上的冲击变形随时间的变化规律,该软件使用了在 MAC 基础上发展起来的 SOLA – VOF 计算方法。

Feng 等人[5]对熔滴扁平模拟的计算采用了拉格朗日坐标下的有限元方法。在计算中采用自适应网格(Adaptive Grid),即自动重新划分网格的方法来处理自由表面。由于要不断地进行网格的重新划分,控制因素较多,计算过程比较复杂。

较为成熟的颗粒与基体的相互作用模型是由 Pasandideh[6]等人提出来的。他们利用经过修改的 SOLA – VOF 法对 N – S 方程和能量方程进行了求解,研究了平面基体上锡液滴的撞击和凝固过程,成功模拟了液滴的变形、凝固以及与基体之间的热传导。

2. 颗粒与基体的倾斜相互作用

等离子喷涂过程中,许多参数,如喷枪的功率、几何设计、喷涂距离、喷涂角度等对沉积涂层的性能都将产生直接的影响。但在数值模拟过程中,常常被忽略的一项就是喷涂角度。事实上,随着等离子喷涂应用领域的日益广泛以及基体几何形状的日益复杂化,对于喷涂角度在等离子喷涂工艺中的评价就显得尤为重要。

Fasching 等人[7]的研究表明,喷涂时的射流与颗粒的非对称性分布可以通过倾斜喷枪的方法进行矫正,从而得到厚度均匀的涂层,并改善涂层的结构与性能。Ilavsky 等人[8]研究了喷涂角度对等离子喷涂沉积层中孔洞及微裂纹的影响。研究结果表明,孔洞形成于经过散流并凝固后的液滴之间,或未完全熔化的颗粒周围。孔隙率随喷涂角度的减小而增大。液滴在散流变形和冷却凝固过程中,可能在其内部形成裂纹,裂纹的形成具有一定的择优取向,与喷涂角度有关。Leigh 等人[9]就喷涂角度对沉积层表面粗糙度以及微观硬度、拉伸强度和断裂韧性等性能的影响进行了研究和分析，结果表明，表面粗糙度与喷涂角度及喷涂材料有关，而微观硬度、拉伸强度和断裂韧性等性能随喷涂角度的减小而减小。

3. 颗粒与基体相互作用的瞬态压力

等离子喷涂时，熔融粒子的速度可以达到 100～200 m/s，这将在粒子碰撞区产生高压。在接触处，压力和高温均是物理化学相互作用的推动力，这些作用促成粒子的牢固结合并形成涂层。关于颗粒与基体相互作用时瞬态压力的研究，过去一直是人们忽略的一个问题，近年来，虽已注意到这一问题的重要性，但仍有待深入研究。

Montavon 等人[10]通过求解 N-S 方程计算了基本喷涂参数，如颗粒直径、密度、黏度、速度以及喷涂等对瞬态压力的影响；李京龙等人[11]在研究熔滴碰撞基体表面的基础上对碰撞瞬态压力进行了计算。研究表明，碰撞压力集中于熔滴直径 2.5 倍以内的区域，存在一个集中、扩展和释放的过程。发现熔滴碰撞瞬间产生的碰撞压力最大，且集中在熔滴和基体表面的接触点上，随着熔滴的扁平变形，沿基体表面的最大压力和压力梯度先是集中在熔滴与基体接触区域的周边，造成熔滴沿基体表面产生高速的横向铺展流动，随后随着扁平过程的进行，压力向熔滴内部和边缘迅速扩展并释放。

1.2 热障涂层性能预测研究现状

热障涂层性能预测主要包括：
（1）涂层有限元模型构建；
（2）涂层基本属性计算；
（3）涂层结合强度预测；
（4）涂层热循环失效机理分析；
（5）涂层热循环寿命预测等。

1.2.1 涂层有限元模型构建

由于热障涂层微观结构的复杂性，给实际涂层模型的建立带来了很大困难。涂层几何模型的准确构建对涂层性能的研究至关重要，一些学者通过建立简化的解析几何模型（如同心圆模型），利用解析法求得涂层性能的解析解。由于涂层结构多样，且在服役过程中涉及的物理、化学和力学现象十分复杂，场方程相互耦合，因此很难根据简化的解析几何模型求得准确的解析解。而在对问题进行过多的简化后，得到的近似解可能误差很大，甚至是错误的。随着计算机硬件、软件技术的飞速发展和对材料物理规律研究的深入，有限元技术取得了很大的进展。可以通过有限元计算来描述涂层服役过程中温度场、应变场、应力场等，据此研究涂层组织性能的变化，并通过虚拟的涂层服役过程模拟来预测涂层的最终性能。而利用有限元方法研究涂层性能的重要基础是涂层有限元模型的准确建立。

热障涂层的有限元模型有很多，下面列出比较典型的几种。

1. 无缺陷有限元模型

较早期的一些学者在建立涂层有限元模型时，忽略涂层中各种缺陷，建立了均质的、各向同性的理想模型。该模型不包含陶瓷层的孔洞、裂纹等缺陷，且基本未考虑界面处的形貌。

2. 理想缺陷分布有限元模型

考虑到热障涂层中各种缺陷对涂层的性能研究有着极为重要的作用,所以建立带缺陷的有限元模型显得尤为重要。Nakamura 等人[12]利用随机模型生成了带缺陷的涂层有限元模型,如图 1-3 所示。该模型简化了缺陷在陶瓷层中的分布,不能真实反映实际涂层显微组织特征,具有一定的局限性。

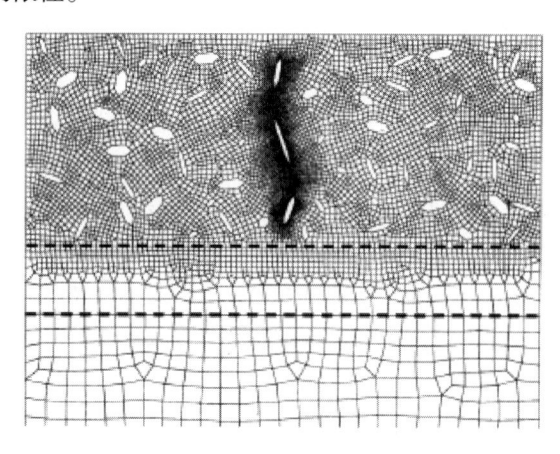

图 1-3 含多孔陶瓷层的热障涂层模型[12]

3. 考虑界面形貌的有限元模型

涂层在热循环服役环境中,界面处往往是最容易失效的部位,界面处的不规则形貌特征是造成热障涂层失效的重要原因。为研究涂层在服役过程中热生长氧化层(Thermal Grown Oxide,简称 TGO)的生长与应力变化过程,Busso 等人[13]和 Rosler 等人[14]基于界面形貌的统计分析,建立了能反映整个涂层规律的有限元模型,如图 1-4 所示。

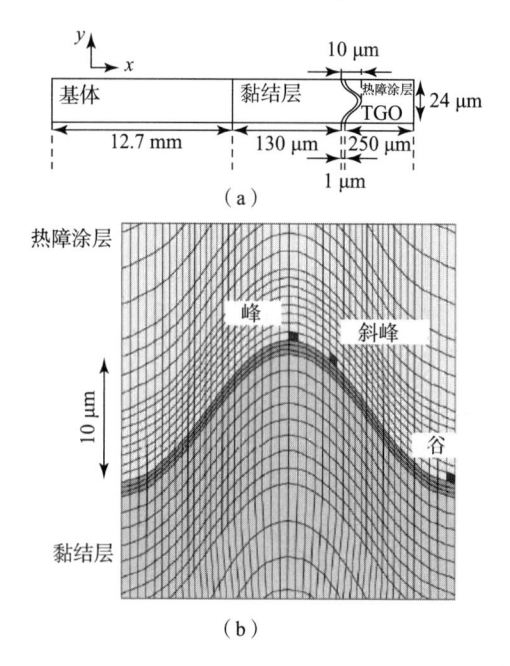

图 1-4 热障涂层有限元几何模型与网格划分[14]

4. 基于真实显微组织的有限元模型

为建立与实际涂层显微组织一致的有限元模型，1997 年，美国国家标准技术研究所开发了面向对象有限元软件（Object Oriented Finite Element Analysis，简称 OOF）。图 1-5 所示为 OOF 的操作过程，其基本思路是：

(1) 将涂层显微组织照片转换成关于像素点的文件；
(2) 设置阈值将像素点文件转换成二进制文件；
(3) 赋予两相组织不同的物理属性；
(4) 利用 PPM2OOF 程序进行网格划分，生成有限元网格模型。

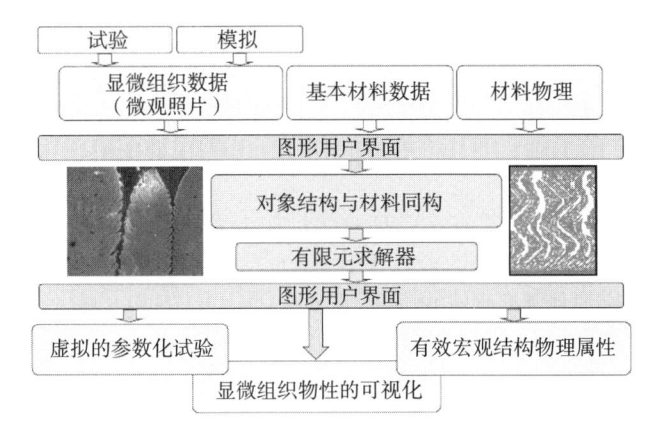

图 1-5 OOF 流程[15]

图 1-6 所示为利用 OOF，根据实际涂层显微组织建立的有限元模型。Fuller 等人[16]利用 OOF，在涂层热导率、弹性模量等物理属性计算方面取得了一定的成果。

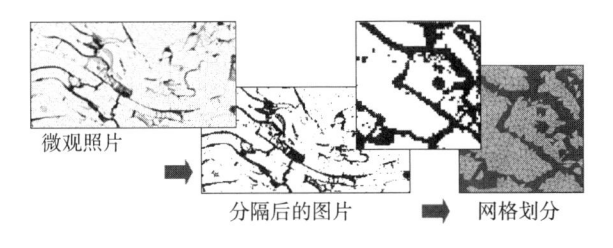

图 1-6 OOF 生成的有限元模型[16]

1.2.2 涂层基本属性计算

涂层的基本属性参数是衡量热障涂层中陶瓷层隔热性能、力学性能的重要依据，主要包括热导率、弹性模量等。

1. 热导率计算

热导率表示在单位温度梯度下通过等温面单位面积的热流速度。为计算涂层的有效热导率，设计出了各种不同的模型。

1）热扩散模型

Kingery 等人[17]提出通过测定涂层的热扩散系数来计算涂层的热导率：$\lambda(T) = \rho(T) \cdot$

$c_p(T)\cdot\alpha(T)$,其中,λ 为涂层的整体热导率,ρ 为涂层的密度,c_p 为涂层的热容,α 为涂层的热扩散系数,T 为温度。该模型在涂层热导率测试方面得到了广泛的应用[18]。

2)声子导热、光子导热模型

Klemens[19]基于声子导热原理提出了固体材料热导率的计算模型:$\lambda_p = \frac{1}{3}\int c(\nu)\nu l(\nu)\mathrm{d}\nu$,其中 c 为比热容,ν 和 l 分别为声子的平均速率和平均自由程,ν 为声子振动频率。Peterson[20]基于光子导热原理提出的热导率计算模型为:$\lambda_r = \frac{16}{3}\sigma n^2 T^3 l_r$,其中 σ 为斯蒂芬—玻尔兹曼常量(5.67×10^{-8} m/(m²·K⁴)),n 为折射率,T 为温度,l_r 为辐射光子的平均自由程。Nicholls 等人[21]综合声子导热、光子导热模型提出了计算热障涂层的热导率方程:$\lambda = \lambda_p + \lambda_r$。这些模型在解释固体材料热传导的微观机制时取得了很大的成功,但是这些模型都是基于连续介质假设,在计算材料整体热导率时简化了涂层中裂纹、孔洞等缺陷的影响。

3)傅里叶热传导模型

如果系统的净热流率为 0,即流入系统的热量加上系统自身产生的热量等于流出系统的热量,则系统处于热稳态。当系统内没有内热源时,流进系统的热量等于流出系统的热量,单位厚度的物体热导率可用傅里叶方程表示为

$$\lambda_{\text{eff}} = \frac{q_\Gamma \cdot h}{\Delta T \cdot l} \tag{1-2}$$

式中,q_Γ 为任一垂直于热流方向的热流密度的总量;l 为与热流垂直方向的宽度;h 为与热流平行方向的长度;ΔT 为热流流进方向与流出方向的温度差。

Michlik 等人[22]和 Jadhav 等人[23]基于涂层真实的显微组织模型,利用傅里叶热导率方程计算了涂层的热导率,较为准确地预测了受缺陷影响的涂层热导率,并揭示了孔隙率与热导率之间的关系。

2. 弹性模量计算

1)经验公式模型

从原子尺度上看,弹性模量是材料内部原子间净约束力的一种度量。当陶瓷材料的弹性模量对除了气孔之外的其他显微结构特征都不敏感时,气孔对材料弹性模量的影响规律通常可以借助于经验公式加以描述:

$$E = E_0 \exp(-\alpha V_p) \tag{1-3}$$

式中,E_0 为致密材料的弹性模量;V_p 为气孔在材料中所占的体积分数(气孔率);α 为一个与材料显微结构有关的常数。此类经验公式基本都是针对气孔尺寸较小且分布均匀的陶瓷材料。对于热障涂层中的陶瓷层而言,气孔的尺寸、分布都具有较大的随机性,而且裂纹对涂层整体弹性模量的贡献是不可忽略的。所以,这种基于统计基础上的经验公式在涂层弹性模量的计算方面存在一定的局限性。

2)胡克定律模型

在比例极限内,正应力与正应变成正比,其比例系数 E 称为材料的弹性模量。根据胡克定律,有

$$E = \frac{\sigma}{\varepsilon} \tag{1-4}$$

在建立了合适的有限元模型之后，Michlik 等人[22]利用该方法计算了受缺陷影响的涂层弹性模量。

1.2.3 涂层结合强度预测

涂层结合强度包括涂层与基体之间的结合强度和涂层自身的内聚强度，是反映涂层性能高低的一个重要指标。一般采用轴向拉伸法测试涂层的结合强度，在垂直于涂层表面方向上施加作用力进行拉伸，使涂层内部发生分离或者从基体上剥离，涂层失效时单位面积上所承受的最大载荷即涂层结合强度。

在等离子喷涂热障涂层中，一方面由于陶瓷层中存在着大量缺陷，陶瓷层的结合最为薄弱，涂层整体的结合强度往往由陶瓷层的结合强度决定；另一方面，陶瓷层中孔洞、裂纹等缺陷分布的不均匀性增加了涂层结合强度值的离散性，使涂层结合强度的预测变得更为复杂。许多学者采用实验的方法来统计涂层的结合强度。Andritschky 等人[24]通过实验研究了涂层结合强度与孔隙率之间的关系。Zhou 等人[25]的实验结果表明，大气等离子喷涂（APS）热障涂层中，随着陶瓷层厚度的增加，涂层的结合强度迅速下降。随着计算机技术的发展，数值模拟方法为涂层结合强度的计算提供了新的途径。Cao 等人[26]利用有限元方法研究了涂层在剪切作用下的受力情况，为涂层力学性能的研究提供了参考。

1.2.4 涂层热循环失效机理分析

发动机叶片等热端部件的表面热障涂层工作环境极为恶劣，不断经历加热、冷却的热循环交替过程，承受着各种应力的反复冲击作用，随着服役时间的延长以及循环次数的增加，涂层中的应力和能量逐渐累积，当达到一定程度时，涂层发生失效。影响涂层失效的因素有很多，主要因素包括以下几个方面。

1. 界面形貌的影响

等离子喷涂热障涂层的面层与黏结层间的界面较粗糙，粗糙的界面一方面增加了涂层与基体之间的啮合作用，使涂层与基体的结合更为紧密；但同时粗糙的界面又是应力最容易集中的地方，很容易引起涂层的开裂，直至失效。准确的界面形貌是建立涂层模型的关键。由于涂层中面层与黏结层界面基本呈现出近似正弦的关系，所以正弦或近似正弦分布的界面模型得到了广泛的应用。Busso 等人[13]的研究表明，随着界面形貌的几何形状因子 b/a（图1-7）的增加，对应的涂层应力集中程度加大。

2. TGO 相变与蠕变

热障涂层中陶瓷层的主要材料为 Y_2O_3 部分稳定的 ZrO_2（简称为 YSZ），由于 YSZ 具有大量的氧离子空位，加之陶瓷层内大量孔洞、裂纹等缺陷的存在，加速了高温下氧的传输，引起 MCrAlY 黏结层氧化（M 为合金元素），在陶瓷层与黏结层之间形成了 TGO 层。TGO 的形成主要是因为一方面氧通过陶瓷层向黏结层传输，另一方面黏结层中的 Ni、Al、Cr 等元素向陶瓷层扩散，在面层与黏结层界面处，Ni、Al、Cr 等元素与氧发生化学反应，生成 TGO。

随着保温时间的延长，TGO 的厚度不断增加，生长速率不断下降。TGO 的生长方式有两种，一种是向外（陶瓷层方向）生长，另一种是向内（黏结层方向）生长，但主要生长方式还是内生长式。一些学者建立了 TGO 生长的动力学模型，其中比较典型的是 TGO 厚度

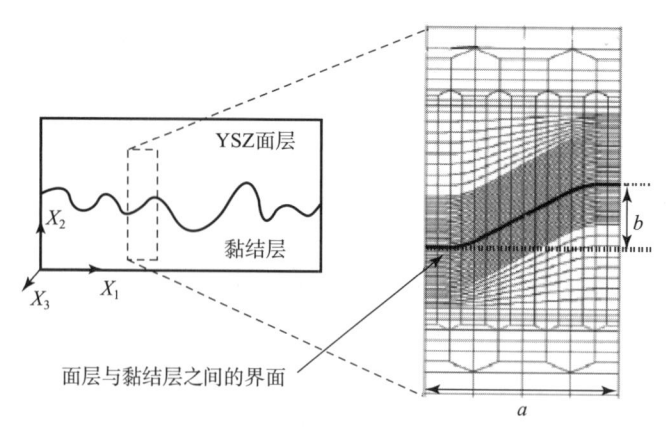

图 1-7 热障涂层界面形状几何参数示意图[13]

h 随时间 t、温度 θ 变化的模型。

TGO 的相变过程促使材料的体积发生膨胀，而膨胀不能自由发生，于是在 TGO 内部产生了较高的相变应力。材料的高温蠕变效应使 TGO 的相变应力得到了一定的松弛。蠕变是指在一定的温度和载荷作用下，不可恢复的应变随时间的变化持续增加的现象。

TGO 产生的相变过程中，TGO 内部的压应力值可以达到 1 GPa 左右。在涂层冷却之前，由于 TGO 与黏结层之间的热膨胀系数不匹配，进一步增加了 TGO 内部的压应力。另外，陶瓷层与黏结层的高温蠕变效应也加剧了 TGO 的内部应力状态变化的复杂性。在涂层高温热氧化试验中，随着 TGO 生长厚度不断增加，TGO 内部的应变能迅速累积，从而引起 TGO 的失效。Trunova 等人[27]的研究表明，在 TGO 高温生长过程中，TGO 内部开裂是热障涂层高温失效的主要形式，如图 1-8 所示。

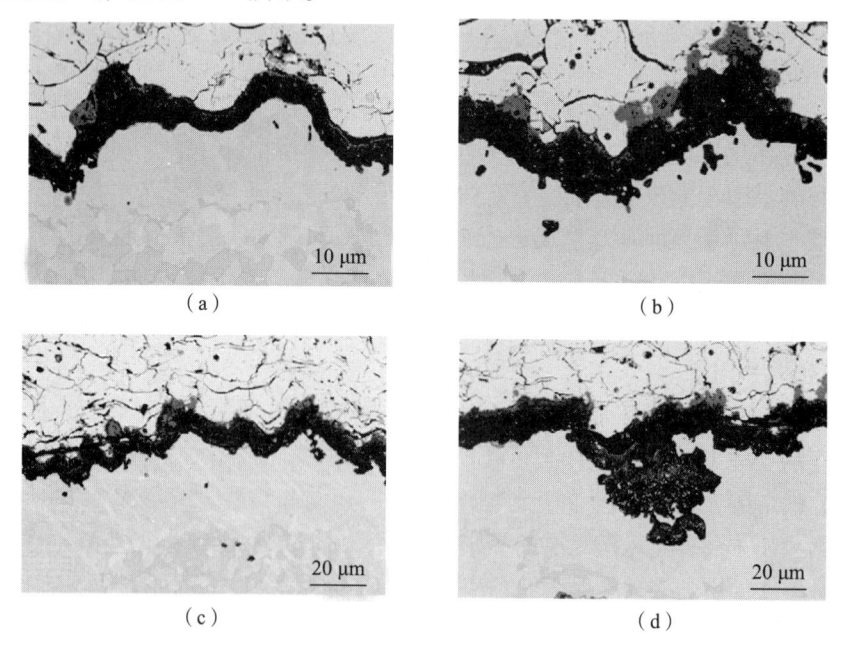

(a)

(b)

(c)

(d)

图 1-8 1 050 ℃下热障涂层损伤演化 SEM 图片[27]

(a) 10% 寿命时长；(b) 30% 寿命时长；(c) 60% 寿命时长；(d) 90% 寿命时长

3. 陶瓷层烧结作用

陶瓷层内含有大量的孔洞、裂纹等缺陷,在高温作用下陶瓷层发生烧结而变致密,体积收缩,弹性模量增大。陶瓷层弹性模量增大导致涂层中应力增加。随着高温保温时间的延长,等离子喷涂热障涂层中陶瓷层的弹性模量逐渐增大,增大的速率逐渐减小,保温一定时间以后,弹性模量基本不再发生变化。有限元计算结果表明,随着保温时间的延长,TGO 不断变厚,陶瓷层内法向应力也逐渐增大,考虑烧结作用的陶瓷层内法向应力要远大于不考虑烧结作用的陶瓷层内的法向应力,如图 1-9 所示[28]。

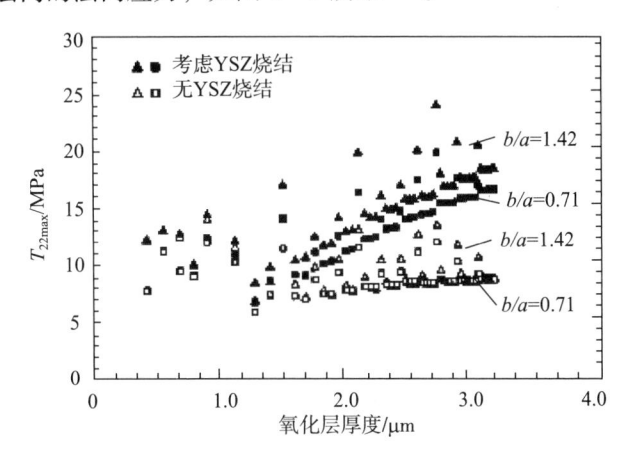

图 1-9 陶瓷层法向应力与氧化层厚度之间的关系[28]

4. 热应力作用

随着高温保温时间的结束,涂层冷却并收缩,但由于涂层各个部分之间的约束以及外在约束的作用,收缩不能自由发生,于是在涂层内部产生了热应力,热应力是促使涂层失效的重要原因。由于影响涂层热应力的因素很多,所以很难精确计算涂层实际的应力状态。

目前,许多学者采用有限元的方法来计算热应力,并取得了一定的成效。此外,涂层在热循环过程中的热腐蚀作用、复杂氧化物的出现等因素也会对涂层的热循环寿命产生影响,这些因素的共同作用导致了涂层失效的发生。深入研究这些因素对涂层热循环寿命的影响有利于建立涂层热循环寿命的准确预测模型。

在上述各种因素的综合作用下,涂层中裂纹萌生并扩展,最终导致涂层失效。等离子喷涂热障涂层中裂纹形成与扩展的主要类型有四种,如图 1-10 所示[29]。

Ⅰ型裂纹:由于黏结层与TGO界面位置波峰处受拉应力作用,而波谷处受压应力作用,随着TGO厚度的增加,拉应力不断增大,最终在黏结层与TGO界面位置处形成裂纹并扩展,如图 1-10 中的 Ⅰ 型裂纹。

Ⅱ型裂纹:由于面层与TGO界面形貌的波动性,在波峰处受拉应力作用,而波谷处受压应力作用,拉应力的作用促使裂纹在面层与TGO界面波峰处形成并扩展,如图 1-10 中的 Ⅱ 型裂纹。

Ⅲ型裂纹:由于YSZ材料的高脆性,同时在陶瓷层内部靠近波峰的位置也处于较高的拉应力区,易形成图 1-10 中的 Ⅲ 型裂纹。

Ⅳ型裂纹:当TGO生长超过一定的厚度之后,陶瓷层中波谷位置的应力状态由压应力

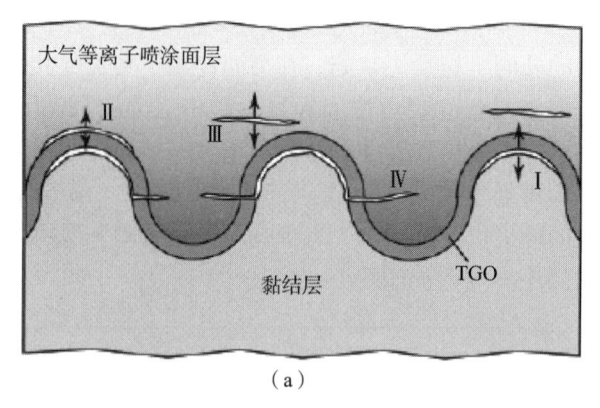

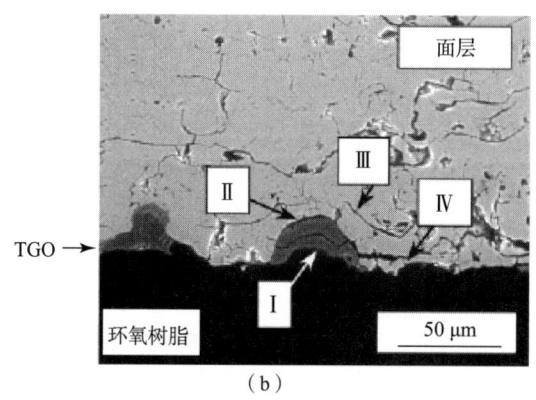

图 1-10 等离子喷涂热障涂层裂纹类型示意图[29]

变成拉应力，这种应力状态的改变促使图 1-10 中贯穿 TGO 的 Ⅳ 型裂纹形成。

1.2.5 涂层热循环寿命预测

涂层寿命是航空发动机热端部件强度和寿命设计及评价的重要指标和参数，在很大程度上决定了航空发动机的寿命。同时，燃气涡轮发动机加工成本高，热循环性能测试周期长，用实验的方法去测试其热循环寿命往往费工费钱。于是，人们把对航空发动机热循环性能研究的焦点集中到了对涂层寿命的理论预测上。美国 NASA 从 20 世纪 80 年代就已经开始了对涂层热循环寿命预测的研究，之后 GE、P&W、GARRET 等单位也发展出各自的模型，既有从常规寿命模型出发经过修正的模型，也有特别考虑涂层中一些寿命影响因素（如边缘效应和热腐蚀）的模型。发展至今，已发展出了多种关于涂层的寿命预测模型，这些模型大致可以归为解析模型和数值模拟模型两大类。

1. 解析模型

Miller[30]最早提出了涂层寿命预测解析模型，包括黏结层的氧化效应和以载荷循环为基础的累积损伤效应。该模型假设涂层在热循环条件下有效应变不断增大，建立循环次数 N 与应变范围之间的关系式：

$$N = \left[\frac{\Delta\varepsilon_c(\delta/\delta_c)}{\Delta\varepsilon}\right]^a \tag{1-5}$$

式中，$\Delta\varepsilon$ 表示热障涂层应变范围；δ 与 δ_c 分别表示 TGO 的生长厚度与临界厚度；$\Delta\varepsilon_c$ 表示临界应变范围，是关于 δ 与 δ_c 的函数。

大多数设计者都是基于 Miller 提出的方法，经过考虑各自的使用经验，不断发展提出了各自不同的寿命预测模型。一致的是，这些模型中都假设了一个普遍的幂律寿命模式：

$$N = A\Delta\varepsilon^a \tag{1-6}$$

式中，N 为循环次数；A 为经验常数；a 为经验系数；$\Delta\varepsilon$ 为涂层的非弹性应变范围。常数 A 考虑了黏结层与陶瓷层之间形成 TGO 的影响，普遍认为 TGO 的形成是一个可以增加裂纹扩展和导致涂层系统失效的重要因素。除此之外，其他因素如陶瓷层烧结作用、界面形貌等也在一些模型中被引入。

涂层寿命预测解析模型中的参量较多，且许多参量不易获得。另外，涂层内部的组织变化、应力应变变化等过程非常复杂，而简单的参量无法准确地描述涂层内部的各种变化与寿命之间的关联，因而限制了其进一步的工程应用。

2. 数值模拟模型

Busso 等人[31]建立损伤变量 D（$0 \leqslant D \leqslant 1$）与温度、循环次数等实验条件之间的关系：

$$D = \hat{D}(\theta_{\min}, \theta_{\max}, t_{\text{hold}} N) \tag{1-7}$$

式中，$\theta_{\min}$ 为环境温度；$\theta_{\max}$ 为高温保温温度；t_{hold} 为一次循环的保温时间；N 为循环次数。

同时，通过统计分析涂层界面形貌特征，建立了损伤变量与涂层界面形貌特征值 b/a（图 1-7）之间的统计分布规律；进一步提取出能代表整个涂层界面形貌的临界特征值，建立与之对应的有限元模型；通过计算涂层中危险区域的各应力分量的峰值来预测涂层的实际热循环寿命。

基于数值模拟方法的寿命预测模型，可以将涂层损伤变量与界面形貌、服役环境、材料特性等多个参量相关联，使模型与实际情况更为接近。数值模拟方法能够较准确地预测涂层服役过程中的应力变化过程，从而建立应力与寿命之间的关系，为涂层寿命预测的实际工程应用提供了重要的参考。

参考文献

[1] Cirolini S, Harding J H, Jacucci G. Computer simulation of plasma-sprayed coatings I. coating deposition model [J]. Surface and Coatings Technology, 1991, 48: 137.

[2] Kanouff M P, Neiser R A, Roemer T J. Surface roughness of thermal spray coatings made with off-normal spray angles [J]. Journal of Thermal Spray Technology, 1998, 7 (2): 219.

[3] Harlow F H, Shannon J P. The splash of a liquid drop [J]. Journal of Applied Physics, 1967, 38 (10): 3855.

[4] Trapaga G, Szekely J. Mathematical modeling of the isothermal impingement of liquid droplets in spraying processes [J]. Metallurgical Transactions B, 1991, 22B: 901.

[5] Feng Z G, Montavon G. Finite elements modeling of liquid particle impacting onto flat substrates [C]. Thermal Spray: Meeting the Challenges of the 21st Century, France: ASM International, 1998, 395.

[6] Pasandideh F M, Bhola R, Chandra S, et al. Deposition of tin droplets on a steel plate. Simulation and experiments [J]. International Journal of Heat and Mass Transfer, 1998, 41: 2929.

[7] Fasching M M, Prinz F B, Weiss L E. Planning robotic trajectories for thermal spray shape deposition [J]. ASM Journal of Thermal Spray Technology, 1993, 2 (1): 45.

[8] Ilavsky J, et al. Influence of spray angle on the pore and crack microstructure of plasma-sprayed deposits [J]. Journal of the American Ceramic Society, 1997, 80 (3): 733.

[9] Leigh S H, Berndt C C. Evaluation of off-angle thermal spray [J]. Surface and Coatings Technology, 1997, 89: 213.

[10] Montavon G, Feng Z Q. Influence of the spray parameters on the transient pressure within a molten particle impacting onto a flat substrate [C]. USA: National Thermal Spray Conference (NTSC'97), 1997, 627.

[11] 李京龙, 李长久. 等离子喷涂熔滴的瞬时碰撞压力研究 [J]. 西安交通大学学报, 1999, 33 (12): 30.

[12] Nakamura T, Wang Z. Simulations of crack propagation in porous materials [J]. Journal of Applied Mechanics, 2001, 68 (2): 242.

[13] Busso E P, Wright L, Evans H E, et al. A physics-based life prediction methodology for thermal barrier coating systems [J]. Acta Materialia, 2007, 55 (5): 1491.

[14] Rosler J, Baker M, Volgmann M. Stress state and failure mechanisms of thermal barrier coatings: role of creep in thermally grown oxide [J]. Acta Materialia, 2001, 49 (18): 3659.

[15] Fuller E R. Thermal properties prediction via finite-element simulations. (NIST) [R]. MD 20899-8521, 2002.

[16] Fuller E R. Predicting physical properties from microstructures. (NIST) [R]. MD 20899-8520, 2003.

[17] Kingery W D, Bowen H K, Uhlmann D R. Introduction to Ceramic [M]. New York: Wiley, 1976.

[18] Khor K A, Gu Y W. Thermal properties of plasma-sprayed functionally graded thermal barrier coatings [J]. Thin Solid Films, 2000, 372 (1-2): 104.

[19] Klemens P G. Thermal Conductivity of Solids [M]. London: Academic Press, 1969.

[20] Peterson R B. Direct simulation of phonon mediated heat transfer in a Debye crystal [J]. Journal of heat transfer, 1994, 116 (4): 815.

[21] Nicholls J R, Lawson K J, Johnstone A, et al. Methods to reduce the thermal conductivity of EB-PVD TBCs [J]. Surface and Coatings Technology, 2002, 151-152: 383.

[22] Michlik P, Berndt C. Image-based extended finite element modeling of thermal barrier coatings [J]. Surface and Coatings Technology, 2006, 201 (6): 2369.

[23] Jadhav A D, Padture N P, Jordan E H, et al. Low-thermal-conductivity plasma-sprayed thermal barrier coatings with engineered microstructures [J]. Acta Materialia, 2006, 54 (12): 3343.

[24] Andritschky M, Teixeira V, Rebouta L, et al. Adherence of combined physically vapour-deposited and plasma-sprayed ceramic coatings [J]. Surface and Coatings Technology, 1995, 76-77 (Part 1): 101.

[25] Zhou H, Li F, He B, et al. Air plasma sprayed thermal barrier coatings on titanium alloy substrates [J]. Surface and Coatings Technology, 2007, 201 (16-17): 7360.

[26] Cao N Y, Kagawa Y, Liu Y F. Stress analysis of a barb test for thermal barrier coatings [J]. Surface and Coatings Technology, 2008, 202 (14): 3413.

[27] Trunova O, Beck T, Herzog R, et al. Damage mechanisms and lifetime behavior of plasma sprayed thermal barrier coating systems for gas turbines—Part I: Experiments [J]. Surface and Coatings Technology, 2008, 202 (20): 5027.

[28] Busso E P, Lin J, Sakurai S, et al. A mechanistic study of oxidation-induced degradation in a plasma-sprayed thermal barrier coating system.: Part I: model formulation [J]. ActaMaterialia, 2001, 49 (9): 1515.

[29] Padture N P, Gell M, Jordan E H. Thermal barrier coatings for gas-turbine engine applications [J]. Science, 2002, 296 (5566): 280.

[30] Miller R A. Oxidation-based model for thermal barrier coating life [J]. Journal of the American Ceramic Society, 1984, 67 (8): 517.

[31] Busso E P, Evans H E, Wright L, et al. A software tool for lifetime prediction of thermal barrier coating systems [J]. Materials and Corrosion, 2008, 59 (7): 556.

第 2 章
等离子喷枪出口关键参数预测方法及实例分析

等离子喷涂过程中，涂层的质量在很大程度上取决于颗粒在碰撞前的速度和它的熔化状态，这就要求等离子体射流场是可控或可预测的。因此，人们对等离子喷涂射流场的定量分析产生了浓厚的研究兴趣。只有弄清了射流场内温度、速度以及各类气体组分的分布，才能为进一步分析颗粒在等离子体中的温度、运动轨迹和物理状态的变化过程提供丰富的理论依据。

但是，由于等离子体发生器内部强烈的电磁、热及气体动力学相互作用和电极附近区域处理的复杂性，以及射流离开喷枪出口后与大量环境气体的相互作用，研究等离子体的形成以及随后自由射流场的分布成为一项难度很大的工作。为此，许多研究人员通常从发生器出口出发进行计算，即认为出口处的温度和速度是已知的，通常采用实验测量或根据经验人为假定的办法。但由于该处的温度高达上万度，很难通过仪器精确测量，所以更多情况下是根据经验人为假定得到的，结果不可避免地导致了计算误差。虽然 Zhu 等人[1]建立了包括电弧弧柱区、阴极和阳极鞘层的数学模型，将电极、鞘层和电弧作为一个整体来考虑，但该模型必须知道阴极的电流密度分布，而多数文献中所提出的近阴极区电流密度的分布形式存在着较大的任意性。

而采用能量守恒的方法，则可以有效克服上述问题。结合一定的实验数据，可以有效建立常规初始喷涂工艺参数与喷枪出口处射流基本物理量（包括电流强度、气体流率等工艺参数，与最终射流场的温度、速度以及组分分布）之间的定量关系，进而可将计算结果作为喷涂射流场数值模拟的入口边界条件。

2.1 数学模型

等离子喷涂过程中，虽然等离子体发生器内部将产生非常复杂的物理变化和化学反应，但仍满足能量守恒定律[2]。因此，可以不考虑发生器内部复杂的过程，而直接在初始喷涂工艺参数（包括电流强度、气体流率、喷枪出口几何尺寸等）与喷枪出口处射流的温度、速度以及各组分气体的分解率或电离度之间建立起一定的定量关系。模拟时采用如下假定：

(1) 等离子体满足局部热力学平衡,即在同一点处气体原子、离子以及电子具有相同的温度。

(2) 等离子体组分气体为 Ar 和 He 两种气体,气体高温电离平衡方程用 Saha 方程[3]描述,气体各组分满足理想气体状态方程。

(3) 各组分气体的热物理属性与其原子、离子状态无关。

(4) 忽略等离子体因辐射而损失的那部分能量。

(5) 等离子体是稳态的,在一定的时间范围内,整个系统是定常的。

2.1.1 能量守恒方程与输入功率

对于等离子发生器而言,输入的电功率 P 与消耗的功率在数值上是相等的。消耗的功率即输出功率,主要包括冷却水带走的热功率 P_w、气体的受热功率 P_h 以及气体发生化学反应进行电离(或分解)的功率 P_i,故总的能量守恒方程为

$$P = P_w + P_h + P_i \tag{2-1}$$

输入的电功率 P 为电流强度 I 与电压 U 的乘积:

$$P = I \times U \tag{2-2}$$

由于在等离子喷涂过程中所形成的非转移电弧的伏安特性是下降的,电压 U 不可控,所以在喷涂过程中,实际上常常是通过改变电流强度 I 和主、次气流率来控制输入功率 P 的。图 2-1~图 2-3 分别为通过实验测得的电流强度 I、主气流率 F_{Ar} 以及次气流率 F_{He} 与 P 的关系。

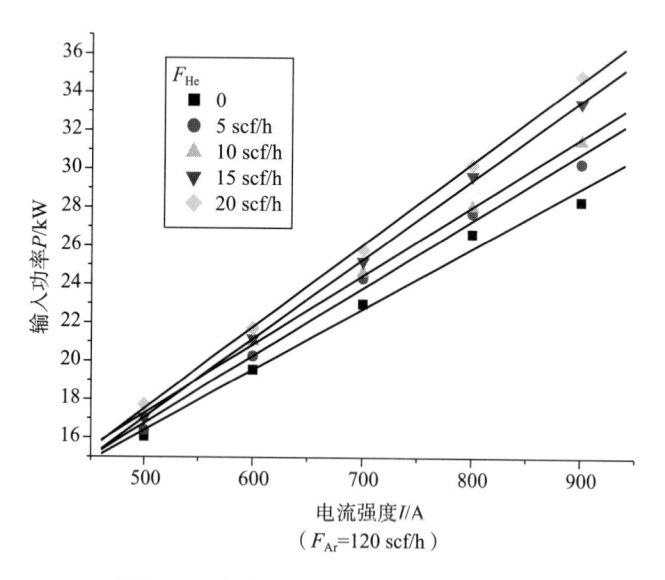

图 2-1 电流强度 I 与输入功率 P 的关系

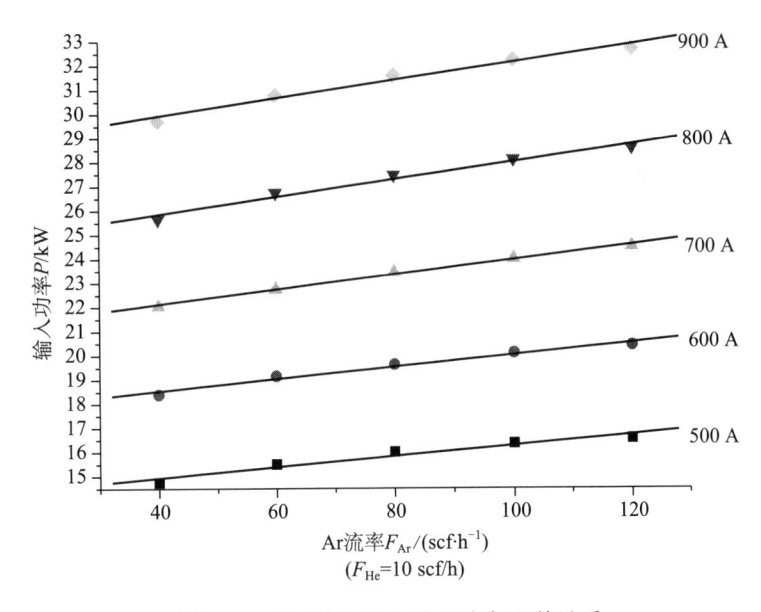

图 2-2　Ar 流率 F_{Ar} 与输入功率 P 的关系

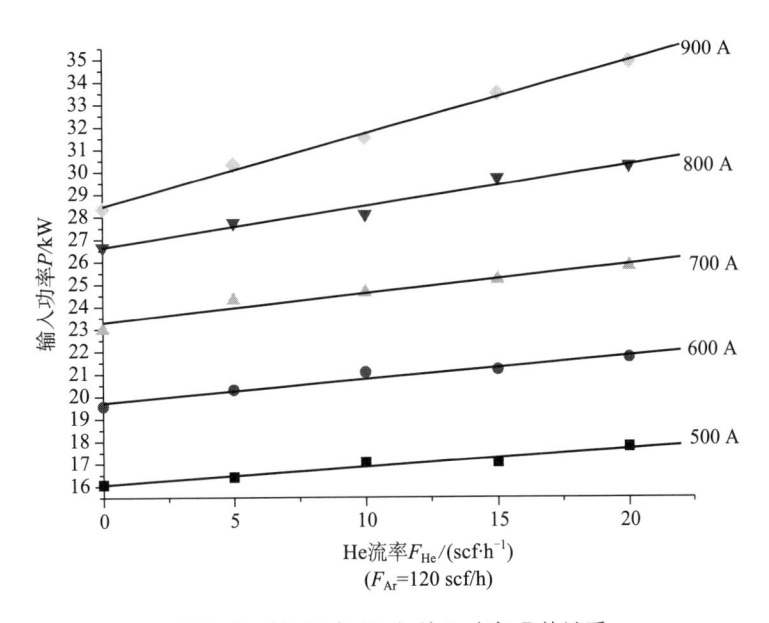

图 2-3　He 流率 F_{He} 与输入功率 P 的关系

图 2-1 表示在不同 He 流率条件下（0~20 scf/h），保持 F_{Ar} = 120 scf/h 不变，电流强度 I 从 500~900 A 连续变化时输入功率 P 的变化情况。由图可知，当 He 流率相同时，P 与 I 近似成正比关系，图中各直线的斜率即电压 U；当 I 改变时，U 基本上保持恒定不变；而当 I 保持一定时，随着 F_{He} 增大，U 也将增大。图 2-2 为不同电流强度 I 条件下（500~900 A），保持 F_{He} = 10 scf/h 不变，Ar 流率 F_{Ar} 从 40~120 scf/h 连续变化时 P 的变化情况。如图 2-2 所示，在 I 保持一定时，P 与 F_{Ar} 呈线性递增关系，但增长的幅度不大。图 2-3 表示在不同电流强度 I 条件下（500~900 A），保持 F_{Ar} = 120 scf/h 不变，He 流率 F_{He} 从 0~20 scf/h

连续变化时 P 的变化情况。如图 2-3 所示，在 I 保持一定时，P 与 F_{He} 也呈线性递增关系。从图 2-2 与图 2-3 还可以发现，尽管 He 是次气，在输入气体中所占的比例较主气 Ar 小得多，但其对输入功率 P 的影响与 Ar 相比却很显著，而且 I 越大，表现得越明显。

由于 P 与 I 近似呈正比关系，且与 F_{Ar} 和 F_{He} 呈线性递增关系，因此可认为如下方程成立：

$$P = I(K_1 F_{Ar} + K_2 F_{He} + K_3) \tag{2-3}$$

式中，K_1、K_2 和 K_3 均为常数，它们与喷枪内部的几何形状以及等离子气体的性质有关。经多元线性回归拟合后，可得最佳拟合结果为：$K_1 = 0.04089$ V·h/scf，$K_2 = 0.222$ V·h/scf，$K_3 = 27.777$ V。图 2-4 比较了 P 的测量值与计算值 $I(K_1 F_{Ar} + K_2 F_{He} + K_3)$，各离散点拟合后的直线斜率接近于 1（总误差小于 10%），表明计算值与实验值吻合良好。

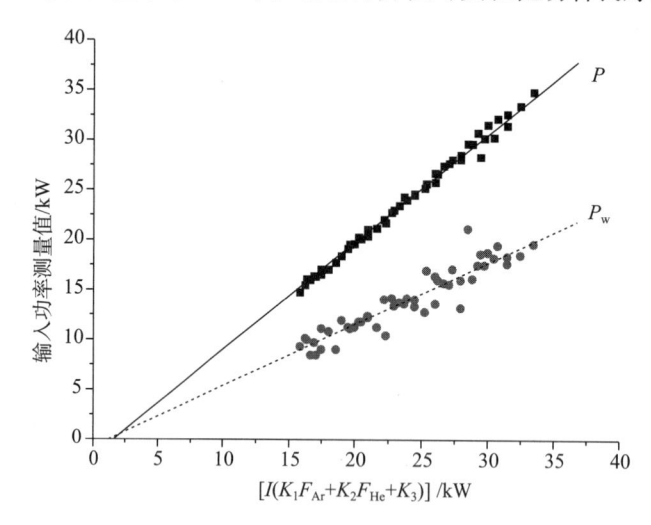

图 2-4 输入功率 P 测量值、计算值以及 P_w 之间的关系

2.1.2 冷却水带走的热功率

对于工业用等离子体，可以看作是光学薄的介质，即可以忽略等离子的辐射。因此等离子喷涂过程中，损失的能量主要体现在冷却水带走的热量上，表示为

$$P_w = c_w F_w (T_w - T_{w0}) \tag{2-4}$$

式中，$c_w = 75.24$ J/(mol·K)，是水的比热；F_w 为冷却水通过等离子喷枪的流率，单位为 mol/s；T_w 与 T_{w0} 分别为冷却水离开和进入喷枪时的温度，单位为 K。F_w、T_w 以及 T_{w0} 均可由实验测得。图 2-4 比较了冷却水带走的热功率 P_w 与输入功率 P，计算结果表明 P_w 约占总输入功率的 56.6%，因此可按式（2-5）计算：

$$P_w = 0.566 I(K_1 F_{Ar} + K_2 F_{He} + K_3) \tag{2-5}$$

2.1.3 气体的受热功率

当主气 Ar 和次气 He 组成的混合气体由室温 T_r 升高到温度 T 时，气体的受热功率 P_h 表示为

$$P_h = \int_{T_r}^{T} (F_{Ar} c_{Ar} + F_{He} c_{He}) dT \tag{2-6}$$

式中，F_{Ar} 与 F_{He} 分别为 Ar 和 He 的气体流率；c_{Ar} 与 c_{He} 分别为 Ar 和 He 的比热，单位为 J/(mol·K)。在热等离子体的高温条件下，气体的比热与普通条件下不同，不再是常数值，而是温度的函数。文献 [4] 给出了 Ar 的比热与温度的函数关系：

$$c_{Ar} = 20.79 - 3.2 \times 10^{-5} T + 5.16 \times 10^{-8} T^2 \quad (2-7)$$

由于 He 在原组分气体中所占比例较小，且作为惰性气体其比热 c_{He} 与 Ar 的比热 c_{Ar} 相近[5]，故在计算过程中认为 $c_{He} = c_{Ar}$。图 2-5 表示了气体比热随温度的变化情况。

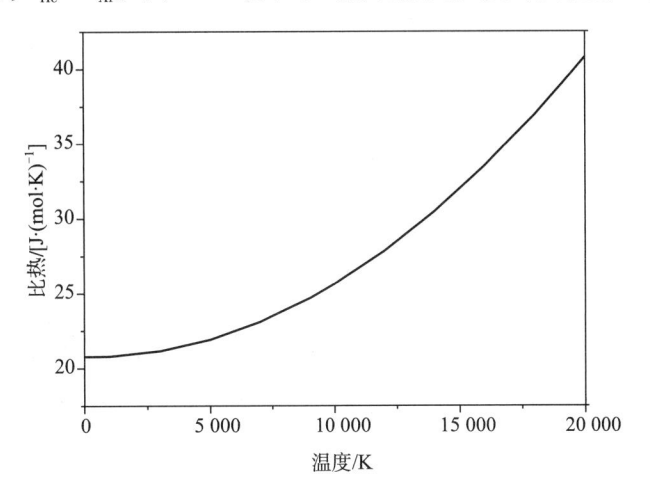

图 2-5 气体比热随温度的变化情况

由图 2-5 可知，随着温度的升高，气体的比热将逐渐增加，当温度达到 20 000 K 的高温时，其对应的比热值约为常温下的 2 倍。

2.1.4 气体电离功率

等离子喷涂过程中，在喷枪内部随着温度的急剧升高，单原子分子 Ar 与 He 将发生电离反应。

若用 x 表示气体电离的程度，则根据 Saha 气体高温电离平衡理论，存在如下关系：

$$\frac{x^2}{1-x^2} = kP^{-1}T^{2.5}\exp\left(-\frac{Q}{RT}\right) \quad (2-8)$$

式中，k 为常数，对于电离反应 $k = 0.032$ Pa·K$^{-2.5}$；P 为等离子混合气体的压强，由于生成的等离子在环境大气压下，故 $P = 1.01 \times 10^5$ Pa；$R = 8.31$ J/(K·mol)，为普适气体常数；Q 为气体电离能，单位为 J/mol，表 2-1 列出了各化学反应方程及其 Q 值。

表 2-1 化学反应方程及气体电离能 Q

化学反应方程	$Q/(\times 10^6$ J·mol$^{-1})$
Ar $-$ e $\Leftrightarrow$ Ar$^+$	1.520 6
He $-$ e $\Leftrightarrow$ He$^+$	2.372 0

由式（2-8）可知，一定的温度 T 对应一定反应的电离度 x，图 2-6 表示了两种不同

气体的电离度随温度的变化情况。由图 2-6 可知，由于 He 原子的电离能较 Ar 原子高，故较难电离，即使温度高达 20 000 K，其电离的程度仍然很微弱；而 Ar 原子则相对容易电离，当温度超过 10 000 K 时即开始发生电离，而当温度达到 20 000 K 时，其电离度已达 0.8。由于在实际喷涂工况中，电离气体温度大多数情况下保持在 15 000 K 以下，故可以认为进入射流场区域的等离子体中仅存在 Ar 原子、Ar^+ 离子和 He 原子三种组分。

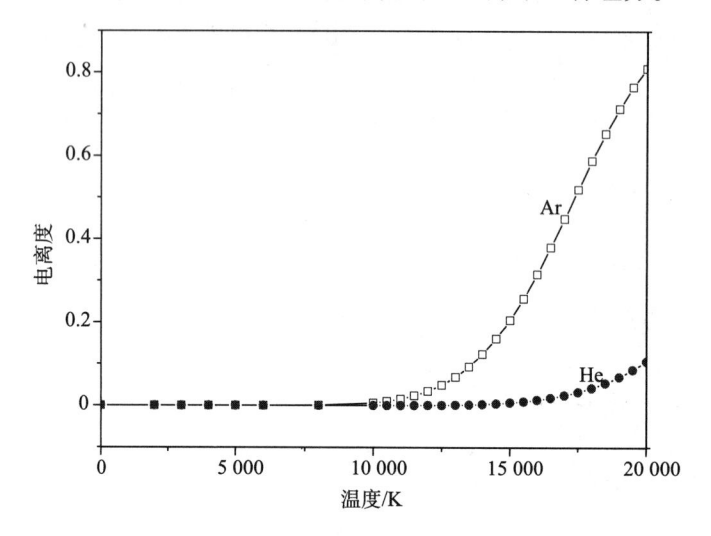

图 2-6　不同温度下对应的 Ar、He 气体电离度

由各气体的 x 值，可进一步计算出气体的电离反应消耗功率 P_i：

$$P_i = x_{Ar}Q_{Ar}F_{Ar} + x_{He}Q_{He}F_{He} \tag{2-9}$$

2.1.5　喷枪出口处基本参量的确定

在实际喷涂过程中，输入的电功率 P 可通过测量电压 U 与电流强度 I，并计算其乘积得到，而在数值模拟过程中，则可通过输入 I、F_{Ar} 以及 F_{He} 并代入式（2-3）进行预测；冷却水带走的热功率 P_w 可由式（2-5）计算得到；而由式（2-6）～式（2-9）可知，P_h 与 P_i 均为温度和气体流率的函数。因此，联立式（2-1）～式（2-9），通过逐次逼近迭代算法计算隐式方程，即可计算出喷枪出口中心的温度 T_0。将 T_0 代入式（2-8），可进一步计算出喷枪出口处 Ar 的电离度 x_{Ar}。

在喷枪出口处，工质气体因体积剧烈膨胀而出现热力加速现象。根据前面的假设（2），即气体各组分满足理想气体状态方程，可推算出喷枪出口中心处的速度 v_0 为

$$v_0 = \frac{4RT_0(F_{Ar} + F_{He})}{\pi PD^2} \tag{2-10}$$

式中，D 为喷嘴直径。根据 Dussoubs 等人的研究[6]，喷枪出口的温度与速度分布可用方程表示为

$$T - T_t = (T_0 - T_t)\left[1 - \left(\frac{2r}{D}\right)^n\right] \tag{2-11}$$

$$v = v_0\left[1 - \left(\frac{2r}{D}\right)^m\right] \tag{2-12}$$

在式（2-11）与式（2-12）中，$n=2.21$，$m=4.5$，T_0 和 v_0 分别为出口中心处的温度与速度，T_t 为喷枪内壁的温度，r 为到出口中心的径向距离。

2.2 工程应用实例分析

2.2.1 基本试验参数

采用美国 Praxair 公司制造的 SG100 等离子喷枪，对喷枪基本工艺参数（包括气体流率和电流强度）与喷枪输入功率的关系进行了测量。工作气体为氩气（Ar）与氦气（He），其流率单位为标准立方英尺每小时（scf/h）。各喷涂工艺参量及其取值范围如表2-2所示。

表2-2 喷涂工艺参量及其取值范围

名称	取值范围
主气	Ar（40~120 scf/h）
次气	He（0~20 scf/h）
电流强度	500~900 A
系统电压	30~40 V
载气	13 scf/h

测试过程中，主、次气流率与电流强度是可控的，而电压则可能随这三个基本参量的改变而发生变化。

2.2.2 电流强度的影响

图2-7~图2-9所示为电流强度 I 为400~1000 A 时，在典型工况下（$F_{Ar}=80$ scf/h，$F_{He}=10$ scf/h），I 对喷枪出口中心处温度 T_0、速度 v_0 以及 Ar 电离度 x_{Ar} 的影响。

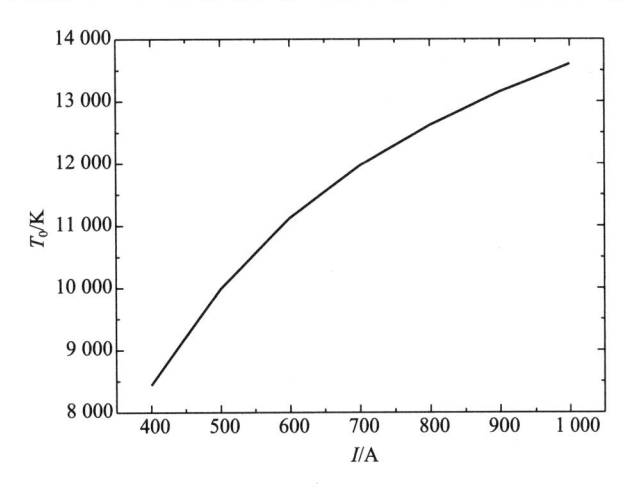

图2-7 电流强度 I 对 T_0 的影响（$F_{Ar}=80$ scf/h，$F_{He}=10$ scf/h）

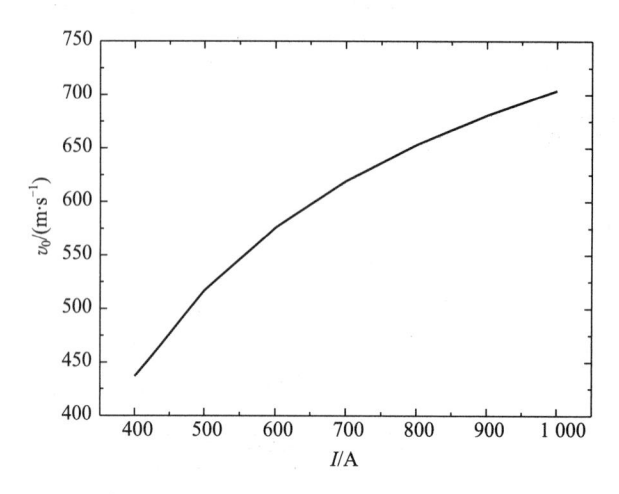

图 2-8 电流强度 I 对 v_0 的影响（F_{Ar}=80 scf/h，F_{He}=10 scf/h）

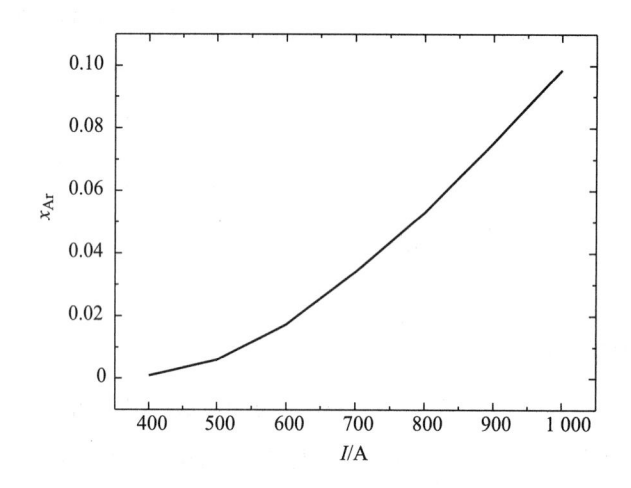

图 2-9 电流强度 I 对 x_{Ar} 的影响（F_{Ar}=80 scf/h，F_{He}=10 scf/h）

如图 2-7～图 2-9 所示，在喷涂过程中，若组分气体流率不变，随着电流强度 I 的增加，喷枪出口中心处的温度和速度以及气体的电离度都将显著增加：T_0 由 8 436 K 增加到 13 602 K，v_0 由 437 m/s 增加到 704 m/s，x_{Ar} 由 0.89×10^{-4} 增加到 0.1。显著增加的原因是 I 与输入功率 P 成正比关系，如式（2-3）所示，P 随 I 的增加而增加，而与此同时，气体的流率保持不变保证了参与受热和电离的原子总数不变，因此 T_0 增加。根据式（2-10）与图 2-9，v_0 与 x_{Ar} 也将随之增加。

2.2.3 工质气体的影响

1. Ar 流率的影响

图 2-10～图 2-12 所示为 Ar 流率 F_{Ar} 为 60～140 scf/h 时，在典型工况下（I=800 A，F_{He}=10 scf/h），对喷枪出口中心处温度 T_0、速度 v_0 以及 Ar 电离度 x_{Ar} 的影响。

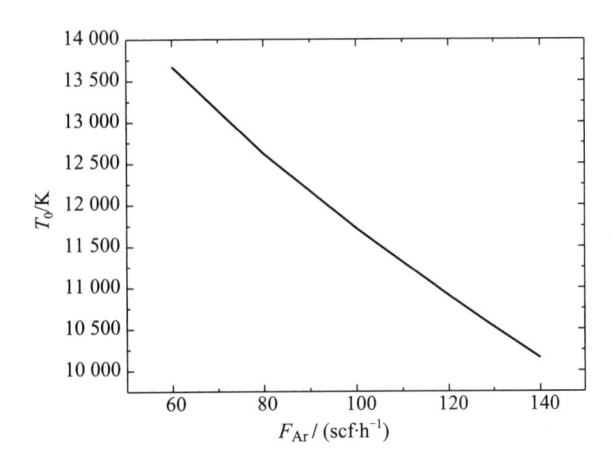

图 2-10　Ar 流率 F_{Ar} 对 T_0 的影响（$I=800$ A，$F_{He}=10$ scf/h）

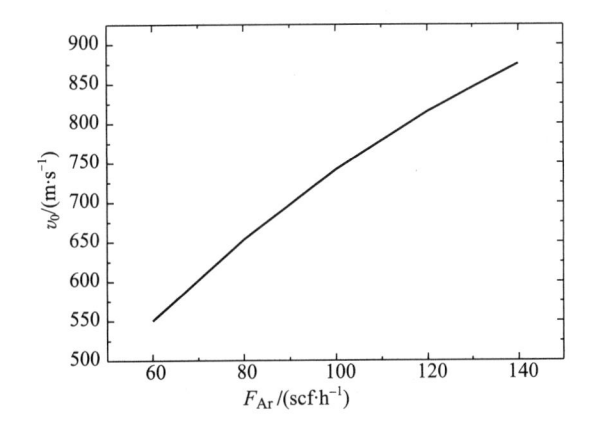

图 2-11　Ar 流率 F_{Ar} 对 v_0 的影响（$I=800$ A，$F_{He}=10$ scf/h）

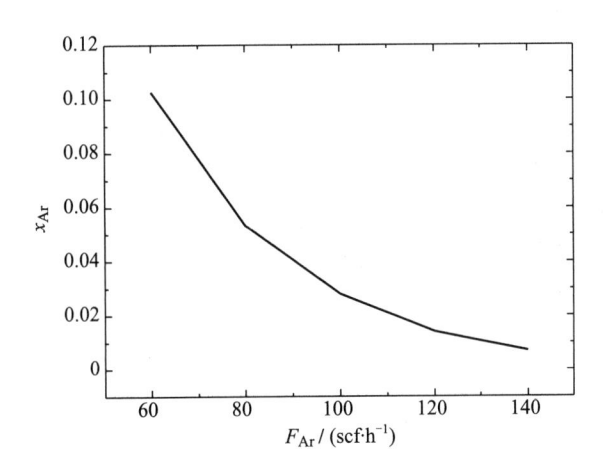

图 2-12　Ar 流率 F_{Ar} 对 x_{Ar} 的影响（$I=800$ A，$F_{He}=10$ scf/h）

如图 2-10 所示，在其他工艺参数保持不变的条件下，随着 Ar 流率的增加 T_0 将减小，由最初的 13 672 K 降低到 10 152 K。这是由于随着 Ar 流率的增加，单位体积内参与化学反应以及受热升温的原子数目也随之增多,而总的输入功率增加不大(见图 2-2)。T_0 的降低导致 x_{Ar} 减小,如图 2-12 所示,由最初的 0.10 降低到 0.007。此外,由图 2-11 可知,随着 Ar 流率的增加,v_0 将增大,由最初的 550 m/s 增大到 876 m/s。根据式(2-10),在其他参数不变的条件下,v_0 的大小取决于气体流率以及 T_0,如果流率增加的幅度大于 T_0 降低的幅度,v_0 将表现为增大。

2. He 流率的影响

图 2-13 ~ 图 2-15 所示为 He 流率 F_{He} 为 0 ~ 20 scf/h 时,在典型工况下(I = 800 A,F_{Ar} = 80 scf/h),对喷枪出口中心处温度 T_0、速度 v_0 以及 Ar 电离度 x_{Ar} 的影响。

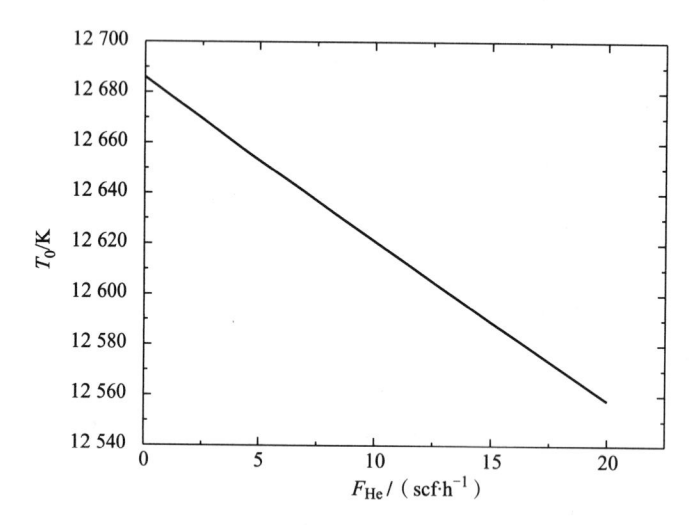

图 2-13 He 流率 F_{He} 对 T_0 的影响(I = 800 A,F_{Ar} = 80 scf/h)

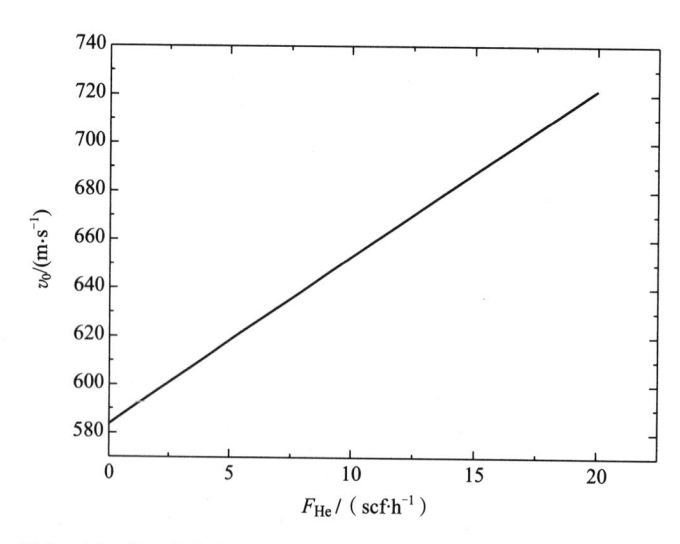

图 2-14 He 流率 F_{He} 对 v_0 的影响(I = 800 A,F_{Ar} = 80 scf/h)

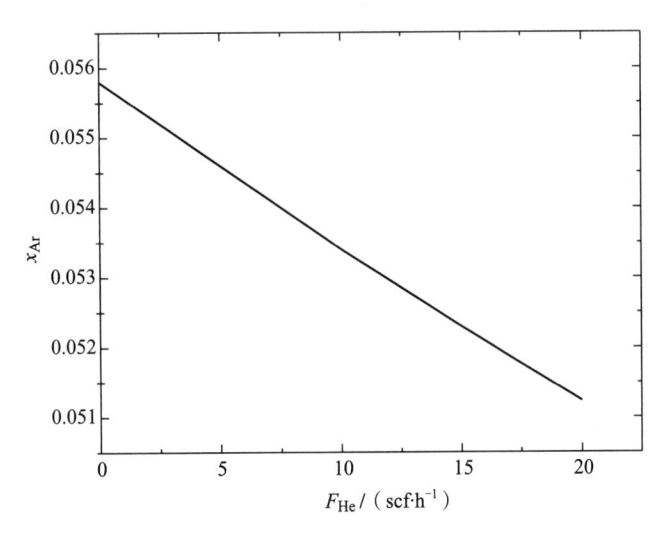

图 2-15　He 流率 F_{He} 对 x_{Ar} 的影响（I = 800 A，F_{Ar} = 80 scf/h）

如图 2-13～图 2-15 所示，在其他工艺参数保持不变的条件下，He 流率 F_{He} 对 T_0、v_0 以及 x_{Ar} 的影响规律与 F_{Ar} 相似。随着 F_{He} 的增加，T_0 由 12 686 K 降低到 12 558 K，v_0 由 586 m/s 增加到 722 m/s，x_{Ar} 由 0.055 8 降低到 0.051 2。但同主气 Ar 相比，由于 He 作为次气流率有限，其对 T_0、v_0 以及 x_{Ar} 影响相对较小。

3. He 百分含量的影响

图 2-16 所示为电流强度 I = 800 A，Ar、He 总流率为 100 scf/h，He 百分含量为 0～20% 时，其对喷枪出口中心处的温度 T_0、速度 v_0 的影响。

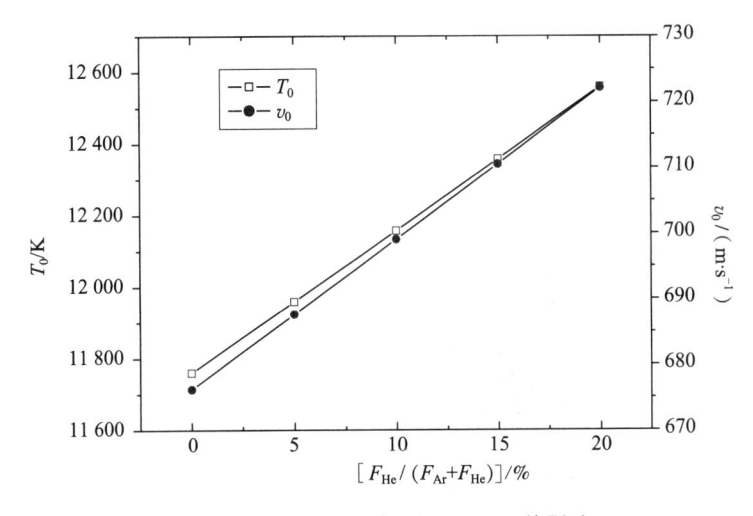

图 2-16　He 百分含量对 T_0、v_0 的影响

如图 2-16 所示，随着 He 百分含量的增加，T_0 由最初的 11 760 K 增加到 12 558 K，而速度 v_0 也由最初的 676 m/s 增加到 722 m/s。这表明在喷涂过程中，如果保持工质气体总流率不变，则增大 He 成分的百分比，可同时增大 T_0 与 v_0。这是因为 He 的电离电位较 Ar 高且

不易发生电离，He 含量的增加要求输入的功率也相应增加，而单位体积内参与电离反应（He 原子基本不电离）及受热的总原子数目却是不变的。

2.2.4 电流强度与气体流率的综合影响

图 2-17、图 2-18 以三维图的形式，表示了电流强度与气体流率对喷枪出口中心处温度 T_0 和速度 v_0 的综合影响，图中 Ar、He 气体流率之比为 4∶1。

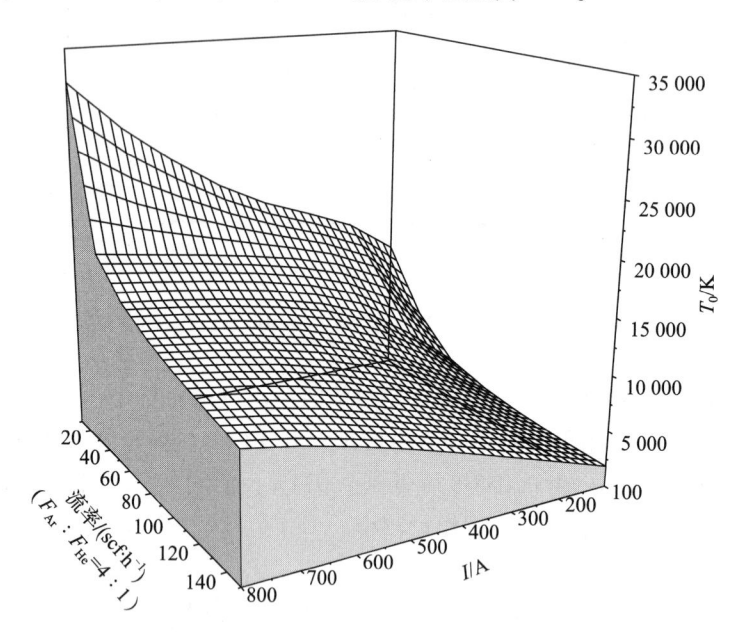

图 2-17 电流强度、气体流率对 T_0 的综合影响

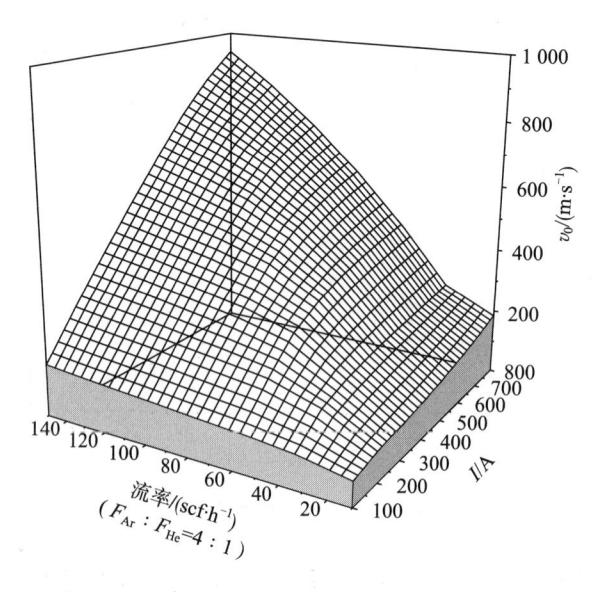

图 2-18 电流强度、气体流率对 v_0 的综合影响

如图 2-17、图 2-18 所示，随着电流强度 I 的增加，T_0 及 v_0 均增加；而随着气体总流

率的增加，T_0 降低，v_0 增加。这与前面所得到的结论是一致的。在实际喷涂过程中，可利用类似图 2-17、图 2-18 的模拟结果，从需要的温度及速度出发来选择和设置电流强度与气体流率，起到指导实际生产的作用。

2.2.5 喷枪出口处温度与速度的分布

根据式（2-11），若知道喷枪出口中心线上的温度 T_0 与速度 v_0，便可计算出喷枪出口处的温度与速度分布。图 2-19 表示 $I = 500$ A，$F_{Ar} = 70$ scf/h，$D = 10$ mm 工况条件下计算出的喷枪出口处的温度分布，并与 Incropera 等人[7] 的实验结果进行了对比；图 2-20 表示 $I = 196$ A，$U = 30$ V，$F_{Ar} = 800$ scf/h，$D = 6$ mm 工况条件下计算出的喷枪出口处的速度分布，并与 Boffa 等人[8] 的实验结果进行了对比。结果表明，计算值与实验值能较好吻合，喷枪出口处速度与温度的分布均趋向于抛物线形式（r 表示喷枪出口径向位置）。

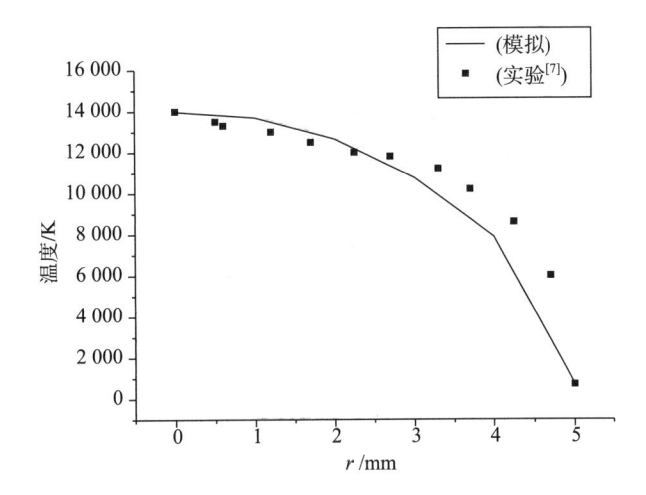

图 2-19 典型工况条件下，喷枪出口处的温度分布

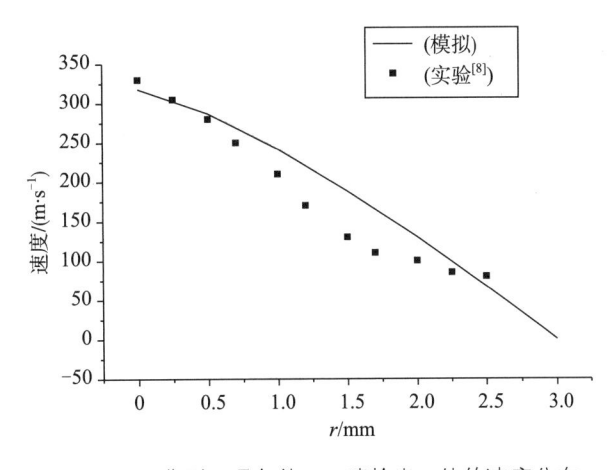

图 2-20 典型工况条件下，喷枪出口处的速度分布

参考文献

[1] Zhu P, Lowke J J, Morrow R. A unified theory of free burning arcs, cathode sheaths and cathodes [J]. Journal of Physics D: Applied Physics, 1992, 25: 1221.

[2] Zhao Y Y, Grant P S, Cantor B. Modelling and experimental analysis of vacuum plasma spraying. Part I: prediction of initial plasma properties at plasma gun exit [J]. Modelling and Simulation in Materials Science and Engineering, 2000, 8: 497.

[3] Howatson A M. An introduction to gas discharges [M]. Oxford: Pergamon, 1965.

[4] Reid R C, Prausnitz J M, Sherwood T K. The Properties of Gases and Liquids [M]. The 4th Edition. USA: McGraw-Hill, 1987.

[5] Gordon M, Barrow. Physical chemistry [M]. USA: McGraw-Hill, 1998.

[6] Dussoubs B, Fauchais P, Vardelle A, et al. Computational analysis of a three-dimensional plasma spray jet [J]. Thermal Spray: A United Forum for Scientific and Technological Advances. USA: ASM International, 1997.

[7] Incropera F P, Leppert G. Investigation of arc jet temperature-measurement techniques [J]. ISA Transactions, 1967, 6: 35.

[8] Boffa C V, Pfender E. Enthalpy probe and spectrometric studies in an argon plasma jet [9]. HTLTR No. 73, University of Minnesota. 1969.

第 3 章
等离子体二维射流场数值模拟及实例分析

等离子体射流场在轴向和径向上的温度及速度变化（温度场和速度场）直接影响到喷涂粉末在射流中的熔化状况与速度，进而影响到涂层质量。因此，有必要对其传热与流动特性进行试验与数值模拟研究，为进一步分析制备热障涂层过程中颗粒在等离子体中的温度、运动轨迹和物理状态的变化等过程提供理论依据。

在过去的几十年里，对热等离子体加工工艺的数值模拟一直为人们所关注，但是由于等离子体处于极高的温度范围，伴随着强烈的物理化学反应，具有其自身的许多特性，所以给模拟工作带来了一定的困难。早期的工作主要局限于层流工况下的射流场，而在大尺寸、大流量、大功率的工业等离子体装置中通常为湍流流动。高温电离气体的湍流流动的研究，比因大温差、变物性变得已相当复杂的层流流动的研究更加困难，至今仍没有合适的湍流模型。

随着计算及实验技术的迅速发展，人们对等离子射流场的理论研究工作已取得很多新的成就，如采用改进的湍流模型，计算等离子体内混合气体复杂的化学反应，从三维角度分析等离子射流的传热与流动，探讨高温射流与不同环境气氛的相互作用等。

本章在第 2 章计算方法基础上，以喷枪出口处的温度、速度及组分为射流场入口边界条件，借助 Fluent 6.0 专业流体力学计算软件[1]，介绍了 Ar – He 混合气体形成的等离子体射流射入环境空气中的温度场、速度场及组分分布的数值模拟方法。

3.1 数学模型

计算过程中，假定如下条件成立：
(1) 等离子体射流为连续介质，且满足局部热力学平衡[2]。
(2) 等离子体气体由主气 Ar 和次气 He 两种气体组成，入射到常压的空气环境中。
(3) 等离子体是光学薄介质[2]，忽略等离子体因辐射而损失的那部分能量。
(4) 射流场内仅发生 Ar 的电离复合反应，即 $Ar^+ + e \longleftrightarrow Ar$。
(5) 等离子体是稳态的，即在一定的时间范围内，整个系统是定常的。

3.1.1 连续性方程

假定射流中不存在质量源或汇，则单位时间内流出控制体的质量等于单位时间内控制体减少的质量,如式(3-1)所示。

$$\frac{\partial \rho}{\partial t} + \nabla(\rho \boldsymbol{v}) = 0 \tag{3-1}$$

式(3-1)为用向量形式表示的连续性方程,式中 ρ 为等离子体混合气体的密度,t 为时间,$\boldsymbol{v}$ 为射流的速度,∇ 表示梯度算符。

另一方面,如第 2 章 2.1.4 节所述,当 Ar、He 两种气体为工质气体时,在 15 000 K 以下温度范围的射流场内,一般可认为仅存在一种化学反应:$Ar^+ + e \longleftrightarrow Ar$。若射流场直接入射到空气中,则射流场中将存在 Ar^+、Ar、He 以及空气这几种组分。因此,在考虑组分的质量守恒时,还必须考虑化学反应所带来的影响。若以 f_i 表示组分 i 的质量分数,即

$$f_i = \frac{\rho_i}{\rho} \tag{3-2}$$

$$\sum f_i = 1 \tag{3-3}$$

则存在关系:

$$\frac{\partial}{\partial t}(\rho f_i) = -\nabla(\rho f_i \boldsymbol{v}) + \dot{W}_i \tag{3-4}$$

式中,$\dot{W}_i$ 表示因化学反应而引起的控制体内组分 i 的净生成率,且满足 $\sum \dot{W}_i = 0$。

3.1.2 动量守恒方程

根据动量定理,控制体中流体动量的变化率等于作用在其上的体积力和表面力之和,若忽略重力、电磁力等外力作用的影响,则动量方程可表示为

$$\rho \frac{d\boldsymbol{v}}{dt} = -\nabla \boldsymbol{p} + \nabla \cdot \boldsymbol{\tau} \tag{3-5}$$

式中,p 为压力,τ 为剪切应力。对于二维轴对称流体的流动,存在关系:

$$\boldsymbol{\tau}_{xr} = \boldsymbol{\tau}_{rx} = \mu\left(\frac{\partial v_r}{\partial v_x} + \frac{\partial v_x}{\partial v_r}\right) \tag{3-6}$$

式中,μ 为等离子射流的黏度;v_r、v_x 分别为轴向 x 和径向 r 的速度分量。

3.1.3 能量守恒方程

若忽略辐射等带来的影响,根据能量守恒原理,控制体内的能量变化率等于表面传入的热量、表面力做的功以及体积力做的功之和:

$$\rho \frac{dh}{dt} = \nabla \cdot (\lambda \nabla T) + \frac{dp}{dt} + \Phi \tag{3-7}$$

式中,λ 为热导率;Φ 为单位时间内由于黏性摩擦而耗散的机械能,这部分能量将完全转变为热能,对于二维流体的流动,可表示为

$$\Phi = 2\mu\left[\left(\frac{\partial v_x}{\partial x}\right)^2 + \frac{v_r}{r} + \left(\frac{v_r}{r}\right)^2 + \frac{1}{2}\left(\frac{\partial v_r}{\partial x} + \frac{\partial v_x}{\partial r}\right)^2\right] \tag{3-8}$$

h 为比焓,单位为 J/kg,定义为

$$h = \sum_{i=1}^{n} f_i \int_{T_0}^{T} c_{p\,i} \mathrm{d}T \tag{3-9}$$

表示在压力一定的条件下,从参考温度 T_0 到温度 T 的过程中,单位质量的气体混合物各组分因受热而生成的焓的总和。

3.1.4 k-ε 双方程

如前所述,等离子体射流为湍流流动,气流分子微团将做无规律的混乱运动,即气流中的各点温度、速度、浓度、压力等参数都随时间而变化,这使问题的研究趋于复杂化。但它仍遵循连续介质的一般动力学定律,即仍服从质量守恒定律、动量守恒定律和能量守恒定律。因此,基本方程中任一瞬时的参量都可用平均量和脉动量之和代替,并且对整个方程进行时间平均计算。

为准确描述自由射流场在湍流工况下的运动规律,可将目前应用比较成功的标准 k-ε 双方程模型直接用于等离子体射流场中,它们与前面的基本方程一起构成了一组封闭的方程组。

k-ε 双方程模型包括湍流动能和湍流动能耗散率两个方程,对于二维轴对称问题,可表示为

$$\rho v_x \frac{\partial k}{\partial x} + \rho v_r \frac{\partial k}{\partial r} = \frac{1}{r}\frac{\partial}{\partial r}\left[r\left(\mu + \frac{\mu_\mathrm{t}}{\sigma_k}\right)\frac{\partial k}{\partial r}\right] + \mu_\mathrm{t}\left(\frac{\partial \mu}{\partial r}\right)^2 - \rho\varepsilon \tag{3-10}$$

$$\rho v_x \frac{\partial \varepsilon}{\partial x} + \rho v_r \frac{\partial \varepsilon}{\partial r} = \frac{1}{r}\frac{\partial}{\partial r}\left[r\left(\mu + \frac{\mu_\mathrm{t}}{\sigma_\varepsilon}\right)\frac{\partial \varepsilon}{\partial r}\right] + C_1\frac{\varepsilon}{k}\mu_\mathrm{t}\left(\frac{\partial \mu}{\partial r}\right)^2 - C_2\rho\frac{\varepsilon^2}{k} \tag{3-11}$$

式中,v_r、v_x 分别为轴向 x 和径向 r 的速度分量;ρ、μ 分别为射流的密度和层流工况下的黏度;μ_t 为湍流黏性系数,$\mu_\mathrm{t} = C_\mu \rho k^2$;$k$ 为湍流脉动动能,ε 为湍流动能耗散率;C_1、C_2、C_μ、σ_k、σ_ε 为湍流模型中的常数值,分别为 1.44、1.92、0.09、1.0、1.3。

3.1.5 化学反应方程

由于反应的介入,除考虑前面提及的各基本控制方程外,还必须考虑各组元在各自反应中的反应速率,可采用涡流-耗散模型(Eddy-Dissipation Model)进行计算。该模型是 Magnussen 与 Hjertager[3] 针对湍流场中的化学反应提出来的,它成功地将反应速率与反应物和生成物的湍流动能及耗散率联系了起来,适用于预混、部分预混以及扩散反应流问题。反应速率由以下两式中的较小项确定:

$$R_{i,k} = \nu_{i,k} M_i A\rho \frac{\varepsilon}{k} \frac{m_\mathrm{R}}{\nu_{\mathrm{R},k} M_\mathrm{R}} \tag{3-12}$$

式中,$R_{i,k}$ 为组分 i 在化学反应 k 中的反应速率;$\nu_{i,k}$ 为组分 i 在化学反应 k 中的当量系数;M_i 为组分 i 的相对分子质量;A 为经验常数,取 $A = 4.0$;ρ 为密度;ε 为湍流动能耗散率;k 为湍流脉动动能;m_R 为特定反应物 R 的质量分数,其中,下标 R 表示 $R_{i,k}$ 具有最小值的反应物;M_R 为反应物 R 的相对分子质量;$\nu_{\mathrm{R},k}$ 为反应物 R 在化学反应 k 中的当量系数。

$$R_{i,k} = \nu_{i,k} M_i AB\rho \frac{\varepsilon}{k} \frac{\sum_p m_P}{\sum_j^N \nu_{j,k} M_j} \qquad (3-13)$$

式中，B 为经验常数，取 $B=0.5$；m_P 为任一生成物 P 的质量分数；M_j 为组分 j 的相对分子质量；$\nu_{j,k}$ 为组分 j 在化学反应 k 中的当量系数。

3.2 基本物性参数与输运系数

在高温电离气体的流动和传热研究中，涉及的基本物性参数与输运系数主要有密度 ρ、比热 c_p、热导率 λ 和黏度 μ 等。由于参数较多，温度变化范围广，测量起来十分困难，误差也很大。例如测量传导率和黏度等输运系数，人们通常先测量射流不同轴向位置各截面上的温度分布和速度分布，然后代入离散后的动量方程与能量方程中，最后才推出具体数值。

此外，若直接从理论出发进行计算，面临的困难也很大。例如，比热、密度等热力学性质的计算需首先计算出粒子的配分函数，而输运系数的计算则还需要计算出各种粒子的碰撞截面。

为此，可对混合气体基本物性参数与输运系数的选择进行一定的简化处理。混合气体的密度与黏度通过简单混合定律进行计算：

$$\rho = \sum_{i=1}^n m_i \rho_i(T_i) \qquad (3-14)$$

$$\mu = \sum_{i=1}^n m_i \mu_i(T_i) \qquad (3-15)$$

式中，m_i 为各组分气体的质量分数；ρ_i，μ_i 分别为温度 T_i 时组分 i 的密度与黏度；ρ，μ 分别为混合气体的密度与黏度。

研究表明，当 Ar 中加入一定量的 He 后，其热导率 λ 将有显著变化。故混合气体的热导率仍根据混合定律进行计算，但此处是基于各组分气体的摩尔百分比[4]，而非质量分数，如式（3-16）所示。

$$\lambda = \sum_{i=1}^n x_i k_i(T_i) \qquad (3-16)$$

式中，x_i 为各组分气体的摩尔百分比，λ_i 为温度 T_i 时组分 i 的热导率；λ 为混合气体的热导率。

混合气体比热的处理，与第 2 章 2.2.3 节一致，由于 Ar、He 两种工质气体比热相差不大，故均统一按 Ar 的比热（如式（2-7）所示）进行计算。

表 3-1、表 3-2 分别表示了 Ar、He 两种工质气体在部分温度下的热物性参数与输运系数。

表3-1 Ar在部分温度下的热物性参数与输运系数[5]

温度/K	密度/(kg·m^{-3})	黏度/(Pa·s)	热导率/[W·(m·K)$^{-1}$]
1 000	4.866e-01	5.350e-05	4.270e-02
2 000	2.433e-01	8.070e-05	6.920e-02
3 000	1.622e-01	1.290e-04	1.000e-01
4 000	1.216e-01	1.570e-04	1.230e-01
5 000	9.765e-02	1.840e-04	1.440e-01
6 000	8.137e-02	2.090e-04	1.660e-01
7 000	6.973e-02	2.330e-04	2.030e-01
8 000	6.094e-02	2.560e-04	2.720e-01
9 000	5.390e-02	2.770e-04	4.020e-01
10 000	4.782e-02	2.900e-04	6.250e-01
11 000	4.209e-02	2.840e-04	9.610e-01
12 000	3.627e-02	2.450e-04	1.403e+00
13 000	3.033e-02	1.810e-04	1.901e+00
14 000	2.479e-02	1.170e-04	2.297e+00
15 000	2.035e-02	7.110e-05	2.417e+00

表3-2 He在部分温度下的热物性参数与输运系数[6]

温度/K	密度/(kg·m^{-3})	黏度/(Pa·s)	热导率/[W·(m·K)$^{-1}$]
302	1.608 3e-01	2.002 9e-05	1.567 6e-01
402	1.208 6e-01	2.438 4e-05	1.910 9e-01
502	9.679 9e-02	2.844 9e-05	2.222 97e-01
602	8.072 8e-02	3.229 7e-05	2.530 4e-01
702	6.923 3e-02	3.597 2e-05	2.816 6e-01
802	6.906 0e-02	3.950 6e-05	3.091 0e-01
902	5.388 8e-02	4.292 0e-05	3.355 5e-01
1 002	4.851 1e-02	4.623 1e-05	3.611 5e-01
1 102	4.441 1e-02	4.945 1e-05	3.860 1e-01
1 202	4.044 2e-02	5.259 2e-05	4.102 0e-01
1 402	3.733 6e-02	5.566 1e-05	4.338 1e-01
1 502	3.467 4e-02	5.866 5e-05	4.568 9e-01

环境空气各物性参数与输运系数受射流影响相对较小,故均按常温、常压下的值处理。表3-3列出了空气的相关热物性参数与输运系数。

表 3-3　空气在常温、常压下的热物性参数与输运系数[7]

比热/[J·(kg·K)$^{-1}$]	密度/(kg·m^{-3})	黏度/(Pa·s)	热导率/[W·(m·K)$^{-1}$]
1 006.43	1.225	1.789 4e-05	0.024 2

3.3 工程应用实例分析

3.3.1 几何模型与边界条件

射流场计算区域的几何模型如图 3-1 所示,为一 80 mm × 80 mm 的区域,射流场入口 AB 处即喷枪出口处,半径为 4 mm。由于等离子喷枪、整个射流场均相对于喷枪轴心线呈轴对称,故采用二维模型,柱坐标系。喷枪出口喷嘴几何中心处为坐标原点,沿喷枪的中心轴线方向为坐标 x,与之垂直的径向方向为坐标 r。计算区域划分成 80×50 的交错网格,接近轴心线处较密,远离轴心线处较疏。

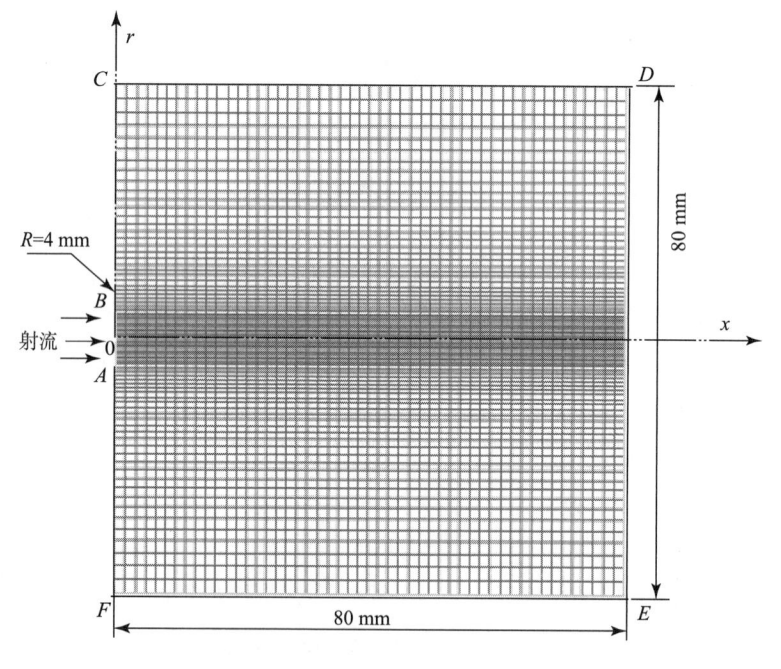

图 3-1　射流场计算区域几何模型

在射流场入口 AB 处,必须给定来流的运动学、动力学和热力学等相关条件,以及初始组分分布。具体包括射流初始温度 T、初始速度 v、湍流动能 k、湍流动能耗散率 ε 以及各组分的质量分数 f_{Ar}、f_{Ar^+}、f_{He}。

根据第 2 章所提出的方法,当给定喷涂工艺参数,包括电流强度 I、气体流率 F_{Ar} 和 F_{He} 后,可计算出 AB 处的 T、v、f_{Ar}、f_{Ar^+} 和 f_{He}。表 3-4 给出了几种典型工况条件下对应的初始边界条件。

表3-4 几种典型工况条件下对应的初始边界条件

No.	I/A	F_{Ar}/(scf·h^{-1})	F_{He}/(scf·h^{-1})	f_{Ar}	f_{Ar^+}	f_{He}	T/K	v/(m·s^{-1})
①	500	70	30	0.9518	0.0071	0.0411	$2000+8197.0\times\left[1-\left(\frac{r}{4}\right)^{4.5}\right]$	$586.3\times\left[1-\left(\frac{r}{4}\right)^{2.21}\right]$
②	700	70	30	0.9183	0.0406	0.0411	$2000+10283\times\left[1-\left(\frac{r}{4}\right)^{4.5}\right]$	$706.3\times\left[1-\left(\frac{r}{4}\right)^{2.21}\right]$
③	900	70	30	0.8680	0.0909	0.0411	$2000+11534\times\left[1-\left(\frac{r}{4}\right)^{4.5}\right]$	$778.2\times\left[1-\left(\frac{r}{4}\right)^{2.21}\right]$
④	900	50	30	0.7826	0.1607	0.0567	$2000+12615.5\times\left[1-\left(\frac{r}{4}\right)^{4.5}\right]$	$672.3\times\left[1-\left(\frac{r}{4}\right)^{2.21}\right]$
⑤	900	90	30	0.9142	0.0535	0.0323	$2000+10672.5\times\left[1-\left(\frac{r}{4}\right)^{4.5}\right]$	$874.4\times\left[1-\left(\frac{r}{4}\right)^{2.21}\right]$
⑥	900	70	0	0.8970	0.1030	0	$2000+11676.5\times\left[1-\left(\frac{r}{4}\right)^{4.5}\right]$	$550.5\times\left[1-\left(\frac{r}{4}\right)^{2.21}\right]$
⑦	900	70	40	0.8585	0.0874	0.0541	$2000+11490\times\left[1-\left(\frac{r}{4}\right)^{4.5}\right]$	$853.3\times\left[1-\left(\frac{r}{4}\right)^{2.21}\right]$

AB处的k及ε可以根据实验所测值给定,也可以根据经验近似估计。由于喷涂时等离子体射流在喷枪出口附近的中心区流动通常先是层流,然后再转为湍流[6],故可规定AB处的k与ε均为0;而在射流场的外围区域BC、CD、DE、EF和FA处,规定湍流强度为10%,湍流特性长度为喷嘴1/4当量直径即2 mm,继而由湍流强度与湍流特性长度进一步确定各处的k及ε。

假定边界BC、CD、DE、EF、FA处最初的温度与压强均与环境空气相同,即分别为300 K和1个标准大气压;此外,射流在该处各组分气体的质量分数也均为0。

3.3.2 典型工况下射流温度场与速度场

图3-2所示为典型工况③(如表3-4所示,$I=900$ A,$F_{Ar}=70$ scf/h,$F_{He}=30$ scf/h)下的温度场与速度场。图3-2(a)所示为射流温度场等值线分布,图中各等值线间距约800 K;图3-2(b)所示为射流场内不同轴向距离径向位置($r\geq0$)的温度分布;图3-2(c)所示为射流速度场等值线分布,图中各等值线间距约50 m/s;图3-2(d)所示为射流场内不同轴向距离径向位置($r\geq0$)的速度分布。由图3-2可以看出,当高温高速射流离开喷嘴后,其温度与速度沿轴向与径向两个方向均迅速降低。图3-2(a)与图3-

2(c)还表明,整个射流场在给定的初始条件下,关于喷枪轴心线(即坐标 x)呈轴对称。

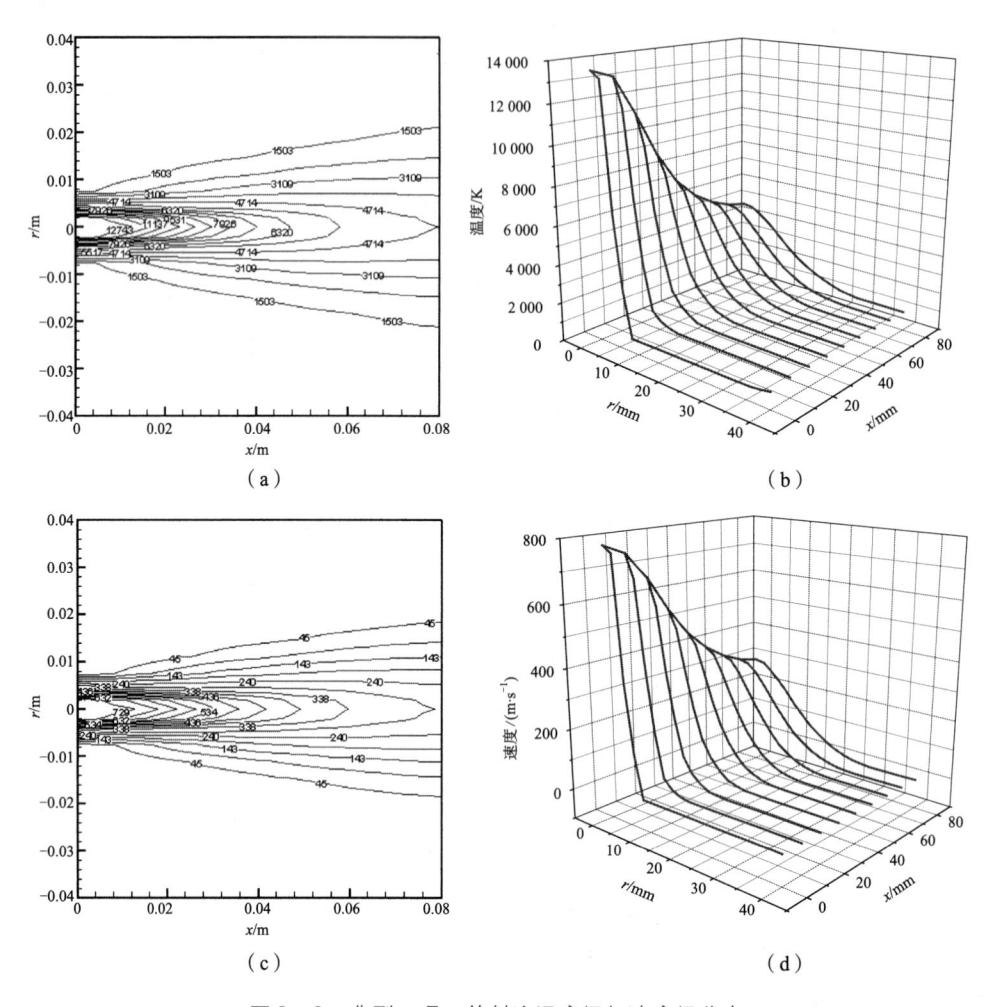

图 3-2 典型工况下的射流温度场与速度场分布
(a) 温度场等值线分布(K); (b) 不同轴向距离径向位置的温度分布;
(c) 速度场等值线分布(m/s); (d) 不同轴向距离径向位置的速度分布

图 3-2(a)、(b)表明,当高温射流离开喷嘴并扩散到空气中后,轴心线处温度由最初的 13 534 K 先经过一段平缓下降区(0~10 mm),然后迅速下降到约 4 000 K。图 3-2(a)温度等值线的疏密程度反映了温度下降的快慢程度。等值线越密,说明温度下降越快;等值线越疏,说明温度下降越慢。图 3-2(a)表明射流温度沿轴向变化呈先慢后快,最后又变慢的趋势,这在图 3-2(b) $r=0$ 位置对应的 $T-x$ 变化曲线上也得到了体现。图 3-2(b)还表明,相同轴向距离处,温度 T 随径向位置 r 的下降趋势也是先慢后快,最后又变慢;随着轴向距离的增加,这种变化过程相对缓慢下来。但在射流场所有外围区域,温度均已降至 1 500 K 以下。当高温的射流在低温的环境空气介质中扩张时,由于射流的横向脉动,在与空气介质不断地进行物质交换的过程中,也伴随着两者之间的热量交换。在边

界面上，射流的温度逐渐降低，而空气的温度逐渐增加，即射流在空气的作用下逐渐被冷却。

图 3-2 (c)、(d) 表明，当高速射流离开喷嘴并扩散到空气中后，轴心线处速度由最初的 778.2 m/s 先经过一段平缓下降区 (0~10 mm)，然后迅速下降到约 260 m/s。与温度规律类似，图 3-2 (c) 速度等值线的疏密程度反映了速度下降的快慢程度，等值线越密，说明速度下降越快；等值线越疏，说明速度下降越慢。图 3-2 (c) 表明射流速度沿轴向变化呈先慢后快，最后又变慢的趋势。这在图 3-2 (d) $r=0$ 位置对应的 $v-x$ 变化曲线上也得到了体现。图 3-2 (d) 还表明，相同轴向距离处，速度 v 随径向位置 r 的下降趋势也是先慢后快，最后又变慢，且随着轴向距离的增加，这种变化过程相对缓慢下来。值得注意的是，在远离轴心线的射流场外围区域内，由于射流边界的卷吸作用，射流沿轴向的速度是负的，这与文献 [8] 的研究结果是一致的。当射流进入环境空气后，由于微团的不规则运动，特别是微团的横向脉动速度所引起的与周围介质的动量交换，周围介质也参与运动，结果导致射流质量增加，宽度变大，并逐渐影响到射流的中心。

射流场温度最初的平缓下降区对应着射流的核心区，表明环境空气在该处尚未渗透。但随着空气的卷吸作用并扩散到射流中，射流的温度和速度将迅速降低。但在远离射流场核心区及湍流边界层的区域，这种影响便减弱了许多。

3.3.3 典型工况下射流场内的组分分布

图 3-3 所示为典型工况③（如表 3-4 所示，$I=900$ A，$F_{Ar}=70$ scf/h，$F_{He}=30$ scf/h）下 Ar 原子、Ar^+ 离子和 He 原子在射流离开喷枪进入射流场后的浓度分布状况，其中包括各组分的浓度等值线分布以及沿轴向距离不同径向位置的浓度分布。图中各组分浓度一律采用质量分数表示。如图 3-3 (a)~(d) 所示，当射流离开喷枪喷嘴后，沿轴心线方向，Ar 原子的浓度先是略微有所增加，从最初的 0.868 增加到 4 mm 处的 0.873，然后迅速降低，在 80 mm 处已减至 0.321；Ar^+ 离子的浓度则始终呈衰减趋势，最初为 0.090 9，而在约 40 mm 处便已减至 0。这是由于在出口附近，高温射流与常温下的冷空气相互作用促使 Ar^+ 与电子结合形成了 Ar 原子，发生电离复合反应，故 Ar 原子的浓度先略有增加；但随着轴向距离的增加，在射流与环境空气扩散的过程中存在湍流物质转移现象，使得 Ar 原子、Ar^+ 离子组分相对于混合物有从高浓度区将其质量传递至低浓度区的趋势，故其浓度降低。图 3-3 (e)、(f) 表示 He 原子浓度的变化，由于初始温度在 15 000 K 以下，可认为 He 原子没有发生电离（见第 2 章 2.1.4 节），因此 He 原子浓度将伴随着射流的横向脉动与扩张而降低。由于 He 的相对原子质量为 4，相当于 Ar 相对原子质量（39.95）的 1/10，故其在数值上总是相对于 Ar 原子的浓度要小得多。与此同时，由图 3-3 还可以看出，各组分沿径向方向总体上也表现出浓度衰减的趋势，而等值线的疏密程度同样反映了变化的快慢，这一规律同图 3-2 中射流的温度场、速度场分布是类似的。

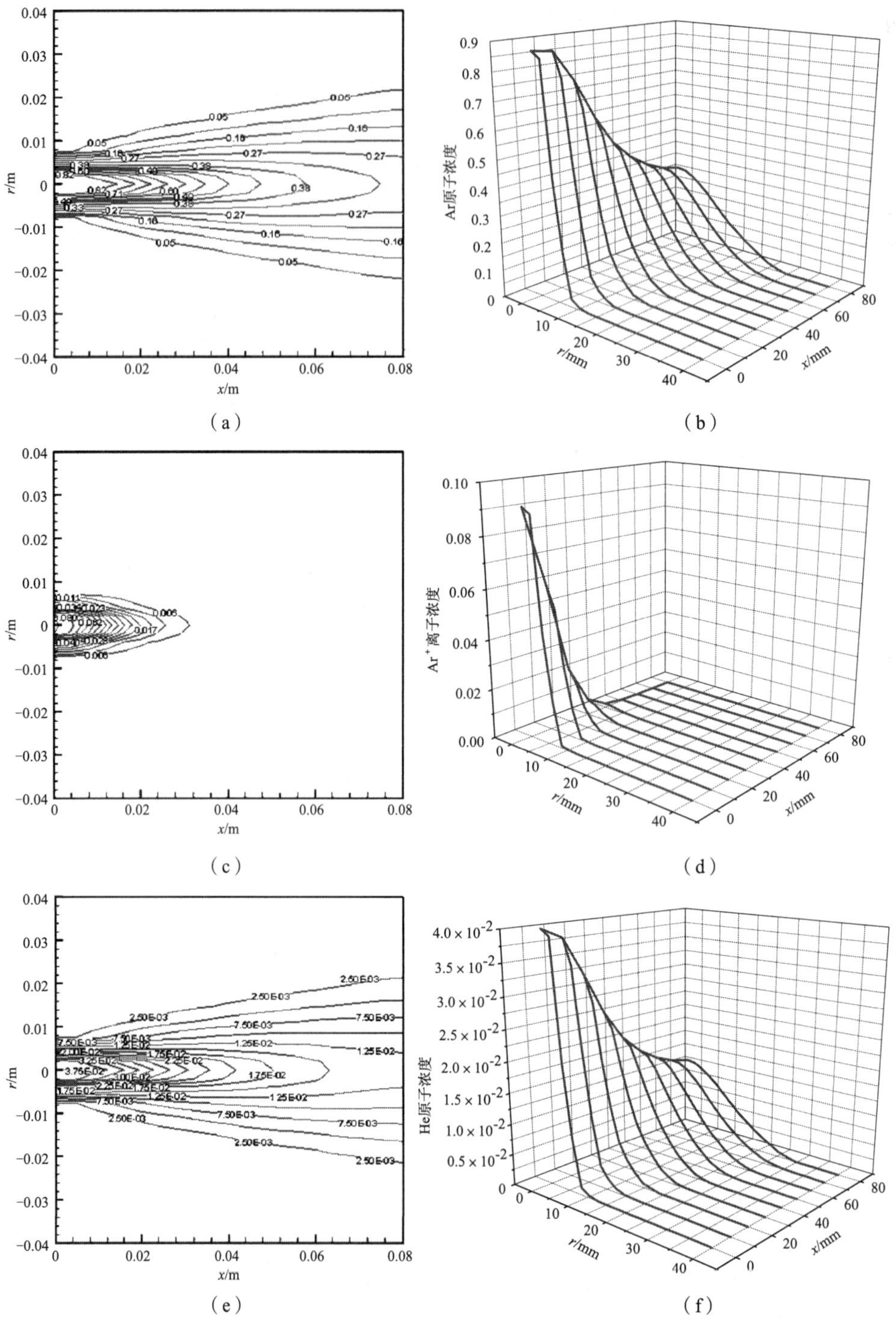

图 3-3 典型工况下射流场内的组分分布
(a) Ar 原子浓度等值线;(b) 沿轴向距离不同径向位置的 Ar 原子浓度分布;
(c) Ar^+ 离子浓度等值线;(d) 沿轴向距离不同径向位置的 Ar^+ 离子浓度分布;
(e) He 原子浓度等值线;(f) 沿轴向距离不同径向位置的 He 原子浓度分布

3.3.4 电流强度对射流场的影响

为便于比较，本节在计算过程中，各工况除电流强度不同（分别为 500 A、600 A、700 A、800 A 和 900 A）外，其主、次气流率均与工况③（见表 3 - 4）完全相同，即 $F_{Ar}=$ 70 scf/h，$F_{He}=30$ scf/h。

1. 对温度的影响

图 3 - 4 (a)、(b) 分别表示不同电流强度下射流温度沿轴向（轴心线）与径向（$x=$ 80 mm 处）的变化。

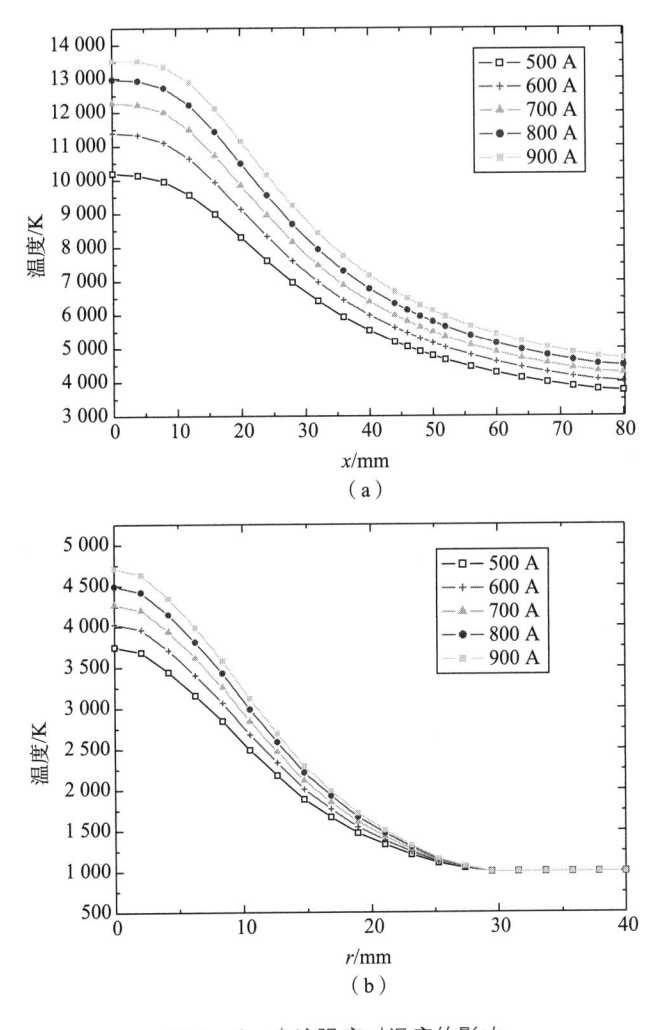

图 3 - 4 电流强度对温度的影响

(a) 温度沿轴向的变化；(b) 温度沿径向的变化（$x=80$ mm 处）

由图 3 - 4 可知，电流强度对射流场温度有很大的影响，在同一轴向或径向位置处，电流强度越大温度也越高，这与喷枪的输入功率直接相关。由于等离子喷枪输入功率与电流强度成正比关系（见第 2 章 2.1.1 节），故增大电流强度必然提高输入功率，最终将导致整个射流场内温度普遍提高。但随着轴向距离或径向距离的增大，这种因电流强度而带来的差异逐渐降低，这是由于这些区域已远离高温高速的射流场核心区及湍流边界层，高温射流场所带来的影响也就相应削弱。

2. 对速度的影响

图 3-5（a）、（b）分别表示不同电流强度下射流速度沿轴向（轴心线）与径向（$x=80$ mm 处）的变化。由图可知，电流强度对速度的影响规律与其对温度的影响规律类似，在同一位置，较高的电流强度对应着较高的射流速度，且随着轴向距离及径向距离的增加，这种差异逐渐降低。射流在喷枪出口处形成极高的喷射速度是由高温气体的体积膨胀所致，电流强度越大，射流温度越高，而所获得初始速度也就越大。但在远离射流核心区及湍流边界层的区域，高速射流场所带来的影响相应削弱。

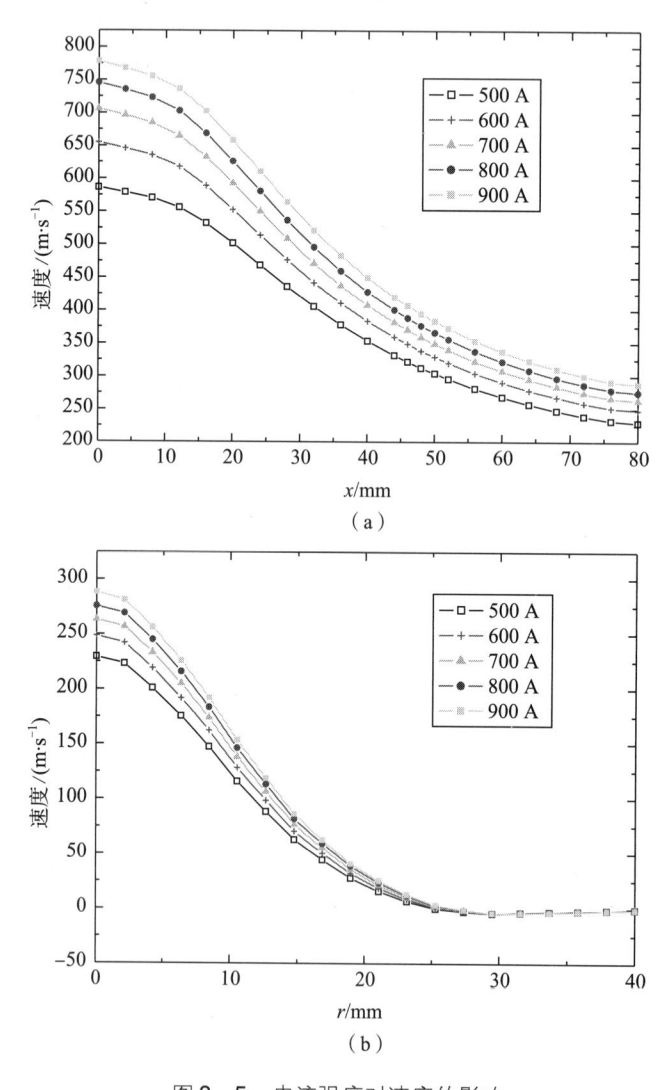

图 3-5 电流强度对速度的影响

（a）速度沿轴向的变化；（b）速度沿径向的变化（$x=80$ mm 处）

3. 对 Ar 原子、Ar^+ 离子浓度的影响

图 3-6（a）、（b）分别表示不同电流强度下 Ar 原子浓度沿轴向（轴心线）与径向

($x=80$ mm 处）的变化。由图 3-6（a）可见，电流强度总体上对 Ar 原子浓度的影响不大，尽管在同一位置表现出电流强度越大其浓度越低，但随着轴向距离与径向距离的增加，这种差异迅速减小。电流强度越大，输入功率越高，射流在喷枪内部的温度相应就高，故有较多的 Ar 原子发生电离反应，生成 Ar^+ 离子，由于 Ar 原子总数一定（由原始工况中主气流率决定），故射流在刚离开喷嘴时 Ar 原子浓度就相对越低。随着射流的继续前进以及温度的降低，Ar^+ 又发生电离复合反应生成 Ar 原子，使 Ar 原子浓度得以迅速恢复。在远离射流核心区及湍流边界层处，这种电离复合反应已完成，故表现出 Ar 原子浓度不会因电流强度的改变而有较大差异。

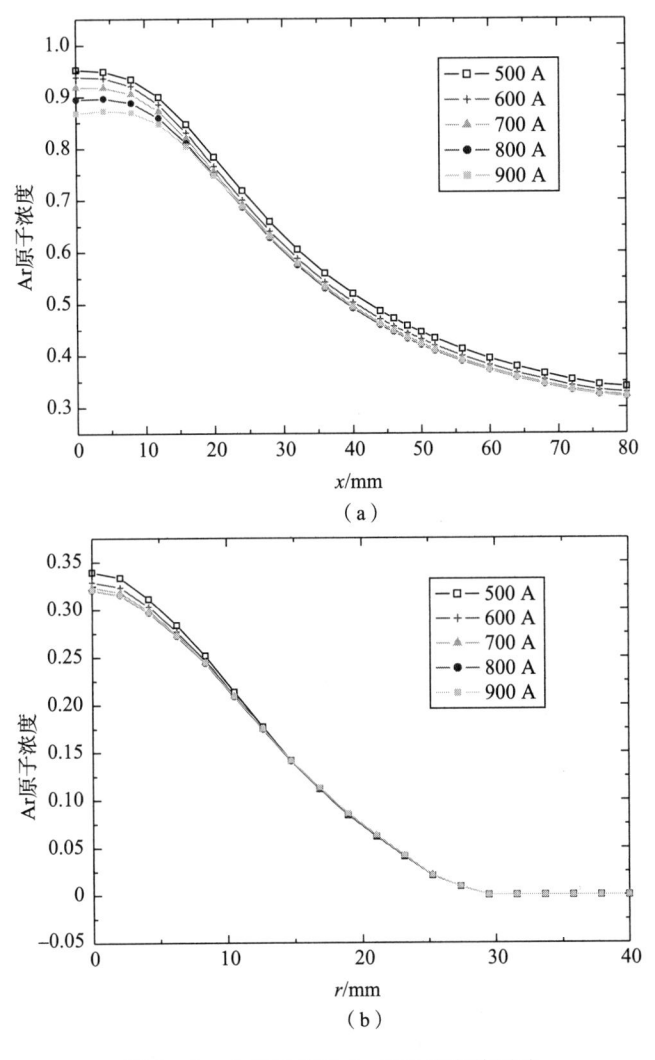

图 3-6 电流强度对 Ar 原子浓度的影响
(a) Ar 原子浓度沿轴向的变化；(b) Ar 原子浓度沿径向的变化（$x=80$ mm 处）

图 3-7 表示 Ar^+ 离子浓度沿轴心线的变化，表明射流在刚离开喷枪喷嘴时，电流强度对 Ar^+ 浓度有一定影响，电流强度越大，Ar 原子电离程度越高，Ar^+ 离子浓度越高。但当轴向距离大于 40 mm 时，随着射流温度的降低以及电离复合反应的进行，各工况下的 Ar^+ 离

子浓度均已衰减为 0。电流强度对射流场内 Ar 原子浓度的影响之所以不显著,是因为即使在 10 000 K 的高温,Ar 原子的电离率仍然很低(不到 10%)。

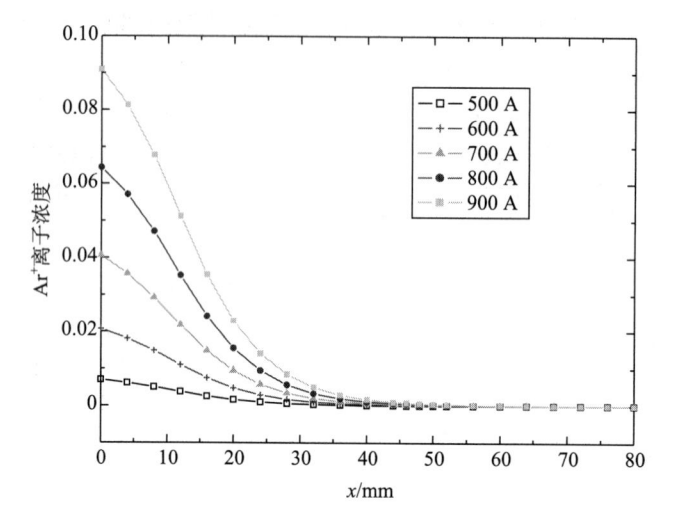

图 3-7 电流强度对 Ar^+ 离子浓度的影响沿轴向的变化

3.3.5 Ar 流率的影响

本节计算了电流强度 I = 900 A,He 流率 F_{He} = 30 scf/h 以及不同 Ar 流率(分别为 50 scf/h、60 scf/h、70 scf/h、80 scf/h 和 90 scf/h)工况条件下的射流温度场与速度场。

1. 对温度的影响

图 3-8(a)、(b)分别表示不同 Ar 流率工况下,温度沿轴向(轴心线)的变化以及温度沿径向的变化(x = 80 mm 处)情况。由图 3-8(a)可见,在射流刚离开喷嘴时,Ar 流

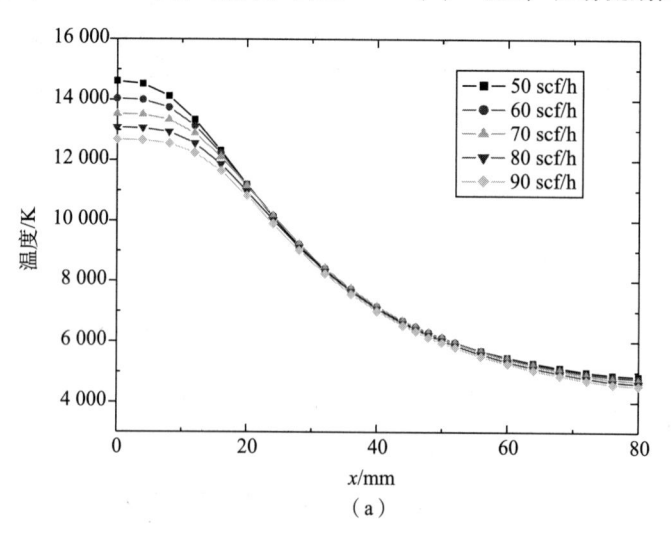

图 3-8 Ar 流率对温度的影响
(a)温度沿轴向的变化

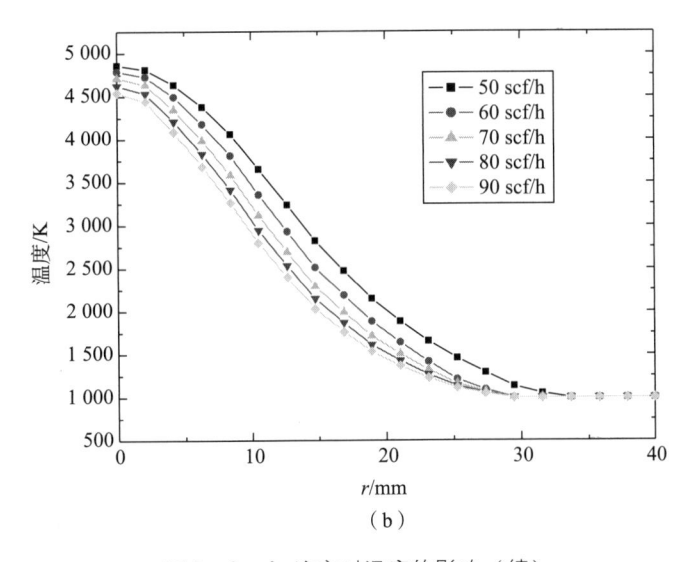

图 3-8 Ar 流率对温度的影响（续）
（b）温度沿径向的变化（$x=80$ mm 处）

率越大，射流初始温度越低，但这种影响范围很小，当轴向距离大于 20 mm 时，各工况对应的射流温度基本趋于一致。在 $x=80$ mm 处，射流场温度已普遍降低，最高温度仅 4 858 K，如图 3-8（b）所示。在 0~30 mm 这段径向距离，各工况温度有一定差异，就 50 scf/h 与 90 scf/h 两种工况比较，两者温度相差最大可达 856 K，且 Ar 流率越大，射流温度越低。

2. 对速度的影响

图 3-9（a）、（b）分别表示不同 Ar 流率工况下，速度沿轴向（轴心线）的变化以及沿径向的变化（$x=80$ mm 处）情况。由图 3-9（a）可见，射流沿轴向变化的速度受 Ar 流率影响较大，Ar 流率越大速度越大，且随着轴向距离的增加，这种差异减小并不明显。但在 $x=80$ mm 轴向距离处，随着径向距离的增加，各工况对应的速度逐渐趋于一致，如图 3-9（b）所示。

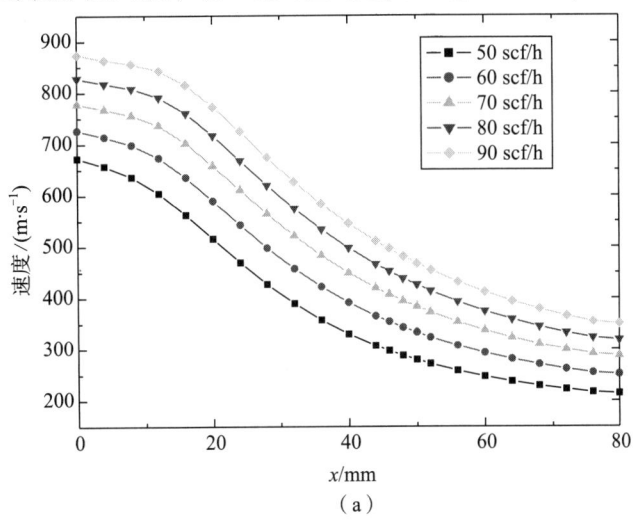

图 3-9 Ar 流率对速度的影响
（a）速度沿轴向的变化

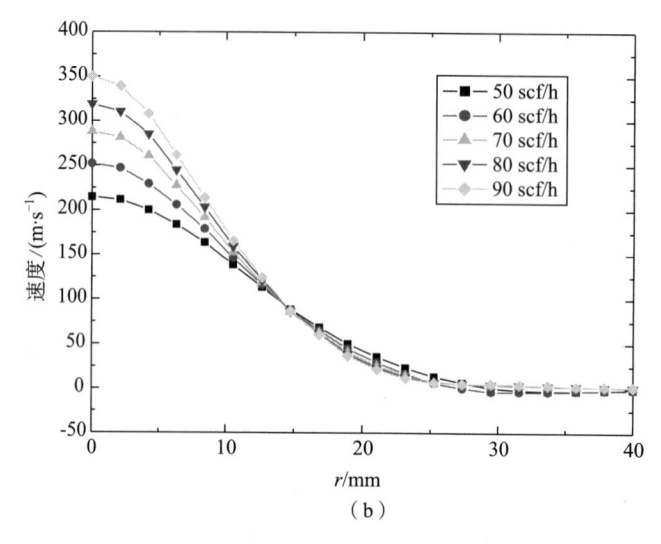

图 3-9 Ar 流率对速度的影响（续）
(b) 速度沿径向的变化（$x = 80$ mm 处）

根据第 2 章的结论，在喷涂过程中，当电流强度及 He 流率不变时，随着 Ar 流率的增加，射流在喷枪出口即喷嘴处具有相对较低的初始温度和相对较高的初始速度。故当射流进入射流场后，总体上表现为：Ar 流率越大，则速度越大，温度越低。比较图 3-8 与图 3-9 可以发现，当其他工况条件相同时，Ar 流率对射流速度的影响比其对温度的影响更为显著。

3.3.6 He 流率的影响

本节计算了电流强度 $I = 900$ A，Ar 流率 $F_{Ar} = 120$ scf/h 以及不同 He 流率（分别为 0、10 scf/h、20 scf/h、30 scf/h 和 40 scf/h）工况条件下的射流温度场与速度场。

1. 对温度的影响

图 3-10（a）、(b) 分别表示不同 He 流率工况下，温度沿轴向（轴心线）的变化以及温度沿径向（$x = 80$ mm 处）的变化情况。由图 3-10（a）可知，在同一轴向位置，随着 He 流率的增加，射流温度将降低，且随着轴向距离的增加，这种因次气 He 流率不同而造成的射流温差逐渐降低；如图 3-10（b）所示，在 $x = 80$ mm 的同一径向距离处，各工况的温度十分接近，但在 0~30 mm 这段径向距离，各工况温度略有差异，且同一位置 He 流率越大温度越高，这一规律与 Ar 有所不同，主要是因为射流在该处的湍流强度差异以及环境空气在该处卷吸作用的强烈程度不同。

2. 对速度的影响

图 3-11（a）、(b) 分别表示不同 He 流率工况下，速度沿轴向（轴心线）的变化以及速度沿径向（$x = 80$ mm 处）的变化情况。图 3-11（a）、(b) 均表明在同一位置处，射流速度随着 He 流率的增加而增加，但随着轴向或径向距离的增加，这种因次气 He 流率不同所带来的速度差异逐渐减小，且沿径向比沿轴向减小得更快。

图 3-10 He 流率对温度的影响

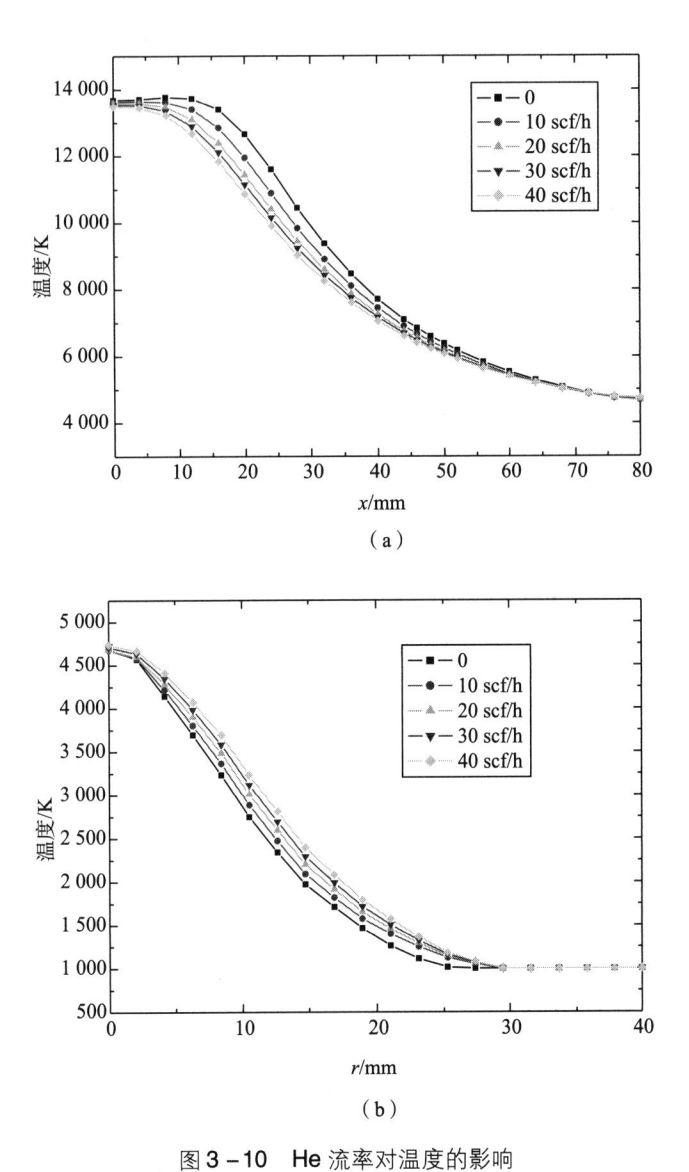

(a) 温度沿轴向的变化；(b) 温度沿径向的变化（$x=80$ mm 处）

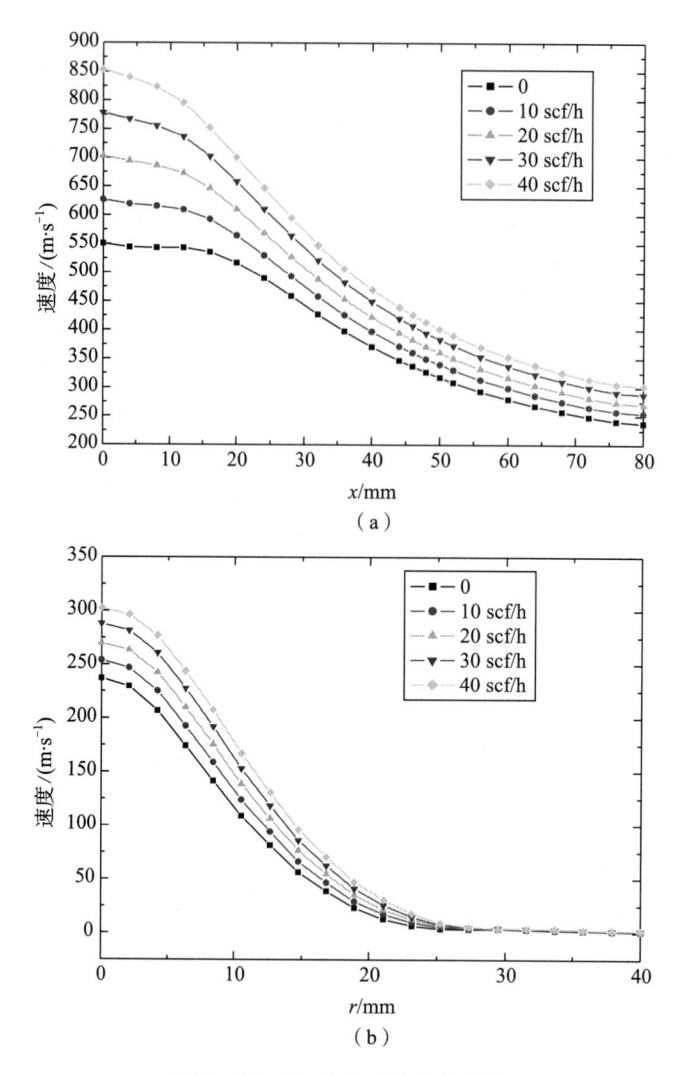

图 3-11 He 流率对速度的影响
(a) 速度沿轴向的变化；(b) 速度沿径向的变化 ($x=80$ mm 处)

参考文献

[1] Fluent Inc. FLUENT [M]. USA：Lebanon, 1998.

[2] Nishiyama H, Kuzuhara M, Solonenko, O P, et al. Numerical modeling of an impinging dusted plasma jet controlled by a magnetic field in a low pressure [C]. Thermal Spray：Meeting the Challenges of the 21st Century, France：ASM International, 1998, 451.

[3] Magnussen B F, Hjertager B H. On mathematical models of turbulent combustion with special emphasis on soot formation and combustion [C]. In 16th Symp. on Combustion. USA：The Combustion Institute, 1976.

[4] Bolot R, Imbert M, Coddet C. Mathematical modelling of a free plasma jet discharging into air

and comparison with probe measurements [C]. Thermal Spray: A United Forum for Scientific and Technological Advances. USA: ASM International, 1997, 549.

[5] 陈熙. 高温电离气体的传热与流动 [M]. 北京: 科学出版社, 1993.

[6] NIST Thermodynamic and Transport Properties of Pure Fluids Database. Version 5.0. NIST Chemistry WebBook. National Institute of Standards and Technology [M]. U.S. Commerce Department's Technology Administration, 2003.

[7] Robert H P, Donald W G. Perry's Chemical Engineers' Handbook [M]. USA: McGraw-Hill, 1997.

[8] Hermann S, Gersten K, Krause E, et al. Boundary-Layer Theory [M]. New York: Springer-Verlag New York, 2000.

第 4 章
等离子体二维射流场中飞行颗粒数值模拟及实例分析

等离子喷涂过程中，原料颗粒随载气横向喷入等离子射流后，将首先受到焰流的加热与加速。之后，具有一定速度的熔滴和基体发生碰撞，熔滴迅速变形并急速冷却凝固，从而形成耐高温、耐磨损或耐腐蚀的涂层。

喷涂过程中，飞行颗粒的速度、温度以及尺寸大小等均对涂层的结构与性能产生很大的影响。一方面，速度大，可加强颗粒与基体的相互作用，增大涂层与基体的结合强度；温度高使得颗粒的熔融程度提高，增大了有效结合表面积，提高其浸润性，同样可增大涂层与基体之间的结合强度。另一方面，速度大，粒子在等离子射流中的加热时间变短，其温度则下降，达不到熔融状态或熔融程度低，其浸润性差，粒子在基体上面的沉积变得困难，同时涂层的气孔率高，致密度低，机械强度下降；而温度过高，可使结合层金属粒子与基体容易氧化，造成涂层与基体的结合强度下降，同时产生较大的残余应力，降低涂层的工作寿命及可靠性。因此，必须了解颗粒在等离子体中的运动轨迹、温度和物理状态的变化过程，从而控制各种实验条件，使颗粒和等离子体有足够的接触，以获取必要的热量和动量，达到最佳的喷涂效果。

颗粒的理想喷射速度及良好的熔化状态取决于诸多因素，如等离子体射流场温度与速度分布、工质气体种类、颗粒的材料种类、几何尺寸与形状、喷射角度等。目前，合适的喷涂参数的选择主要靠经验和尝试法。由于涉及的可变参数很多，因此实验往往要进行多次，且费时费钱。若能借助计算机对等离子射流场中的飞行颗粒进行数值模拟，并结合实验进行验证，则可省时省力，降低成本。同时，还有助于了解颗粒沉积模型、涂层形成过程，以及预测所得涂层的使用性能，并有助于进一步优化等离子喷涂工艺参数及制备出工作性能可靠、稳定和寿命长的涂层。

近年来，随着等离子喷涂技术得到日益广泛的应用，出现了许多新的数学模型，旨在从理论上探讨高温高速等离子射流场与喷涂颗粒的相互作用，计算飞行颗粒的各项参数。由于飞行颗粒所处的射流场环境温度高达 10^4 K，与普通大气环境存在显著差异，表现出来的运动与传热规律也有很大不同，因此需要解决的问题也很多。Lee 等人[1]对一些主要规律进行了综述，包括颗粒飞行过程中的受力、飞行轨迹，颗粒与热等离子体之间的热交换，颗粒本身的熔化、蒸发与再凝固，以及超细粉末（< 50 μm）的 Knudsen 非连续性效应等。

Mulholland 等人[2]就熔滴间距对颗粒飞行过程中阻力系数的影响进行了探讨；Joshi 等人[3]分析了颗粒附近极大温差对气－固传输率的影响以及相应的矫正方法；Wan 等人[4]则将工作重点放在颗粒与等离子体之间以及颗粒内部的热传递规律上，计算了飞行颗粒的受热、熔化、蒸发以及再凝固等热现象。

本章在等离子体射流场数值模拟的基础上，介绍了相关颗粒运动方程与热量交换数学模型，并针对热障涂层材料，通过交替计算等离子体射流场各个方程并跟踪颗粒的运动轨迹，对颗粒与等离子的相互作用、颗粒内部的传热作用等进行了分析；同时介绍了测量飞行颗粒的温度、速度以及粒径的实验方法，以用于对数值模拟结果的验证。

4.1 数学模型

4.1.1 颗粒的受力平衡方程

根据颗粒在流体中的经典运动规律，颗粒在等离子体中的受力平衡方程可表示为

$$\frac{\mathrm{d}\boldsymbol{v}_\mathrm{p}}{\mathrm{d}t} = \boldsymbol{F}_\mathrm{D} |\boldsymbol{v} - \boldsymbol{v}_\mathrm{p}| \tag{4-1}$$

式中，v_p 和 v 分别为颗粒与等离子体射流的速度；F_D 为单位颗粒质量受到的黏性阻力，其数值可由式（4-2）计算获得：

$$F_\mathrm{D} = \frac{18\mu}{\rho_\mathrm{p} D_\mathrm{p}^2} \frac{C_\mathrm{D} Re}{24} \tag{4-2}$$

式中，D_p 为颗粒直径；C_D 为阻力系数；ρ_p 为颗粒的密度；μ 为等离子体的黏度；Re 为相对雷诺数，定义为

$$Re = \frac{\rho D_\mathrm{p} |\boldsymbol{v} - \boldsymbol{v}_\mathrm{p}|}{\mu} \tag{4-3}$$

阻力系数 C_D 是雷诺数的函数，可用公式表示为

$$C_\mathrm{D} = a_1 + \frac{a_2}{Re} + \frac{a_3}{Re^2} \tag{4-4}$$

式中，a_1，a_2，a_3 均为常数，在不同的 Re 数值范围取值不同。

4.1.2 热量交换方程

颗粒在飞行过程中将与等离子体射流场发生热量交换，所涉及的主要热交换形式为对流与辐射，可用方程表示为

$$m_\mathrm{p} c_\mathrm{p} \frac{\mathrm{d}T_p}{\mathrm{d}t} = hA_\mathrm{p}(T_\infty - T_\mathrm{p}) + \varepsilon_\mathrm{p} A_\mathrm{p} \sigma (T_\mathrm{a}^4 - T_\mathrm{p}^4) \tag{4-5}$$

式中，m_p 为颗粒质量；c_p 为颗粒比热；T_∞ 为颗粒所在位置的射流温度；T_p 为颗粒温度；h 为对流换热系数；ε_p 为颗粒的辐射率；A_p 为颗粒的表面积；σ 为玻尔兹曼常数；T_a 为环境温度。

颗粒内部的传热形式为热传导，对于球形轴对称颗粒，颗粒内部热传导方程可由傅里叶

方程表述为

$$\frac{\partial H}{\partial t} = \frac{1}{r^2}\frac{\partial}{\partial r}\left(\lambda_p r^2 \frac{\partial T}{\partial r}\right) \quad (4-6)$$

式中，r 为距离颗粒几何中心的径向距离；H 和 λ_p 分别为颗粒的焓与热导率；T 为温度。

4.2 飞行颗粒关键参量试验验证方法

等离子喷涂粉末作为涂层的原始材料，在很大程度上决定了涂层的物理和化学性能。同时，材料本身又必须满足等离子喷涂工艺的要求。如第 1 章所述，常见的涂层材料为陶瓷/金属系热障涂层，既能够发挥陶瓷良好的耐高温、抗腐蚀性能，又能够充分利用金属高强度、高韧性等特性。

为验证数值模拟的可靠性，可采用 DPV-2000 测量系统测量喷涂过程中飞行颗粒的速度、表面温度和直径。该系统是加拿大 Tecnar 公司研制的一种高速高温计仪器，主要用于喷涂成型过程的测量。DPV-2000 测试系统通过传感器探头将采集到的信号传输到探测单元，继而进入控制单元形成双峰信号，通过对双峰信号进行处理，即可测试出飞行颗粒的速度、表面温度和直径。

1. 速度

颗粒速度 v_p 的计算需测量颗粒通过双槽的时间 Δt：

$$v_p = \frac{s}{\Delta t} \times \text{透镜的放大倍数} \quad (4-7)$$

式中，s 为双槽中心之间的距离。

2. 表面温度

颗粒表面温度是通过两个不同波长的双色高温计测得热辐射之比得到的。双色高温计是基于普朗克辐射原理制作的，即辐射体的辐射强度分布与其温度、射线的波长遵循关系式

$$i_\lambda = \varepsilon_\lambda \frac{2C_1}{\lambda^5 \exp\left[\left(\frac{C_2}{\lambda T}\right)-1\right]} \quad (4-8)$$

式中，ε_λ 为辐射表面的光谱辐射系数；i_λ 为光谱辐射强度；λ 为射线的波长；T 为绝对温度；C_1、C_2 为常数。两波长为 λ_1、λ_2 的辐射强度测得后，辐射体的温度可由下式计算得到：

$$\frac{1}{T} = \ln\left[\left(\frac{\lambda_1}{\lambda_2}\right)^5 \frac{\varepsilon_{\lambda 2} i_{\lambda 1}}{\varepsilon_{\lambda 1} i_{\lambda 2}}\right] \Big/ \left[C_2\left(\frac{1}{\lambda_2}-\frac{1}{\lambda_1}\right)\right] \quad (4-9)$$

假设颗粒在两个波长附近的表面辐射系数是相同的，那么颗粒的温度 T 则是两辐射强度比的函数：

$$T = C_2\left(\frac{1}{\lambda_2}-\frac{1}{\lambda_1}\right) \Big/ \ln\left[\left(\frac{\lambda_1}{\lambda_2}\right)^5 \frac{i_{\lambda 1}}{i_{\lambda 2}}\right] \quad (4-10)$$

除非特别说明，本书中凡提及的颗粒温度均指颗粒的表面温度。

3. 直径

基于普朗克定理，且假定熔融颗粒为球形，可由下式计算颗粒的直径 d_p：

$$d_p = \sqrt{\frac{E(\lambda_i)}{C_3 \cdot \varepsilon(\lambda_i)}} = \sqrt{\frac{E(\lambda_i)}{d_c}} \qquad (4-11)$$

式中，i 表示 1 或 2，C_3 为常数，$E(\lambda_i)$ 表示波长为 λ_i 的能量。由于 $\varepsilon(\lambda_i)$ 很难确定，计算过程中引入了系数 d_c，它含有 C_3 和 $\varepsilon(\lambda_i)$ 两项。对于一种新材料，$\varepsilon(\lambda_i)$ 是未知的，因此 d_c 在测量一开始也是未知的。为了能得到待测颗粒直径的精确数值，每测量一种新的材料时，首先务必进行 d_c 的标定。

飞行粒子的测量示意图如图 4-1 所示，采用竖直横向外送粉方式。图中 DPV-2000 测试系统的传感器探头与等离子射流的来流方向垂直。当工艺参数不同时，该中心区位置将因颗粒群偏离程度不同而随之变动，故每次测量都需重新调整传感器探头位置，以保证能够采集到尽可能多的有效粒子。测量过程中，应记录下粉末喷涂工艺参数并使其稳定，以便对比分析不同参数带来的影响。

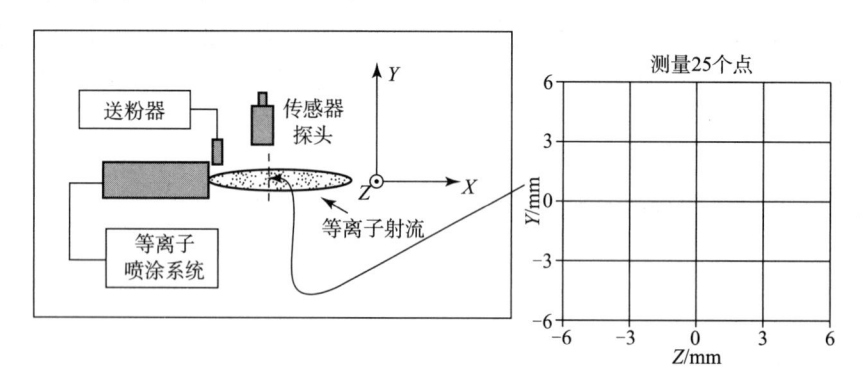

图 4-1 DPV-2000 测试示意图

4.3 工程应用实例分析

4.3.1 几何模型与边界条件

喷枪采用外部送粉方式，数值模拟几何模型如图 4-2 所示，为一 80 mm × 80 mm 的正方形区域，射流场入口 AB 处即喷枪出口处，半径为 4 mm；送粉位置与喷嘴出口中心处的轴向距离为 8 mm，径向距离为 13 mm。整个计算区域被划分成 80×50 的交错网格，接近轴心线处较密，远离轴心线处较疏。

射流场入口 AB 处的动力学和热力学等相关条件以及其余各边界处初始边界条件的确定方法同第 3 章，包括射流场的外围区域 BC、CD、DE、EF 和 FA 处的湍流强度、湍流耗散率，以及温度、压强、组分等。

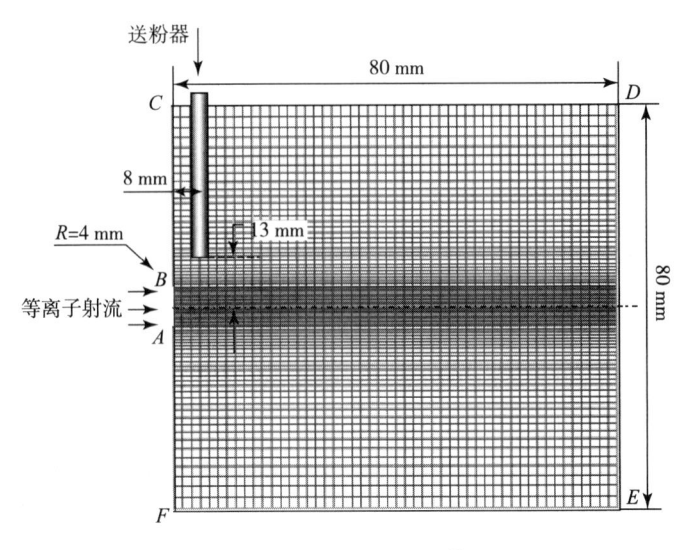

图 4-2 数值模拟几何模型

4.3.2 颗粒的飞行轨迹

图 4-3～图 4-5 表示计算出的颗粒轨迹，喷涂工艺参数均为：电流强度 $I = 800$ A，Ar 流率 $F_{Ar} = 120$ scf/h，He 流率 $F_{He} = 10$ scf/h。其中，图 4-3、图 4-4 所示分别为不同直径 ZrO_2 颗粒与 Ni 颗粒单独喷涂时的飞行轨迹（直径为 45～80 μm，计算颗粒数为 10）；图 4-5 所示为两种颗粒同时喷涂时的飞行轨迹（直径为 45～80 μm，计算总颗粒数为 20）。

图 4-3 不同直径 ZrO_2 颗粒单独喷涂时的飞行轨迹

图 4-4 不同直径 Ni 颗粒单独喷涂时的飞行轨迹

图 4-5　两种颗粒混合喷涂时的飞行轨迹

由图 4-3~图 4-5 可知，等离子喷涂过程中，颗粒的飞行轨迹因材料类型、直径大小不同而不同。对于同一种材料单独喷涂时（见图 4-3、图 4-4），颗粒直径越大，颗粒轨迹径向穿入得越深；对于不同类型的材料混合喷涂时（见图 4-5），由于 Ni 的密度大于 ZrO_2 的密度，故 Ni 颗粒群径向穿入的距离较深，喷涂过程中两种材料颗粒群并不完全重叠。

由此可见，在用等离子喷涂法制备涂层时，喷涂粉末材料的密度和直径大小是颗粒能否进入高温区并得以充分加热的关键因素。尤其在采用混合喷涂法制备热障涂层时，根据工艺需要，为保证不同材料粉末能够较大程度地重叠，对于密度较大的 Ni 可使用尺寸较小的颗粒，但同时又不能过小，否则会导致颗粒过热，引发颗粒氧化或蒸发等不利现象的发生。

4.3.3　固定轴向位置颗粒直径、速度与温度的分布状况

图 4-6~图 4-8 分别表示在固定轴向位置 $X = 80$ mm 处，用 DPV-2000 测试系统所测得的 ZrO_2 陶瓷颗粒与 Ni 金属颗粒的直径、速度与温度在垂直于射流轴向的 ZY 平面内的分布，相同取值范围采用同一种颜色表示。各实验数据是根据 ZY 平面内颗粒群中心区预先设定的 25 个点（见图 4-1）所通过的有效粒子信息经过算术平均处理后获得的。为保证测量过程中能观测到尽可能多的有效粒子，两类材料的喷涂工艺有所不同，喷涂 ZrO_2 陶瓷颗粒为 $I = 900$ A，$F_{Ar} = 70$ scf/h，$F_{He} = 30$ scf/h；喷涂 Ni 金属颗粒为 $I = 700$ A，$F_{Ar} = 120$ scf/h，$F_{He} = 30$ scf/h。

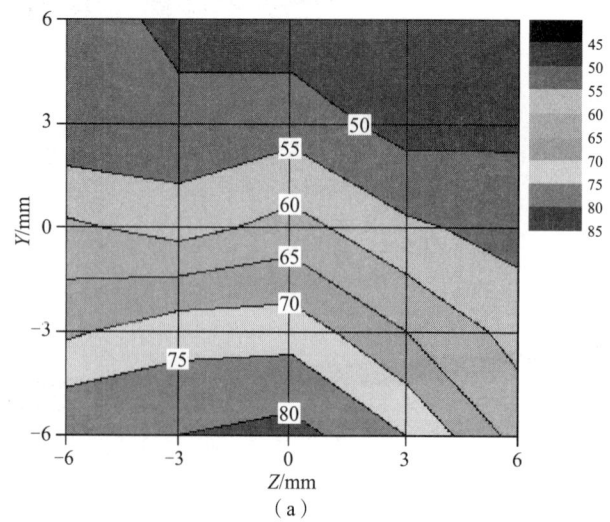

(a)

图 4-6　喷涂颗粒的直径分布（单位：μm）（见彩插）

(a) ZrO_2

(b)

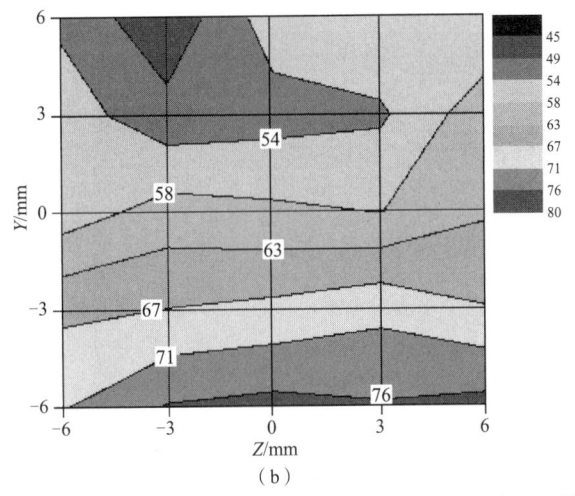

图 4-6 喷涂颗粒的直径分布（单位：μm）（见彩插）（续）
(b) Ni

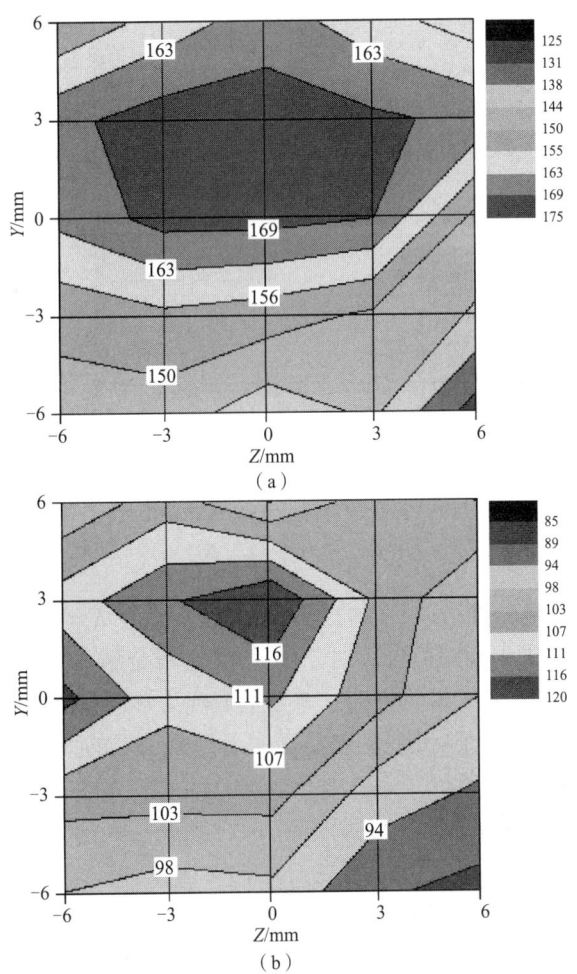

(a)

(b)

图 4-7 喷涂颗粒的速度分布（单位：m/s）（见彩插）
(a) ZrO$_2$；(b) Ni

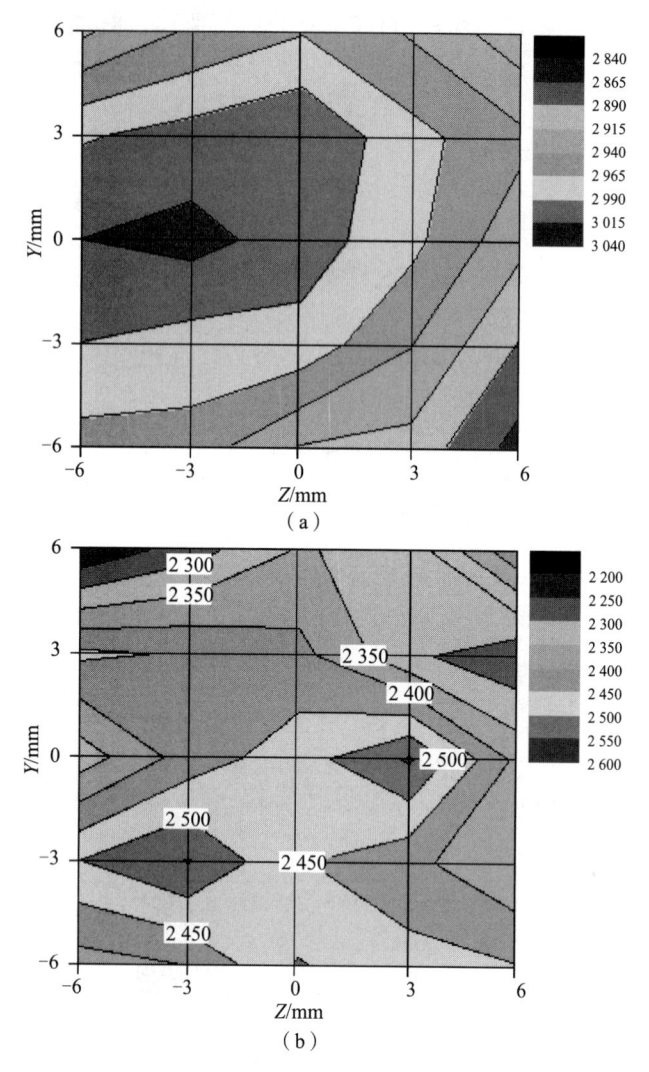

图 4-8 喷涂颗粒的温度分布（单位：K）（见彩插）
(a) ZrO_2；(b) Ni

由图 4-6 可知，当颗粒群沿 $-Y$ 方向进入射流场后，在 $X = 80$ mm 处（通常为基体位置），不同直径的颗粒处于不同的位置。对于陶瓷 ZrO_2 和金属 Ni 两种颗粒，均表现为直径越大穿透射流的深度越深，沿 Y 轴负方向，总体上表现为颗粒直径增大的趋势，这一实验结果与图 4-3、图 4-4 的模拟结果是一致的，证实了计算结果的正确性。颗粒直径越大，其动量也越大，故更容易穿透射流。

由图 4-7 可知，对于陶瓷 ZrO_2 与金属 Ni 两种颗粒，其速度在垂直于射流方向平面（ZY 平面）内的分布与相应的直径分布存在一定的对应关系，即颗粒直径越大的位置速度越小。总体上表现为，沿 Y 轴负方向，颗粒的速度呈减小的趋势。图 4-9 表示统计 ZY 平面内所有有效粒子在一定直径范围的平均速度，从而获得的颗粒速度与颗粒直径之间的直方图关系。由该图可知，在同一轴向位置的平面内，无论是 ZrO_2 颗粒还是 Ni 颗粒，随着颗粒直径的增大，颗粒的速度都将减小。在图 4-9 中，金属 Ni 颗粒的速度（86~97 m/s）在数

值上与陶瓷 ZrO_2 颗粒（140~162 m/s）有较大差异，这与喷涂工艺参数以及喷涂粉末材料的不同有关。

图 4-8 所示为颗粒的温度在一定轴向距离的 ZY 平面内的分布情况，不难发现，颗粒最高温度出现的位置并非在最小直径颗粒出现的附近，而是接近于颗粒群的中心位置（$Y=0$ 处）。图 4-10 表示统计 ZY 平面内所有有效粒子在一定直径范围的平均温度，从而获得的颗粒温度与颗粒直径之间的直方图关系。尽管图 4-10 反映出较小直径范围内的金属 Ni 颗粒具有较高的温度，但陶瓷 ZrO_2 颗粒的温度随直径的变化甚微（其最大温差仅约 120 K）。图 4-8 与图 4-10 的测量结果综合表明，颗粒的温度除受其直径影响外，同时还取决于其在射流场内是否充分受热。直径较大的颗粒可能在射流场内有充分的驻留受热时间而具有较高的温度；而直径较小的颗粒也可能因为偏离射流场中心区而具有较低的温度。

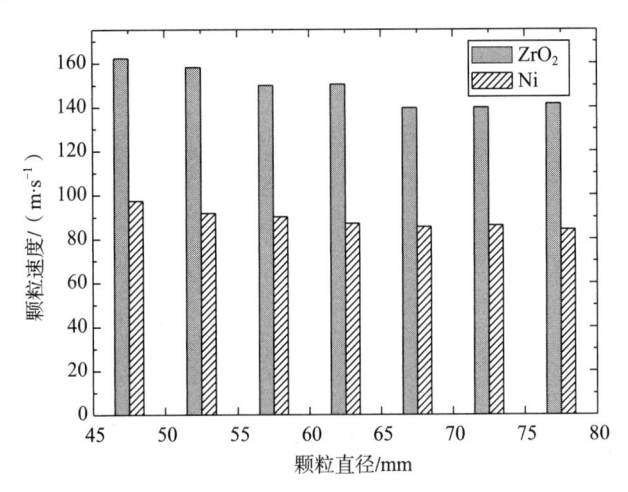

图 4-9 颗粒速度与颗粒直径的关系（X = 80 mm 处）

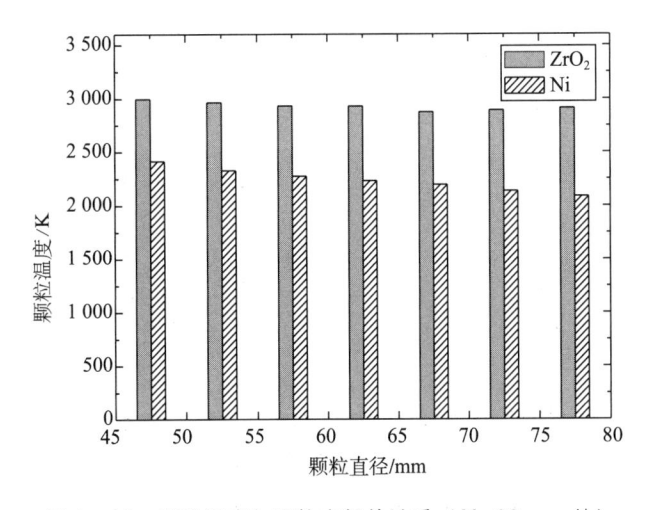

图 4-10 颗粒温度与颗粒直径的关系（X = 80 mm 处）

4.3.4 颗粒的速度变化历程

图 4-11、图 4-12 分别表示 ZrO_2 颗粒与 Ni 颗粒沿轴向的速度变化历程,并比较了模拟值与实验值。数值模拟计算了 45 μm 与 80 μm 两种直径大小的颗粒速度沿轴向的变化,反映了 45~80 μm 这一直径范围内颗粒速度的变化历程;实验采用 DPV-2000 测试系统测量了 50 mm、60 mm、70 mm 和 80 mm 轴向位置处的颗粒速度。由于在实际测量过程中,对于每一轴向位置,均采集了 ZY 平面内的 25 个点(见图 4-1),为便于比较,对各点的测量值进行了筛选,需符合如下标准:即要求所测颗粒通过指定点,直径在一较小的范围且有充分的有效粒子。最后,对同一点处的所有测量值进行算术平均处理。此外,根据测试结果,ZrO_2 颗粒直径为 45~50 μm,Ni 颗粒直径为 60~65 μm。

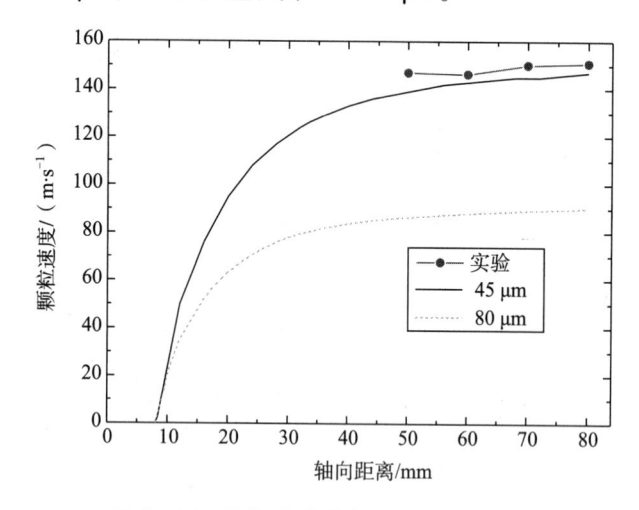

图 4-11 ZrO_2 颗粒的轴向速度变化历程

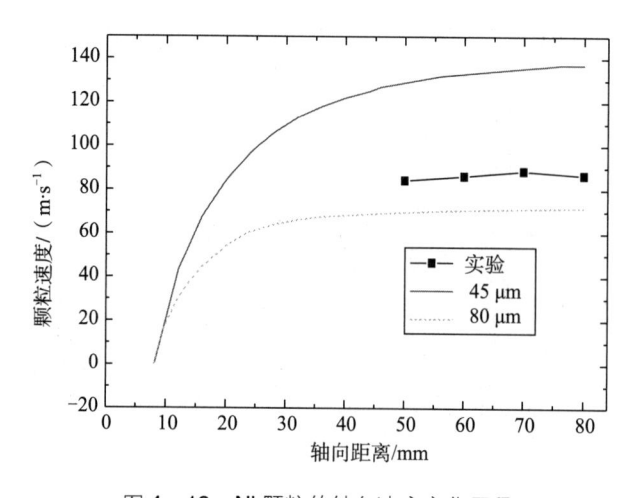

图 4-12 Ni 颗粒的轴向速度变化历程

图 4-11、图 4-12 均表明随着轴向距离的增加,颗粒的速度最初迅速增大,当达到约 50 mm 处后,开始进入一平台区,增加趋势明显缓慢,且同一轴向位置处,颗粒的直径越

小，其速度越大。由于 ZrO_2 颗粒粒径集中在较小尺寸，故测量值接近于 45 μm 颗粒的计算值；而 Ni 颗粒粒径集中在中间尺寸范围，故测量值位于 45 μm 颗粒与 80 μm 颗粒的计算值之间。计算结果表明，在 $X=80$ mm 的基体位置处，ZrO_2 颗粒的速度为 90～147 m/s，Ni 颗粒的速度为 72～137 m/s。而采用 DPV-2000 测试系统，在同一轴向位置对应的 ZY 平面内，所有被测颗粒获得的实验值表明，在 $X=80$ mm 处的基体位置处，ZrO_2 颗粒的速度为 80～240 m/s，Ni 颗粒的速度为 65～175 m/s，如图 4-13 所示，图中纵坐标表示一定速度范围颗粒出现的频率，用对应颗粒数占总颗粒数的百分数来表示。由图 4-13 可知，模拟所得速度范围较实验所测速度范围小很多。造成这一结果的原因可能有以下 4 个：

(1) 模拟过程中，对于同一直径的颗粒进行了统计相似处理，而在实际喷涂过程中，各个颗粒由于受湍流的随机脉动影响，可能具有大得多的速度。

(2) 模拟计算的颗粒受二维几何模型影响，被限制在 XY 平面内，而实验所测颗粒是在 ZY 平面内颗粒群的中心区附近。

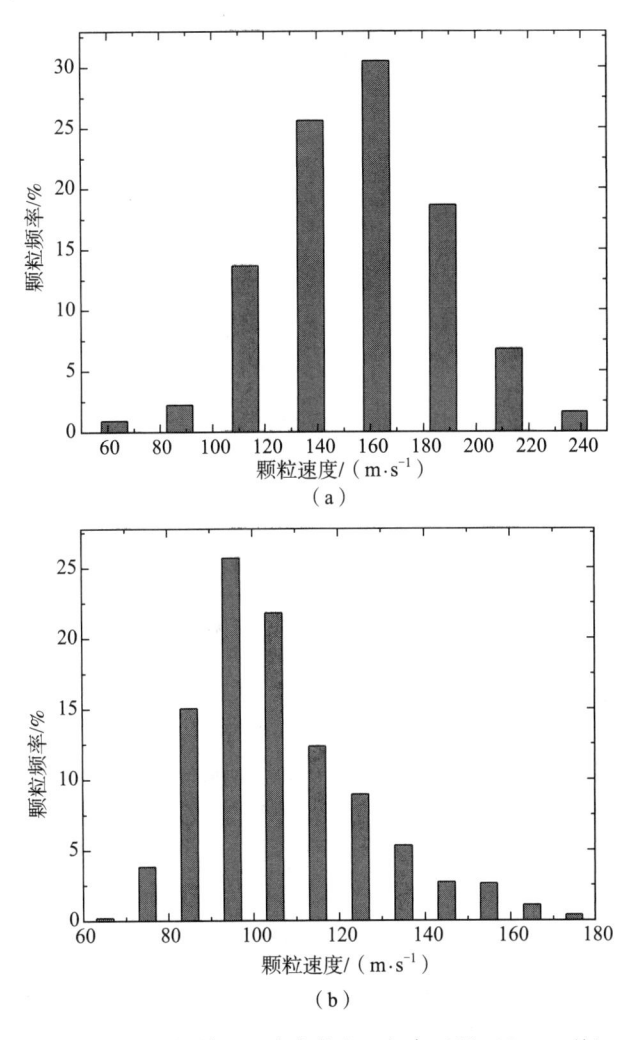

图 4-13 颗粒的不同速度值出现频率（$X=80$ mm 处）
(a) ZrO_2；(b) Ni

(3) 模拟假定颗粒为理想的球形,与颗粒的实际形状有一定差异。

(4) 模拟中计算的颗粒有可能是若干颗粒团聚成块状后形成的颗粒,而在实际喷涂过程中这些颗粒一旦进入射流场便彼此分离成小尺寸的颗粒。

4.3.5 颗粒的表面温度变化历程

图4-14、图4-15分别表示 ZrO_2 颗粒与 Ni 颗粒沿轴向的温度变化历程,并比较了模拟值与实验值。其中,ZrO_2 陶瓷颗粒的喷涂工艺为 $I = 900$ A,$F_{Ar} = 70$ scf/h,$F_{He} = 30$ scf/h;Ni 金属颗粒的喷涂工艺为 $I = 700$ A,$F_{Ar} = 120$ scf/h,$F_{He} = 30$ scf/h。数值模拟计算了 45 μm 与 80 μm 两种直径大小的颗粒温度沿轴向的变化,反映了 45~80 μm 这一直径范围内颗粒温度的变化历程;实验采用 DPV-2000 测试系统测量了 50 mm、60 mm、70 mm 和 80 mm 轴向位置处的颗粒温度。

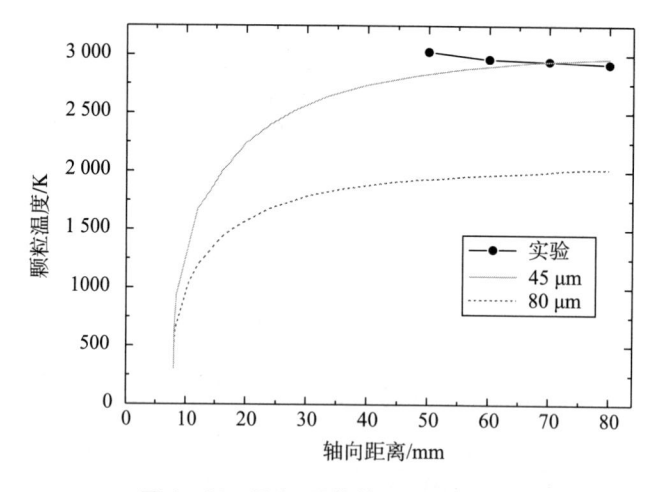

图 4-14 ZrO_2 颗粒的温度变化历程

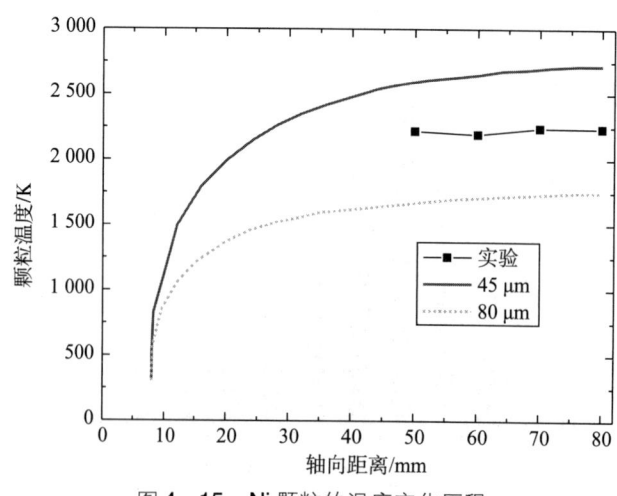

图 4-15 Ni 颗粒的温度变化历程

图 4-14 和图 4-15 均表明当不同尺寸大小的颗粒进入高温、高速的射流场后,随着轴向距离的增加,其温度最初迅速提高,当达到约 50 mm 处后,增加幅度逐渐缓慢下来,直

至最终到达基体表面（$X=80$ mm 处）。由图 4-14 和图 4-15 可知，数值模拟的计算结果与实验的测试结果吻合良好，由于 ZrO_2 颗粒粒径集中在较小尺寸，故测量值接近于 45 μm 颗粒的计算值；而 Ni 颗粒粒径集中在中间尺寸范围，故测量值位于 45 μm 颗粒与 80 μm 颗粒的计算值之间。

此外，计算结果表明，对于较大尺寸的颗粒，其温度明显低于较小尺寸的颗粒，即颗粒直径越小越容易受热升温。但这只是一种理想的情况，即不同直径的颗粒被严格限制在同一 XY 平面内，且不考虑湍流效应对颗粒轨迹的影响。而在实际喷涂过程中，颗粒的温度主要取决于该颗粒是否在射流场内充分受热，直径较大的颗粒可能在射流场内有充分的驻留受热时间而具有较高的温度；直径较小的颗粒可能因为偏离射流场中心区而具有较低的温度。

计算结果还显示，$X=80$ mm 的基体位置处 ZrO_2 颗粒的温度为 2 020～3 000 K，Ni 颗粒的温度为 1 750～2 720 K；而采用 DPV-2000 测试系统测得的同一轴向位置 ZY 平面内，所有被测颗粒的实验结果表明，在 $X=80$ mm 处的基体位置处，ZrO_2 颗粒的温度为 2 650～3 550 K，Ni 颗粒的温度为 1 723～2 923 K。如图 4-16 所示，图中纵坐标表示一定温度范

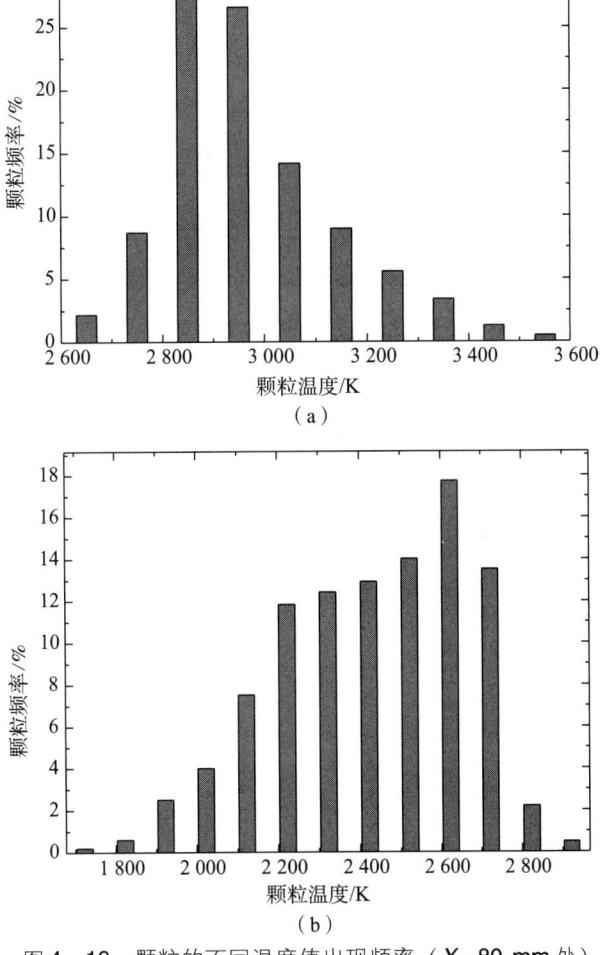

图 4-16　颗粒的不同温度值出现频率（$X=80$ mm 处）
（a）ZrO_2；（b）Ni

围颗粒出现的频率,用对应颗粒数占总颗粒数的百分数来表示。由图 4-16 可知,模拟值结果与实验值结果存在较大差异,尤其是 ZrO_2 陶瓷颗粒,实验所测结果远高于数值模拟结果。造成这一结果的原因与速度类似,详见 4.3.4 节。

图 4-16 的测量结果还表明,在前述喷涂工艺参数条件下,表面温度达到 ZrO_2 熔点(2 983 K)以上的陶瓷颗粒仅占其总数的 34.6%,而表面温度达到 Ni 熔点(1 728 K)以上的金属颗粒则几乎为 100%。说明在实际喷涂工程中,金属颗粒较陶瓷颗粒更容易熔化,这是由于 Ni 的热导率为 87.86 J/(s·m·K),远大于 ZrO_2 的热导率 1.85 J/(s·m·K)。而颗粒与等离子体射流之间的对流换热系数 h 与其热导率 λ_p 成正比关系[1],故金属 Ni 更容易通过对流换热的热传递形式从等离子射流中获得热量。

4.3.6 电流强度对颗粒的影响

图 4-17、图 4-18 分别表示轴向距离 $X = 80$ mm 处,不同电流强度对颗粒速度和温度的影响,并比较了计算值与实验值。图中,除电流强度外,喷涂工艺参数因喷涂材料不同

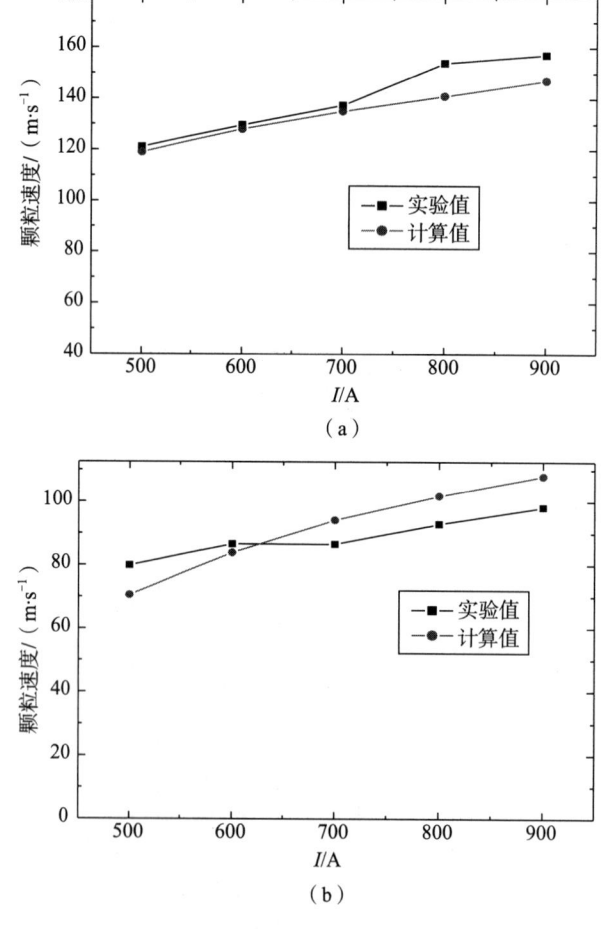

图 4-17 不同电流强度对颗粒速度的影响($X = 80$ mm 处)
(a) ZrO_2;(b) Ni

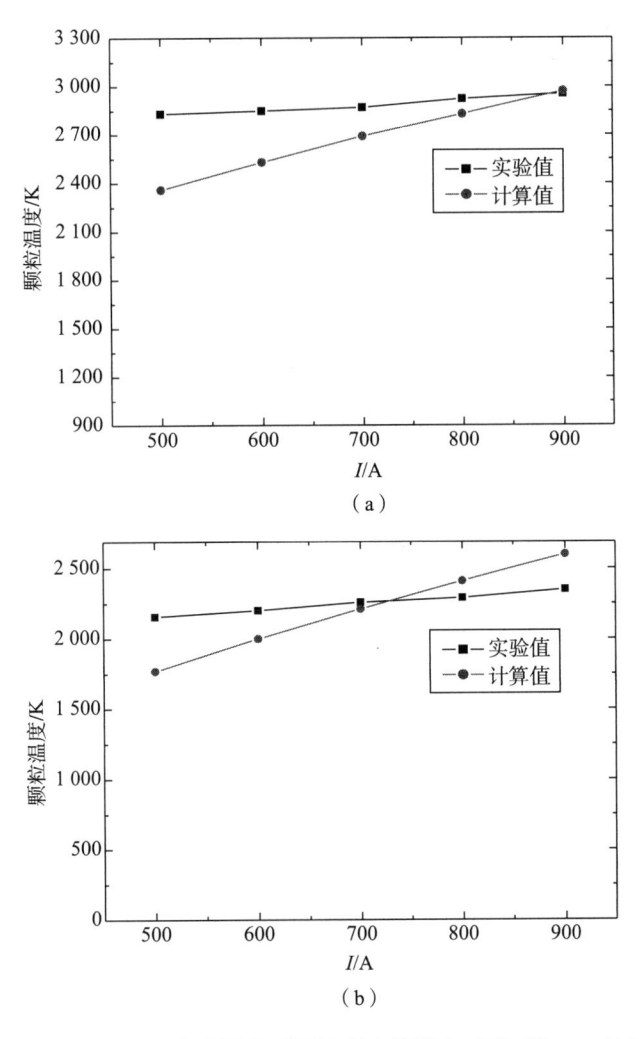

图 4-18　不同电流强度对颗粒温度的影响（$X=80$ mm 处）
(a) ZrO_2；(b) Ni

而有所差异：对于 ZrO_2 陶瓷颗粒，$F_{Ar}=70$ scf/h，$F_{He}=30$ scf/h；对于 Ni 金属颗粒，$F_{Ar}=120$ scf/h，$F_{He}=30$ scf/h。为便于比较，实验所测值为 ZY 平面内某个指定点处通过的所有有效粒子速度平均值及温度平均值。

图 4-17 表明，在考虑电流强度这一工艺参数的影响时，颗粒速度计算结果与实验结果吻合良好，且随着电流强度的增大，颗粒的速度将增大。这是因为，电流强度越大，喷枪内等离子温度越高，故离开喷枪的射流速度也越高，随着等离子射流与入射颗粒之间的动量交换，在一定的轴向距离（$X=80$ mm 处），颗粒将具有更大的速度。

图 4-18 表明，颗粒温度计算结果同实验结果相比，其吻合程度不如速度理想。造成这一现象的原因主要在于颗粒的温度受许多因素影响，如颗粒是否在喷涂前发生团聚、颗粒的形状是否接近理想球形，这些因素对颗粒温度的影响比其对速度的影响要显著得多。此外，对于 ZrO_2 陶瓷颗粒，由于其热导率较低（仅为 1.85 J/(s·m·K)），颗粒内部存在一定的温度梯度，对颗粒的表面温度的计算会造成一定程度的影响。尽管如此，本节计算结果仍能反映

出电流强度对颗粒温度的影响,计算值与实验值最大相对误差不超过17%。由图 4-18 可知,随着电流强度的增加,颗粒的温度也将增加,这是由于电流强度越大,等离子射流的温度也越高。

4.3.7 Ar 流率对颗粒的影响

图 4-19、图 4-20 分别表示轴向距离 $X = 80$ mm 处,不同 Ar 流率 F_{Ar} 对颗粒速度和温度的影响,并比较了计算值与实验值。喷涂工艺参数因喷涂材料不同而有所差异:对于 ZrO_2 陶瓷颗粒,$I = 900$ A,$F_{He} = 30$ scf/h,$F_{Ar} = 50 \sim 90$ scf/h;对于 Ni 金属颗粒,$I = 700$ A,$F_{He} = 30$ scf/h,$F_{Ar} = 100 \sim 140$ scf/h。为便于比较,实验所测值为 ZY 平面内某个指定点处通过的所有有效粒子速度平均值及温度平均值。

图 4-19 中,除了 Ar 流率小于 70 scf/h 时对于 ZrO_2 颗粒计算值与测量值有较大偏差外,其余各处的数值模拟结果均与实测结果吻合良好。如第 2 章、第 3 章所述,随着主气

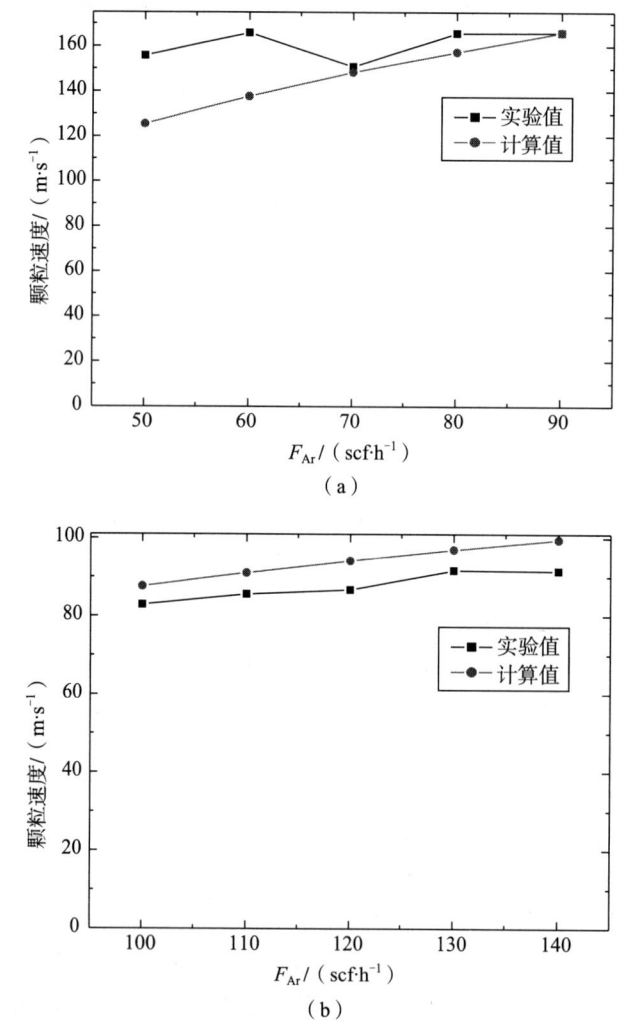

图 4-19 不同 Ar 流率 F_{Ar} 对颗粒速度的影响($X = 80$ mm 处)
(a) ZrO_2;(b) Ni

Ar 流率的增加，等离子射流在喷枪出口将具有更大的速度，导致射流与颗粒之间的动量交换作用加强，最后使得颗粒的速度增加。而上述 ZrO_2 颗粒中存在的计算值与实验值之间的偏差很有可能是实验误差引起的。尽管在数值模拟过程中，假定整个射流场处于稳态，即其温度与速度是不随时间发生变化的，但在实际等离子工艺工程中，整个射流场却并不总是稳定的。实验过程中，从改变工艺参数后最初的非稳态到最后接近稳态，往往需要一段时间。

图 4-20 表明，当考虑 Ar 流率这一工艺参数的影响时，颗粒温度计算结果与实验结果吻合良好，且随着 Ar 流率的增大，颗粒的温度将降低。这是因为，随着主气 Ar 流率的增大，等离子射流在喷枪出口乃至整个射流场内的温度都将降低，导致颗粒与射流的热相互作用减弱；此外，由于颗粒在射流场内的速度增加，其在射流场内的驻留时间也相应变短，颗粒不能充分受热，最终导致温度下降。

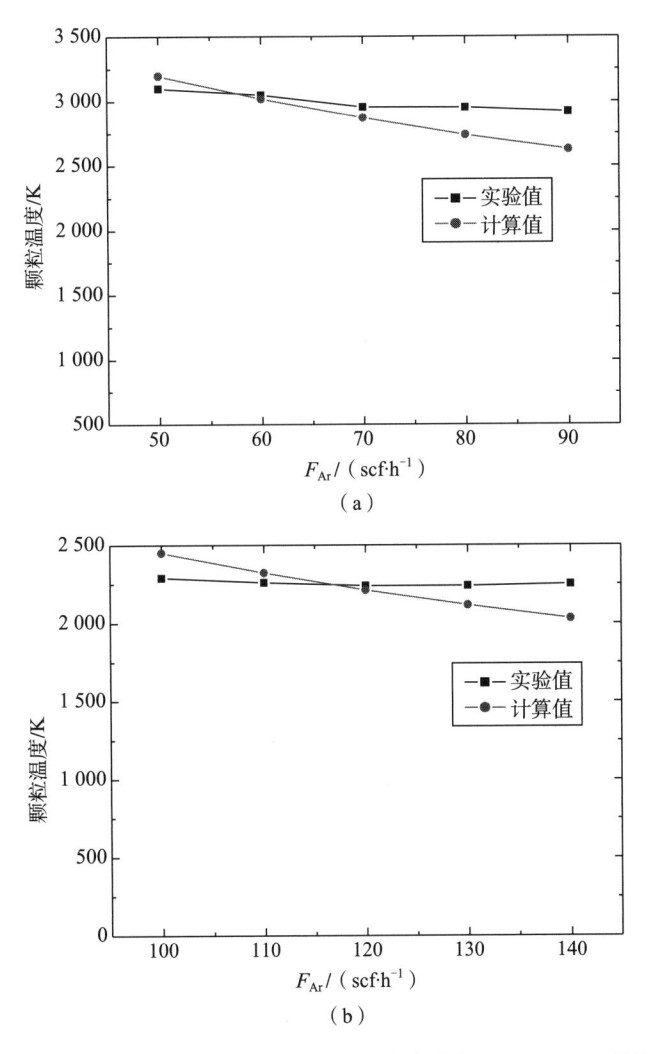

图 4-20　不同 Ar 流率 F_{Ar} 对颗粒温度的影响（X = 80 mm 处）
(a) ZrO_2；(b) Ni

4.3.8 He 流率对颗粒的影响

图 4-21、图 4-22 分别表示轴向距离 $X=80$ mm 处，不同 He 流率 F_{He} 对颗粒速度和温度的影响，并比较了计算值与实验值。除 He 流率外，喷涂工艺参数因喷涂材料不同而有所差异：对于 ZrO_2 陶瓷颗粒，$I=900$ A，$F_{Ar}=70$ scf/h；对于 Ni 金属颗粒，$I=700$ A，$F_{Ar}=120$ scf/h。为便于比较，实验所测值为 ZY 平面内某个指定点处通过的所有有效粒子速度平均值及温度平均值。

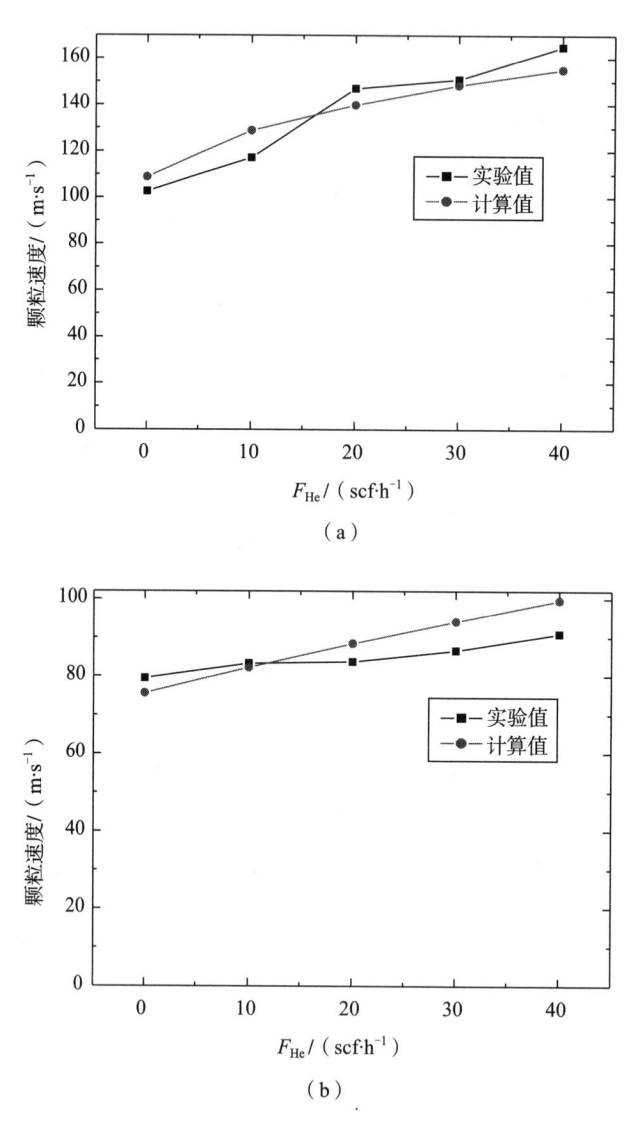

图 4-21 不同 He 流率 F_{He} 对颗粒速度的影响（$X=80$ mm 处）
(a) ZrO_2；(b) Ni

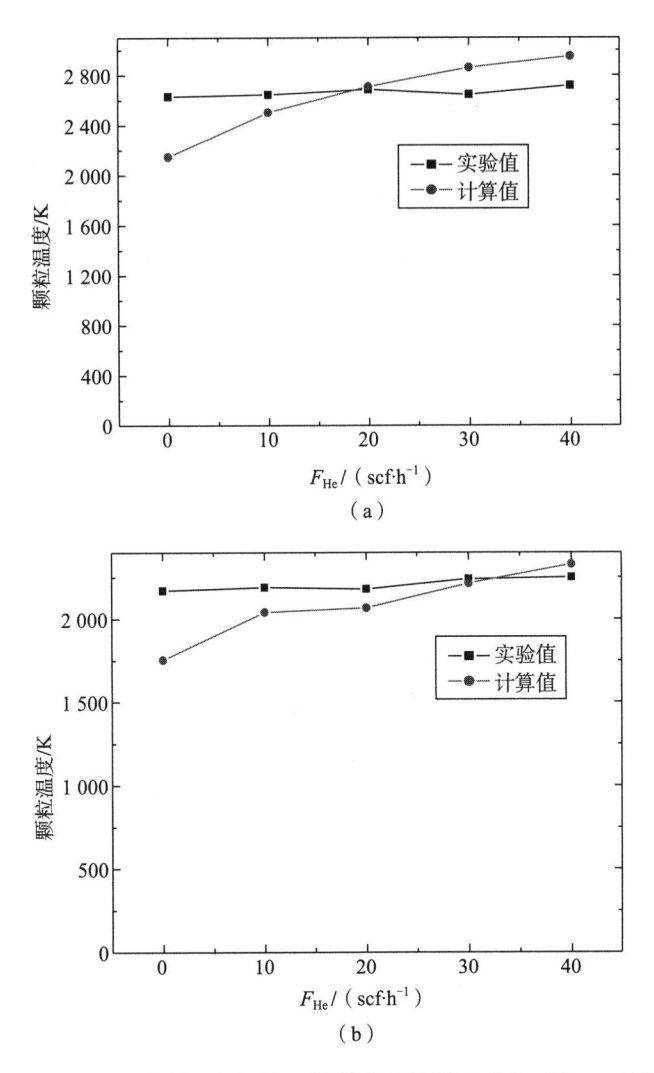

图 4-22 不同 He 流率 F_{He} 对颗粒温度的影响（X = 80 mm 处）
(a) ZrO_2；(b) Ni

由图 4-21 可知，在考虑 He 流率大小这一工艺参数的影响时，颗粒的速度计算结果与实验结果能够良好吻合，且随着 He 流率的增大，颗粒的速度也增大。形成这一规律的原因与 Ar 流率的改变类似，即随着 He 流率的增大，等离子射流在喷枪出口将具有更大的速度（如 2.2.3 节所述），使得射流与颗粒之间的动量交换作用加强，最终颗粒的速度必将因此而增加。

图 4-22 中，颗粒温度随 He 流率变化的计算值同实验值基本吻合，且表现为：在 X = 80 mm 处，当其他工艺参数保持不变时，随着 He 流率的增大，颗粒的温度也将增大。而 2.2.3 节的分析结果表明，当次气 He 流率增大时，射流在喷枪出口处的温度将降低，结果导致射流场内沿轴向的温度也相应降低；而且，颗粒速度增大，其在射流场内的驻留时间会相应变短。似乎这与本节的计算、实验结果矛盾，但事实上，当次气 He 流率增大时，由于 He 具有较高的热导率（约为 Ar 的 10 倍[5]），故整个等离子混合气体的热导率将明显增加，

使颗粒与射流之间的热相互作用增强,最终导致颗粒的温度上升。

4.3.9 颗粒在飞行过程中的熔化状态

颗粒在飞行过程中,一方面通过对流和辐射与射流场发生热交换;另一方面,在其内部还存在热传导,尤其是对于热传导系数比较低的 ZrO_2 颗粒,还存在一定的温度梯度,如图 4-23 所示。此外,颗粒在飞行过程中,将发生"固-液-固"的相变过程,但只有完全熔化的液态颗粒作用在基体表面才能形成性能良好的涂层。因此,研究颗粒在不同飞行距离的熔化状态具有非常积极的意义。

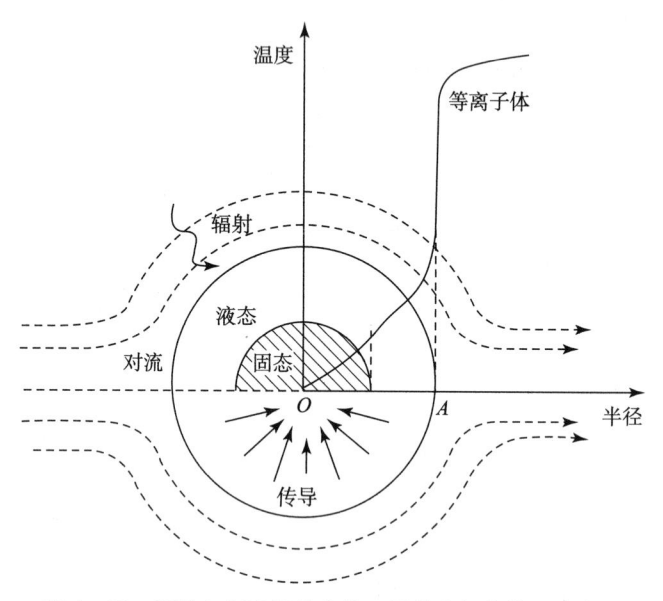

图 4-23 颗粒与射流场热交换及颗粒内部热作用示意图

图 4-24 表示 30 μm、70 μm 两种不同直径大小的 ZrO_2 颗粒在同一典型工况下（I = 950 A,F_{Ar} = 60 scf/h,F_{He} = 20 scf/h）,经计算后得到的颗粒表面温度随轴向距离的变化情况。

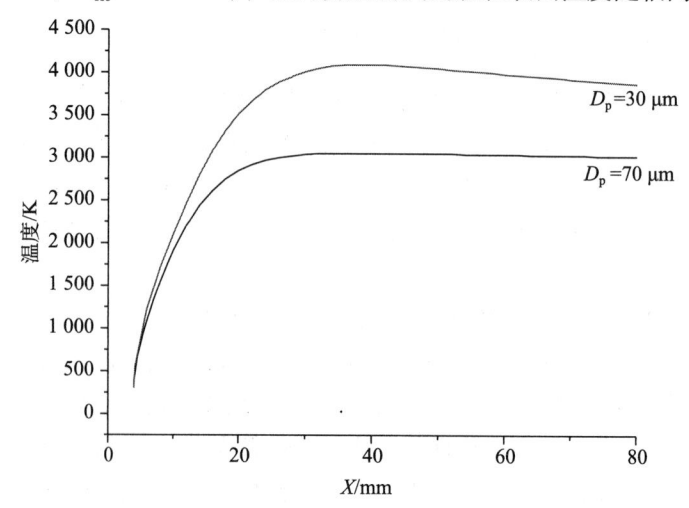

图 4-24 两种不同直径 ZrO_2 颗粒表面温度随轴向距离的变化

图 4-25 与图 4-26 则以彩色等值图形式分别表示直径为 30 μm 和 70 μm 的 ZrO₂ 颗粒在飞行过程中颗粒内部的温度变化,反映了颗粒内部的熔化状态。不同颜色深浅表示温度值的高低。

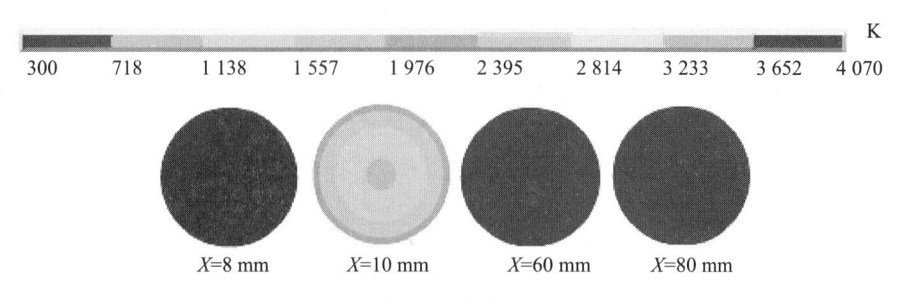

图 4-25　飞行过程中 ZrO₂ 颗粒内部的熔化状态（D_p = 30 μm）（见彩插）

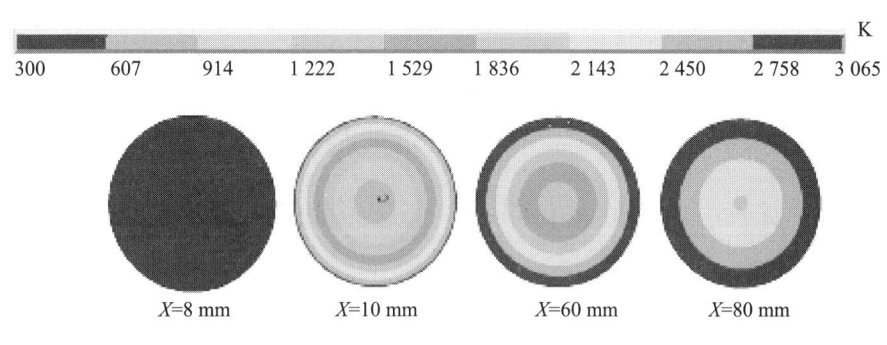

图 4-26　飞行过程中 ZrO₂ 颗粒内部的熔化状态（D_p = 70 μm）（见彩插）

图 4-25 及相应计算结果表明,当直径为 30 μm 的 ZrO₂ 颗粒刚进入射流场时（X = 8 mm）,其内部与表面温度相同,均为 300 K;当飞行至 10 mm 处,随着等离子体射流与颗粒热相互作用的进行,颗粒内部的温度明显上升,中心温度为 1 061 K,表面温度已达到 2 139 K,中心与表面之间存在一定的温度梯度;随着轴向距离的增加,当在 X = 60~80 mm 这段轴向位置时,颗粒中心与表面温度均高于其熔点 2 983 K,即颗粒已由最初的固态完全转变为液态。

图 4-26 及其计算结果表明,当直径为 70 μm 的 ZrO₂ 颗粒刚进入射流场时（X = 8 mm）,颗粒内部与表面温度相同,均为 300 K;当飞行至 10 mm 处,随着等离子体射流与颗粒热相互作用的进行,颗粒温度开始上升,但温升速度低于直径为 30 μm 的颗粒,表面温度达到了 1 931 K,而中心温度仅为 464 K;当到达 X = 80 mm 位置时,颗粒表面温度为 2 992 K,略高于其熔点,而中心温度为 2 332 K,低于熔点 2 983 K,表明颗粒尚未完全熔化。

图 4-27 与图 4-28 分别表示直径为 30 μm 和 70 μm 的 ZrO₂ 颗粒沿半径方向不同位置的温度变化情况,进一步表示了颗粒内部的熔化情况。各条曲线对应着颗粒在不同的轴向距离,分别为 X_1 = 10 mm,X_2 = 20 mm,X_3 = 40 mm,X_4 = 60 mm 以及 X_5 = 80 mm。

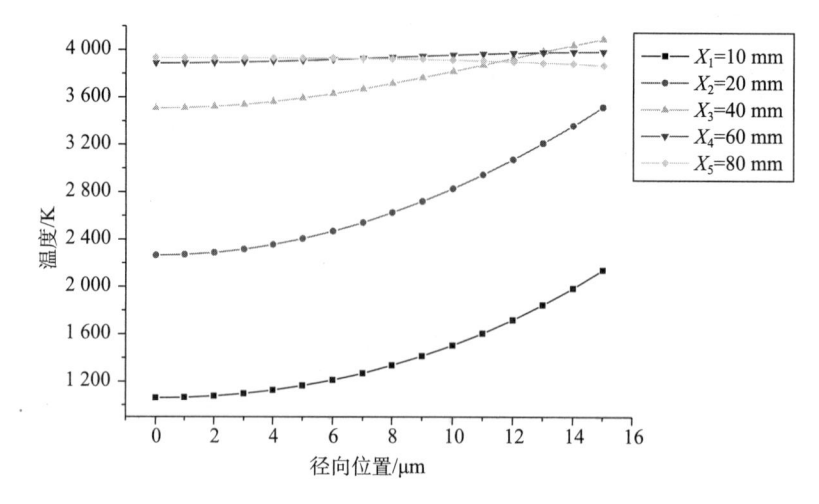

图 4-27　ZrO_2 颗粒飞行至不同轴向位置时不同径向位置对应的温度（D_p = 30 μm）

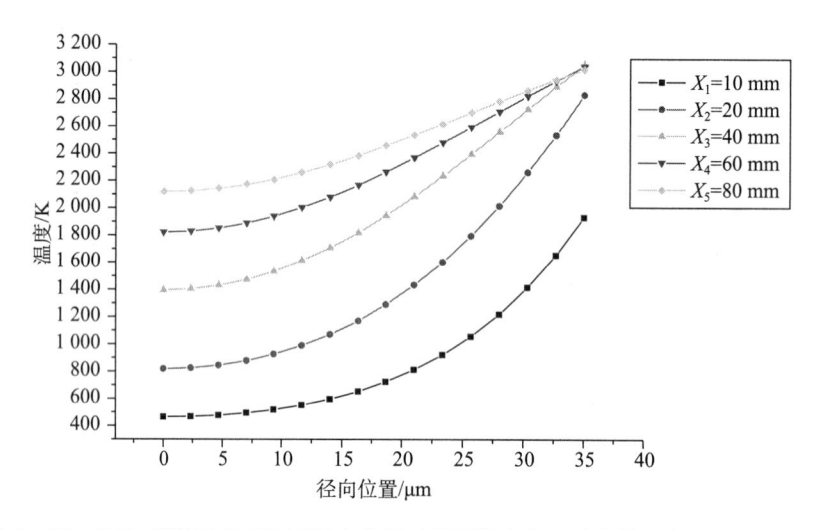

图 4-28　ZrO_2 颗粒飞行至不同轴向位置时不同径向位置对应的温度（D_p = 70 μm）

由图 4-27 和图 4-28 可知，随着轴向距离的增大，陶瓷颗粒中心与表面之间开始出现一定的温度梯度，并逐渐增大。但随着轴向距离的进一步增大以及颗粒内部热传导作用的继续进行，这种温度梯度因颗粒内部的受热升温而逐渐减小。直径越大，温度梯度也越明显。图 4-27 中，表面与中心的最大温差 ΔT_{max} = 1 048 K，而图 4-28 中，ΔT_{max} = 2 012 K。导致颗粒内部出现温度梯度的原因是陶瓷颗粒的热导率低，颗粒内部的热传导作用缓慢，且直径越大越缓慢。

在所给定的工况条件下，直径为 30 μm 的 ZrO_2 颗粒抵达 80 mm（基体附近）时，颗粒中心与表面的温差已几乎接近于 0（见图 4-27 曲线 X_5 = 80 mm）；而直径为 70 μm 的 ZrO_2 颗粒抵达基体附近时，颗粒中心与表面之间仍然存在一定的温差（见图 4-28 曲线 X_5 = 80 mm），这使得大直径颗粒作用在基体表面时在整体上表现为部分熔化。

等离子喷涂过程中，颗粒的受热状态除与等离子体射流场以及其自身直径有关外，在很大程度上还与喷涂距离相关。由于 DPV-2000 测试系统只能检测颗粒的表面温度，故本节采用数值模拟法对颗粒内部的温度进行了计算。图 4-29（a）、（b）分别表示直径为 30 μm 和 70 μm 的 ZrO$_2$ 颗粒中心和表面温度与轴向距离的关系。

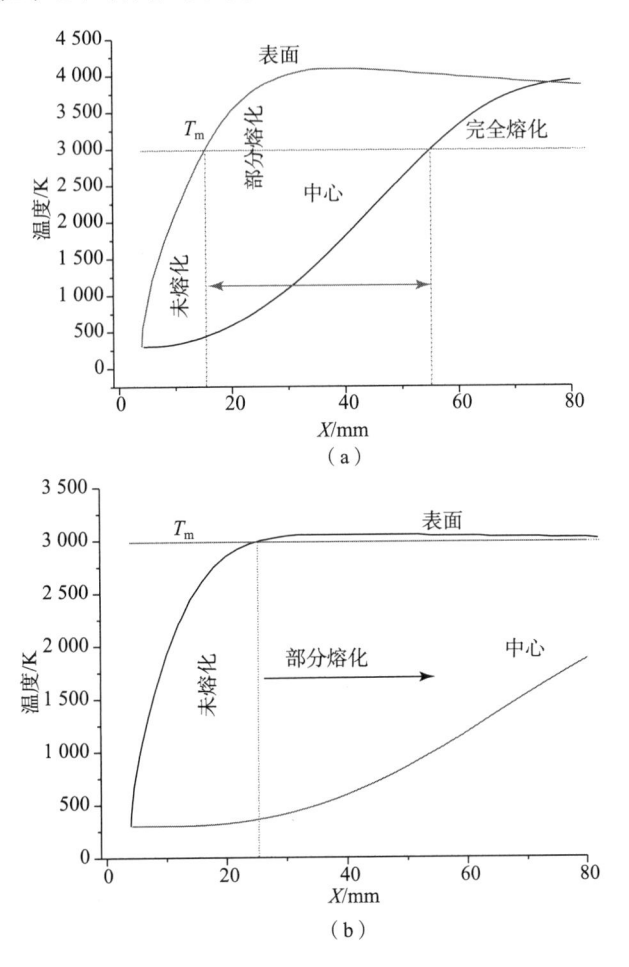

图 4-29　不同直径 ZrO$_2$ 颗粒中心和表面温度与轴向距离的关系
(a) $D_p = 30$ μm；(b) $D_p = 70$ μm

图 4-29（a）表示直径为 30 μm 的 ZrO$_2$ 颗粒中心与表面温度随轴向距离的变化情况。由图可知，当 $X = 15$ mm 时，颗粒表面达到其熔点，表明颗粒表面开始熔化；当 $X = 29$ mm 时，颗粒中心也达到熔点，表明颗粒已完全熔化。因此，针对前述典型工况（$I = 950$ A，$F_{Ar} = 60$ scf/h，$F_{He} = 20$ scf/h），对于直径为 30 μm 的 ZrO$_2$ 颗粒，可定义 $X < 15$ mm 为未熔化区，15 mm $\leqslant X < 29$ mm 为部分熔化区，$X \geqslant 29$ mm 为完全熔化区。只有颗粒进入完全熔化区，才有可能得到理想的致密涂层。但在实际喷涂过程中，喷涂距离又不宜过长，否则颗粒表面温度开始降低，以致低于熔点发生凝固现象，反而不利于涂层的形成。

图 4-29（b）表示直径为 70 μm 的 ZrO$_2$ 颗粒中心与表面温度随轴向距离的变化情况。由图可知，当 $X = 25$ mm 时，颗粒表面达到其熔点，表明颗粒表面开始熔化；而颗粒中心温度始终未达到熔点，表明颗粒只是部分熔化。因此，针对前述典型工况（$I = 950$ A，$F_{Ar} = 60$ scf/h，$F_{He} = 20$ scf/h），对于直径为 70 μm 的 ZrO$_2$ 颗粒，可定义 $X < 25$ mm 为未熔化区，

$X \geqslant 25$ mm 为部分熔化区。要使颗粒完全熔化,只能通过改变喷涂工艺参数、增加射流场的温度或者增加喷枪与基体之间的距离来实现,以保证颗粒能够充分熔化。

图 4-30 表示不同直径 Ni 颗粒中心和表面温度与轴向距离的关系,图(a)、(b)、(c)、(d)中,颗粒直径分别为 30 μm、50 μm、70 μm 和 100 μm,反映了典型工况下(I = 950 A, F_{Ar} = 60 scf/h, F_{He} = 20 scf/h),不同直径的金属 Ni 颗粒与喷涂距离之间的关系。由图 4-30 可知,尽管颗粒随着直径的增大,其表面与中心之间将在飞行的最初阶段存在一定的温度差,但由于 Ni 的热导率较高,随着飞行距离的增加,这一温度差将很快消失,当其到达基体附近时,内部将不存在温度差。此外,颗粒的直径越小越容易受热:图 4-30(a)中,D_p = 30 μm,颗粒的温度普遍较高,事实上,当颗粒表面温度达到 Ni 的沸点 3 186 K 时,便已发生了蒸发,即理论上颗粒已不再以固体形式存在;而在图 4-30(d)中,D_p = 100 μm,尽管颗粒的温度普遍偏低,但在到达一定的轴向距离时,其温度仍高于 Ni 的熔点 1 728 K,即颗粒处于完全熔化状态。

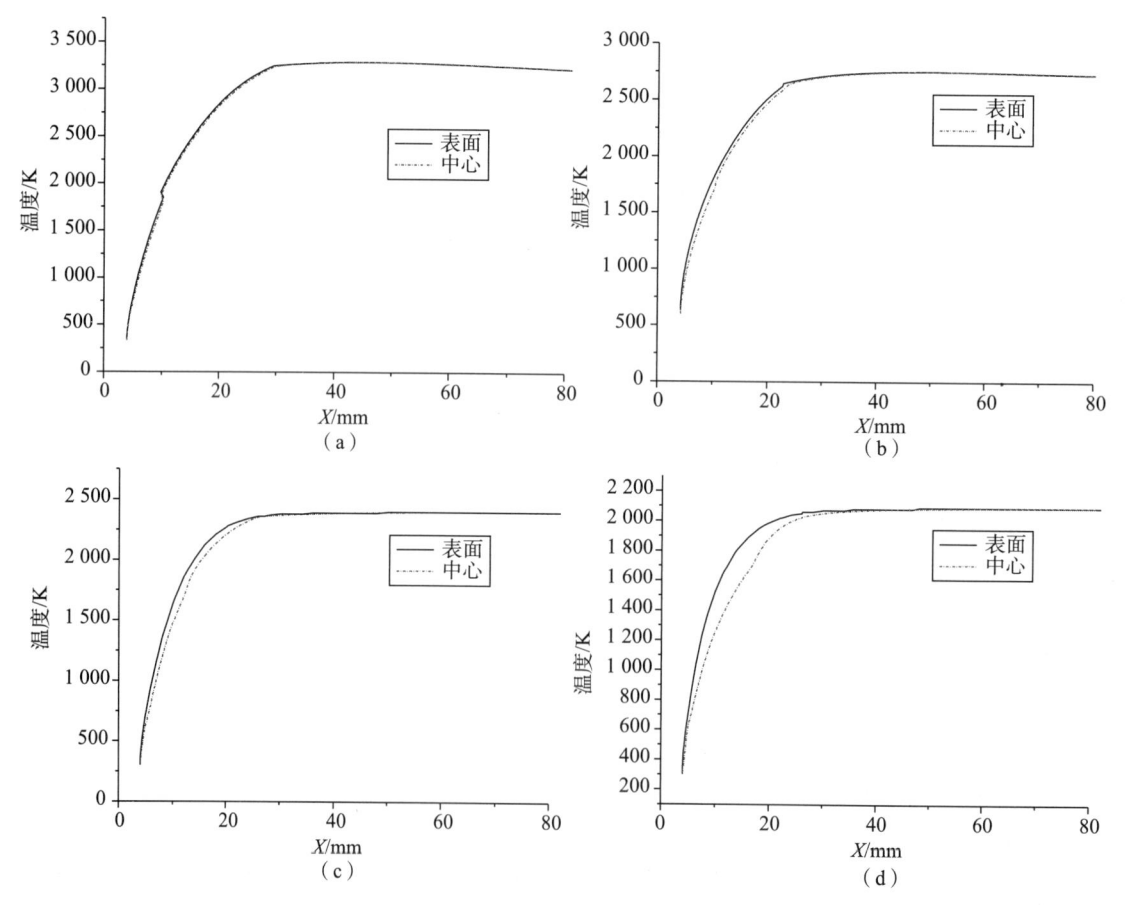

图 4-30 不同直径 Ni 颗粒中心和表面温度与轴向距离的关系
(a) D_p = 30 μm; (b) D_p = 50 μm; (c) D_p = 70 μm; (d) D_p = 100 μm

如 1.1.2 节所述,在实际工程计算过程中,常通过判断毕欧数 Bi 的大小来确定喷涂颗粒为均温球体还是非均温球体,从而确定颗粒内部导热的计算公式。通常,当 Bi < 0.1 时,

即可将颗粒视为均温球体。对于一般的金属喷涂材料,如 Ni,Bi 可以认为小于 0.1,但对于一般的非金属材料,如 ZrO_2,通常都不能满足,故视为非均温球体。

参考文献

[1] Lee Y C. Modeling work in thermal plasma process [D]. USA:University of Minnesota,1984.
[2] Mulholland J A,Srivastava R K,Wendt J O L. Influence of droplet spacing on drag coefficient in nonevaporating,monodisperse streams [J]. AIAA Journal,26(10):1231.
[3] Joshi S V,Sivakumar R. Prediction of in-flight particle parameters during plasma spraying of ceramic powders [J]. Materials Science and Technology,1992,8:481.
[4] Wan Y P,Prasad V,Wang G X,et al. Model and powder particle heating,melting,resolidification,and evaporation in plasma spraying processes [J]. Journal of Heat Transfer,1999,121:691.
[5] NIST Thermodynamic and Transport Properties of Pure Fluids Database. Version 5.0 [DB]. National Institute of Standards and Technology. U.S. Commerce Department's Technology Administration,2003.

第5章
等离子喷涂三维场数值模拟及实例分析

二维几何模型已能基本解决一般的带颗粒射流问题,包括处理高温变物性和工质气体与环境气体的混合问题,以及模拟大流动参数和湍流梯度下的带颗粒射流场问题。从最初 Eckert 等人[1]计算等离子体传热问题开始,到后来 Lee[2]和 Kaddah 等人[3]对带颗粒射流场的系统研究,以及近年来 Nylen 等人[4]和 Nishiyama 等人[5]在等离子喷涂的实际应用研究中,均采用了二维几何模型。但在计算颗粒群,尤其是不同材料组成的多个颗粒群在射流场中是否充分加热、空间分布状况及涂层的沉积过程时,则必须选择三维(Three Dimensions,3D)几何模型[6]。此外,随着计算机软、硬件技术在近年来的飞速发展,直接对三维模型工程问题进行求解已变得切实可行。

因此,近年来人们在研究等离子射流场时更多的是采用三维模型进行计算,以保证与实际情况更为接近。Dussoubs 等人[7]在三维模型基础上计算了无颗粒条件下的等离子射流场,并对标准湍流模型进行了矫正;在其随后的工作中[8],还采用二维和三维两种模型对等离子射流场进行了计算,并预测了金属、陶瓷两种颗粒在射流场中的行为;美国纽约石溪分校所开发的 LAVA 程序[9]则基于三维模型,考虑了送粉载气对射流场的影响。本章基于专业流体力学计算软件 Fluent 6.0[10],介绍了典型工况下三维湍流等离子射流场中的温度分布、速度分布以及组分分布的计算方法,计算过程中还考虑了基体对射流场的影响,并预测了不同材料颗粒群在三维空间和基体表面的分布状况,获得了二维条件下所不能获得的许多信息。

5.1 数学模型

为简化计算,在计算过程中假定如下条件成立:

(1) 等离子体射流为连续光学薄介质且满足局部热力学平衡,由主气 Ar 和次气 He 两种气体组成并入射到常压的空气环境中。

(2) 射流场内仅发生 Ar 的电离复合反应,即 $Ar^+ + e \longleftrightarrow Ar$。

(3) 喷涂粉末为理想表面光滑的球状颗粒,其受热形式主要是对流与辐射。

(4) 忽略颗粒可能存在的任何固态相变以及 Knudsen 不连续效应所带来的影响。

(5) 等离子体射流场是稳态的,即在一定的时间范围内,整个系统是定常的。

通过求解三维直角坐标系下连续性方程、动量守恒方程、能量守恒方程、$k-\varepsilon$ 双方程以及化学反应方程，可以模拟含化学反应的复杂三维湍流射流场；通过求解壁面函数以及射流-基体热交换方程，可以模拟受基体影响的三维射流场。在此基础上，引入了颗粒轨道模型以及等离子体-颗粒热量交换方程，通过对等离子体射流与颗粒的交替计算，可得出颗粒群在三维空间及基体表面的分布状况。

5.1.1 连续性方程

若采用三维直角坐标系 (x,y,z)，则射流场连续性方程（质量守恒方程）可以表示为

$$\frac{\partial \rho}{\partial t} + \frac{\partial (\rho v_x)}{\partial x} + \frac{\partial (\rho v_y)}{\partial y} + \frac{\partial (\rho v_z)}{\partial z} = 0 \tag{5-1}$$

式中，ρ 为等离子体混合气体的密度；t 为时间；v_x、v_y、v_z 分别为射流沿 x、y 和 z 轴的速度。

由于射流场中存在化学反应，故还需考虑到各组分的质量守恒：

$$\frac{\partial (\rho f_i)}{\partial t} + \frac{\partial (\rho f_i v_x)}{\partial x} + \frac{\partial (\rho f_i v_y)}{\partial y} + \frac{\partial (\rho_i v_z)}{\partial z} = \dot{W}_i \tag{5-2}$$

式中，f_i 为组分 i 的质量分数；$\dot{W}_i$ 为因化学反应而引起的控制体内组分 i 的净生成率，且满足 $\sum \dot{W}_i = 0$。

5.1.2 动量守恒方程

射流在 x、y、z 三个方向保持动量守恒，分别如式（5-3）、式（5-4）以及式（5-5）所示：

$$\rho \frac{\partial v_x}{\partial t} + \rho \left[v_x \frac{\partial v_x}{\partial x} + v_y \frac{\partial v_x}{\partial y} + v_z \frac{\partial v_x}{\partial z} \right] = -\frac{\partial p}{\partial x} + \frac{\partial}{\partial x}\left[2\mu \frac{\partial v_x}{\partial x} - \frac{2\mu}{3}\left(\frac{\partial v_x}{\partial x} + \frac{\partial v_y}{\partial y} + \frac{\partial v_z}{\partial z} \right) \right] + \frac{\partial}{\partial y}\left[\mu\left(\frac{\partial v_x}{\partial y} + \frac{\partial v_y}{\partial x} \right) \right] + \frac{\partial}{\partial z}\left[\mu\left(\frac{\partial v_x}{\partial z} + \frac{\partial v_z}{\partial x} \right) \right] \tag{5-3}$$

$$\rho \frac{\partial v_y}{\partial t} + \rho \left[v_x \frac{\partial v_y}{\partial x} + v_y \frac{\partial v_y}{\partial y} + v_z \frac{\partial v_y}{\partial z} \right] = -\frac{\partial p}{\partial y} + \frac{\partial}{\partial y}\left[2\mu \frac{\partial v_y}{\partial y} - \frac{2\mu}{3}\left(\frac{\partial v_x}{\partial x} + \frac{\partial v_y}{\partial y} + \frac{\partial v_z}{\partial z} \right) \right] + \frac{\partial}{\partial x}\left[\mu\left(\frac{\partial v_x}{\partial y} + \frac{\partial v_y}{\partial x} \right) \right] + \frac{\partial}{\partial z}\left[\mu\left(\frac{\partial v_y}{\partial z} + \frac{\partial v_z}{\partial y} \right) \right] \tag{5-4}$$

$$\rho \frac{\partial v_z}{\partial t} + \rho \left[v_x \frac{\partial v_z}{\partial x} + v_z \frac{\partial v_z}{\partial y} + v_z \frac{\partial v_z}{\partial z} \right] = -\frac{\partial p}{\partial z} + \frac{\partial}{\partial z}\left[2\mu \frac{\partial v_z}{\partial z} - \frac{2\mu}{3}\left(\frac{\partial v_x}{\partial x} + \frac{\partial v_y}{\partial y} + \frac{\partial v_z}{\partial z} \right) \right] + \frac{\partial}{\partial x}\left[\mu\left(\frac{\partial v_z}{\partial x} + \frac{\partial v_x}{\partial z} \right) \right] + \frac{\partial}{\partial y}\left[\mu\left(\frac{\partial v_y}{\partial z} + \frac{\partial v_z}{\partial y} \right) \right] \tag{5-5}$$

式中，μ 为等离子射流的黏度；p 为压力。

5.1.3 能量守恒方程

若忽略等离子因辐射而损失的能量，仅考虑质量扩散、热量扩散而引起的能量传递，则

射流场中的能量守恒方程可表示为

$$\rho \frac{\partial h}{\partial t} + \rho \left(v_x \frac{\partial h}{\partial x} + v_y \frac{\partial h}{\partial y} + v_z \frac{\partial h}{\partial z} \right) = \frac{\partial}{\partial x}\left(\frac{\lambda}{c_p}\frac{\partial h}{\partial x}\right) + \frac{\partial}{\partial y}\left(\frac{\lambda}{c_p}\frac{\partial h}{\partial y}\right) + \frac{\partial}{\partial z}\left(\frac{\lambda}{c_p}\frac{\partial h}{\partial z}\right) + q \tag{5-6}$$

式中，h 为气体的焓；q 为等离子射流的热流量；λ，c_p 分别为射流场混合气体的热导率和比热。

5.1.4　$k-\varepsilon$ 双方程

对于湍流射流场，常常用不变的平均速度 $\bar{v}$ 和随时间变化的脉动速度 v' 之和来表示瞬时的真正速度。即在式 (5-1) ~ 式 (5-5) 中，存在下列关系：

$$\begin{cases} v_x = \overline{v_x} + v_x' \\ v_y = \overline{v_y} + v_y' \\ v_z = \overline{v_z} + v_z' \end{cases} \tag{5-7}$$

为保证前述各式组成的方程组封闭，还需引入 $k-\varepsilon$ 双方程模型：

$$\begin{cases} \rho \dfrac{\mathrm{D}k}{\mathrm{D}t} = \dfrac{\partial}{\partial x_{i'}}\left(\dfrac{\mu_{\mathrm{eff}}}{\sigma_k}\dfrac{\partial k}{\partial x_{i'}}\right) + \mu_{\mathrm{T}}\left(\dfrac{\partial \overline{v_{i'}}}{\partial x_{j'}} + \dfrac{\partial \overline{v_{j'}}}{\partial x_{i'}}\right)\dfrac{\partial \overline{v_{j'}}}{\partial x_{i'}} - \rho C_{\mathrm{D}}\varepsilon \\ \rho \dfrac{\mathrm{D}\varepsilon}{\mathrm{D}t} = \dfrac{\partial}{\partial x_{i'}}\left(\dfrac{\mu_{\mathrm{eff}}}{\sigma_\varepsilon}\dfrac{\partial \varepsilon}{\partial x_{i'}}\right) + C_1 \dfrac{\varepsilon}{k}\mu_{\mathrm{T}}\left(\dfrac{\partial \overline{v_{i'}}}{\partial x_{j'}} + \dfrac{\partial \overline{v_{j'}}}{\partial x_{i'}}\right)\dfrac{\partial \overline{v_{j'}}}{\partial x_{i'}} - C_2\rho \dfrac{\varepsilon}{k} \\ \mu_{\mathrm{T}} = C_\mu \rho \dfrac{k^2}{\varepsilon} \end{cases} \tag{5-8}$$

式中，k 和 ε 分别为湍流脉动动能及湍流动能耗散率；i'，$j' = 1, 2, 3$，表示直角坐标系的三个坐标方向；μ_{T} 为湍流黏性系数；μ_{eff} 为有效黏度，数值上等于分子黏度 μ 与湍流黏性系数 μ_{T} 之和，即 $\mu_{\mathrm{eff}} = \mu + \mu_{\mathrm{T}}$；$C_1$，$C_2$，$C_\mu$，$\sigma_k$，$\sigma_\varepsilon$ 为湍流模型中的常数值，分别为 1.44、1.92、0.09、1.0、1.3。

5.1.5　化学反应方程

与第 3 章相同，仍采用由 Magnussen 和 Hjertager[11] 提出的涡流 – 耗散模型（Eddy – Dissipation Model），该模型对于计算湍流流动状态下的化学反应非常有效，可通过湍流动能 k 及湍流动能耗散率 ε 来确定反应速率。具体计算过程中，由式 (5-9) 中的较小项来确定：

$$\begin{cases} R_{i,k} = \nu_{i,k} M_i A \rho \dfrac{\varepsilon}{k} \dfrac{m_{\mathrm{R}}}{\nu_{\mathrm{R},k} M_{\mathrm{R}}} \\ R_{i,k} = \nu_{i,k} M_i A B \rho \dfrac{\varepsilon}{k} \dfrac{\sum\limits_p m_{\mathrm{P}}}{\sum\limits_j^N \nu_{j,k} M_j} \end{cases} \tag{5-9}$$

式中，$R_{i,k}$ 表示组分 i 在化学反应 k 中的反应速率；$\nu_{i,k}$ 表示组分 i 在化学反应 k 中的当量系数；M_i 表示组分 i 的相对分子质量；A 为经验常数，取 $A = 4.0$；ρ 为密度；m_{R} 表示特定反应物 R 的质量分数，其中，下标 R 表示 $R_{i,k}$ 具有最小值的反应物；M_{R} 表示反应物 R 的相对分子质量；$\nu_{R,k}$ 表示反应物 R 在化学反应 k 中的当量系数；B 为经验常数，取 $B = 0.5$；m_P 表示任一生成物 P 的质量分数；M_j 表示组分 j 的相对分子质量；$\nu_{j,k}$ 表示组分 j 在化学反应 k 中的当量系数。

5.1.6 射流与基体相互作用方程

在第 3 章、第 4 章中，均认为等离子射流为完全自由射流场，即等离子射流离开喷枪后不受任何固体边界限制而自由扩散，从而忽略了流场与基体的相互作用。针对此，在稍后讨论基体的存在对射流温度场、速度场的影响时，还讨论了壁面函数方程，以及射流-基体热交换方程。

射流高速作用在基体表面时，其流动状态可采用壁面函数描述如下：

$$\frac{U}{u^*} = 2.5\ln\frac{du^*}{\nu} + \zeta \quad (5-10)$$

式中，U 为射流距离基体表面 d 处的切向速度；$u^* = \sqrt{\tau_s/\rho}$ 为剪切速度，τ_s 为基体表面剪切应力；ν 为射流分子运动学黏度，$\nu = \mu/\rho$；ζ 为常数，与基体表面粗糙度相关，这里根据经验取 5.5[12]。

高温射流与基体之间的热交换方程，可表示为

$$Q = h_f(T_s - T_f) \quad (5-11)$$

式中，Q 为射流传入基体中的热量；h_f 为对流换热系数；T_s 为基体表面温度；T_f 为射流温度。

5.1.7 颗粒轨道模型

为模拟颗粒群在空间的飞行轨迹，Crowe 等人[13]提出在欧拉坐标系中考察流体相的运动，而在拉格朗日坐标系中研究颗粒群的运动情况。计算时，首先计算无颗粒时的气流场，达到粗收敛，然后根据所求出的气相流场计算颗粒的速度、轨迹、温度、尺寸等，接着计算颗粒群源相，继而将其代入气相方程，直至气相场和颗粒相分别收敛为止。在第 4 章计算颗粒的飞行轨迹时，便是采用了这种方法，称其为普通拉格朗日轨道模型。虽然这种轨道模型考虑了颗粒群与流体相之间的较大滑移，并把较复杂的颗粒变化情况耦合起来，但却忽略了颗粒群的湍流扩散效应。

而在实际喷涂过程中，颗粒群既有沿轨道时匀速的滑移运动，又有沿轨道两侧的扩散运动，加之颗粒种类、尺寸、送粉量等诸多因素的影响，最后使得颗粒群在三维空间呈现出随机弥散分布的态势。故计算过程中，还需引入随机轨道模型。

引入随机轨道模型[14]，将考虑到颗粒的湍流扩散效应，即认为当颗粒处于气流涡旋中时，气流的随机脉动速度值保持不变。一旦涡旋消失，则将产生一新的随机速度。计算时，速度 v_p 可看作气流场的平均速度 v_g、随机脉动速度 v_g' 以及颗粒的弛豫时间 τ_p 的函数：

$$v_p = f(v_g, v_g', \tau_p) \quad (5-12)$$

当颗粒处于涡旋内时，则

$$v_g' = \eta\sqrt{v_g'^2} \quad (5-13)$$

式中，$\sqrt{\overline{v_g'^2}}$ 为气体湍流脉动速度的平均平方根；η 为符合正态分布的随机数，在涡旋生存期 τ_e 内，η 保持不变。

通过对各个颗粒的瞬时速度沿着颗粒飞行的路径积分，则可得到颗粒的轨迹：

$$\begin{cases} \dfrac{\mathrm{d}x}{\mathrm{d}t} = v_{xp} \\ \dfrac{\mathrm{d}y}{\mathrm{d}t} = v_{yp} \\ \dfrac{\mathrm{d}z}{\mathrm{d}t} = v_{zp} \end{cases} \qquad (5-14)$$

式中，v_{xp}，v_{yp} 和 v_{zp} 分别为颗粒沿 x、y、z 三个坐标轴的速度分量。在进行足够次数随机取样计算后，即可得到颗粒的统计平均速度和统计平均轨迹。因此，计算过程的关键问题便是如何确定涡旋生存时间 τ_e。

随机涡旋的生存时间应为

$$\tau_e = \dfrac{l_e}{\sqrt{\overline{v_g'^2}}} \qquad (5-15)$$

式中，l_e 为随机涡旋的尺寸，可由下式确定：

$$l_e = \left(\dfrac{\nu_t^3}{\varepsilon} \right)^{1/4} \qquad (5-16)$$

而湍流运动黏度 $\nu_t = C_\mu \dfrac{k^2}{\varepsilon}$，将其代入上式得

$$l_e = C_\mu^{3/4} \dfrac{k^{3/2}}{\varepsilon} \qquad (5-17)$$

由于 $\sqrt{\overline{v_g'^2}} = \sqrt{\dfrac{2}{3}k}$，故有

$$\tau_e = \sqrt{\dfrac{3}{2}} C_\mu^{3/4} \dfrac{k}{\varepsilon} \qquad (5-18)$$

联立式（5-12）、式（5-13）、式（5-14）与式（5-18），经过足够多次的计算，就可以得到统计平均的颗粒速度和轨迹等。

5.1.8 等离子体-颗粒热量交换方程

等离子射流与颗粒之间将因对流和热辐射而发生热量交换，其对应的热量交换方程为

$$m_p c_p \dfrac{\mathrm{d}T_p}{\mathrm{d}t} = hA_p(T_\infty - T_p) + \varepsilon_p A_p \sigma(T_a^4 - T_p^4) \qquad (5-19)$$

式中，m_p 为颗粒质量；c_p 为颗粒比热；T_∞ 为颗粒所在位置的射流温度；T_p 为颗粒温度；h 为对流换热系数；ε_p 为颗粒的辐射率；σ 为波尔兹曼常数；T_a 为环境温度。

同时，颗粒内部将发生热传导，对于球形轴对称颗粒，颗粒内部热传导方程可由傅里叶方程表述为

$$\frac{\partial H}{\partial t} = \frac{1}{r^2} \frac{\partial}{\partial r}\left(\lambda_p r^2 \frac{\partial T}{\partial r}\right) \tag{5-20}$$

式中，r 为距离颗粒几何中心的径向距离；H 和 λ_p 分别为颗粒的焓与热导率；T 为温度。

5.2 工程应用实例

5.2.1 几何模型与边界条件

射流场计算区域的几何模型如图 5-1 所示，采用三维圆柱状模型。计算区域共划分为 26 693 个单元，接近轴心线处较密，远离轴心线处较疏，如图 5-1（a）所示。过轴心线的纵剖面几何尺寸如图 5-1（b）所示，送粉方式为外送粉，且送粉管出口至喷嘴出口中心处的轴向距离和径向距离分别为 8 mm、13 mm。为便于说明和比较，计算采用三维直角坐标系，各坐标方向如图 5-1 所示，沿着射流的前进方向为 X 轴，垂直于 X 轴的竖直方向为 Y 轴，水平方向为 Z 轴。

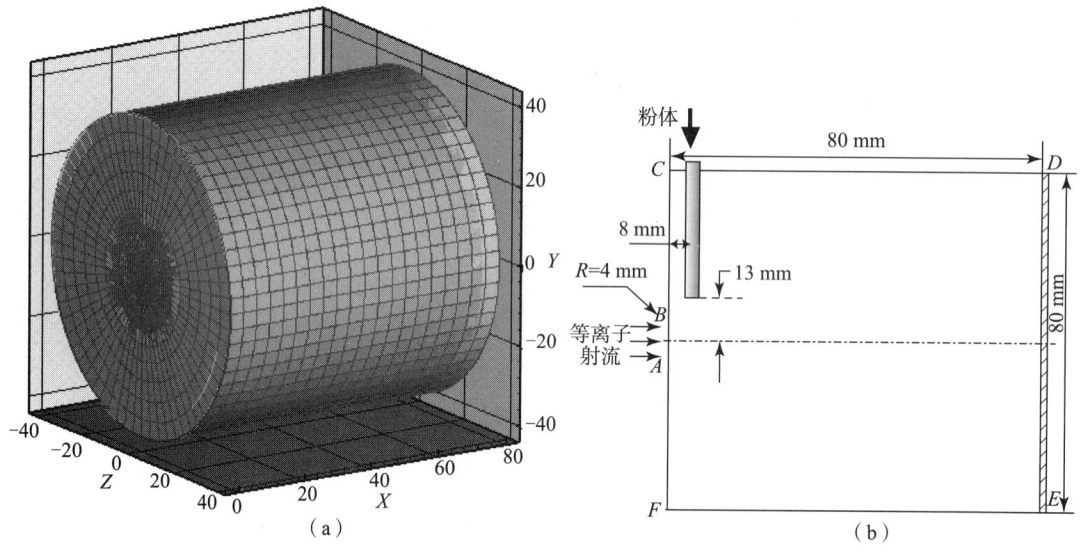

图 5-1 三维射流场计算区域几何模型
（a）网格模型；（b）纵剖面示意图

根据第 2 章的论述，在喷嘴出口 AB 处，等离子射流的温度可根据能量守恒，直接输入电压、电流、气体流率等基本工艺参数，从理论上进行推算；计算出等离子射流的温度后，考虑到气体的体积膨胀，可以进一步推算出射流的速度。

在边界 DE 处，将分为两种情况予以讨论：

① DE 处为环境空气，即不考虑基体对射流场的影响。

② DE 处为基体，即作为壁面考虑，并规定其表面温度保持为 1 000 K。

射流场入口 AB 处的动力学和热力学等相关条件以及其余各边界处初始边界条件的确定方法同第 3 章，包括射流场的外围区域 BC、CD、EF、FA 和 DE（当不考虑基体作用时）处的湍流强度 I_{in}、湍流特性长度 L_{in}，以及温度、压强、组分等。当电流强度 $I = 900$ A，Ar 流

率 F_{Ar} = 70 scf/h，He 流率 F_{He} = 30 scf/h 时，各处的边界条件如表 5 – 1 所示。

表 5 – 1 典型工况下的边界条件

边界		湍流边界条件			气体组分边界条件			P/atm①	T/K	v/(m·s⁻¹)
		K	ε	I_{in}	L_{in}	f_{Ar}	f_{Ar+}	f_{He}		
AB		0	0			0.868 0	0.090 9	0.041 1		$2\,000 + 11\,534 \cdot \left[1 - \left(\dfrac{r}{4}\right)^{4.5}\right]$	$778.2 \cdot \left[1 - \left(\dfrac{r}{4}\right)^{2.21}\right]$
BC、CD、EF、FA				10%	2 mm	0	0	0	1	1 000	
DE	①			10%	2 mm	0	0	0	1	1 000	
	②									1 000	

5.2.2 无基体三维空间射流场

图 5 – 2 所示为不考虑基体时计算出的三维温度场。其中，图 5 – 2（a）为整体温度等值线图，反映了射流场外围的温度分布状况，表现出温度场沿轴心线呈轴对称状；图 5 – 2（b）为典型区域温度等值线图，包括射流场纵剖面、射流场入口以及出口边界处的温度分布状况。各等值线间距约 1 200 K。

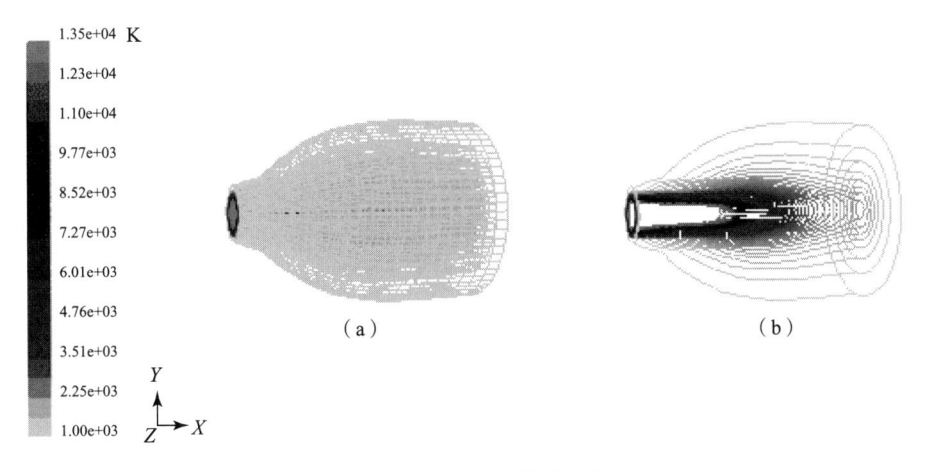

图 5 – 2 无基体三维温度场
（a）整体温度等值线图；（b）典型区域温度等值线图

---

① 1 atm = 101.325 kPa。

图 5-2 清楚地表明，当高温等离子射流离开喷枪出口进入射流场后，将与较冷的环境空气发生强烈的热相互作用，导致其温度迅速降低。同时，随着环境空气不断渗入射流中，射流的宽度也将逐渐增加。在整个射流场外围区域，射流场的温度均降至 1 000 K，这与计算前给定的边界条件是一致的。图 5-2（b）与第 3 章图 3-2（a）相比较，可以发现三维模型下计算出的射流温度场与二维模型下计算出的温度场结论吻合，即射流场离开喷嘴后，温度沿轴心线方向与径向呈先慢后快，最后又变慢的变化趋势，且在射流场核心区，温度几乎保持不变。但二维模型只能反映出过喷枪轴心线的 XY 平面内的温度变化状况。

图 5-3 所示为同一工况下计算出的三维速度场。其中，图 5-3（a）为整体速度等值线图，反映了射流场外围的速度分布状况，与温度场类似，速度场也沿轴心线呈轴对称状；图 5-3（b）为典型区域速度等值线图，包括射流场纵剖面、射流场入口以及出口边界处的速度分布状况。各等值线间距约 80 m/s。

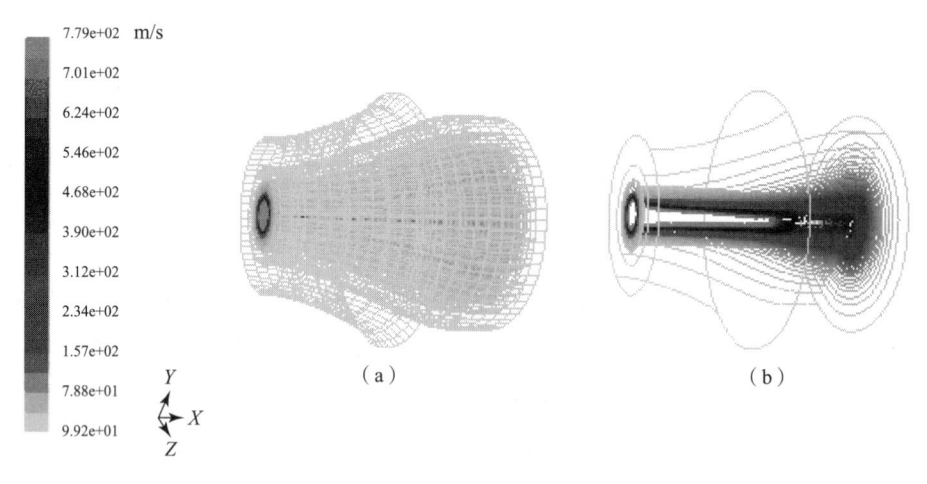

图 5-3　无基体三维速度场
(a) 整体速度等值线图；(b) 典型区域速度等值线图

图 5-3 从三维角度清楚地表明，当射流场以高速（约 778 m/s）离开喷枪后，将与环境空气发生强烈的动量相互作用，随着射流微团的纵向脉动与横向脉动，射流场沿轴向与径向两个方向速度均将降低。当不考虑基体时，射流在抵达射流场出口边界 DE 处仍具有一定的速度，约 260 m/s。射流速度的衰减规律与二维模型下计算出的结果吻合（参见第 3 章图 3-2（c）），即呈先慢后快，最后又变慢的变化趋势，且最初的一段速度平缓下降区对应着射流场的核心区，但二维模型只能反映出过喷枪轴心线的 XY 平面内的速度变化状况。

图 5-4、图 5-5 分别表示同一工况下三维射流场内 Ar 原子与 He 原子在典型区域（包括过轴心线的射流场纵剖面、射流场入口以及出口边界处）的组分分布，各等值线对应着组分的质量分数，等值线间距分别约 0.09 和 0.004。由图可知，两种组分在离开喷枪喷嘴后，其浓度沿轴向与径向两个方向均从整体上表现为衰减趋势，显示射流在进入环境空气后，因含有较高浓度的 Ar 组分与 He 组分而发生扩散和湍流物质转移。在射流场的外围区域，两组分的浓度均已接近于 0，反映出射流与环境空气之间的物质交换过程已近结束。计

算还表明，在射流场的核心区，Ar 原子的浓度最初略有上升，这是因为此处的扩散作用较弱，而高温射流与常温下的冷空气相互作用又促使 Ar^+ 离子与电子结合形成了 Ar 原子，发生电离复合反应，结果使得 Ar 原子浓度在此处有所增加。

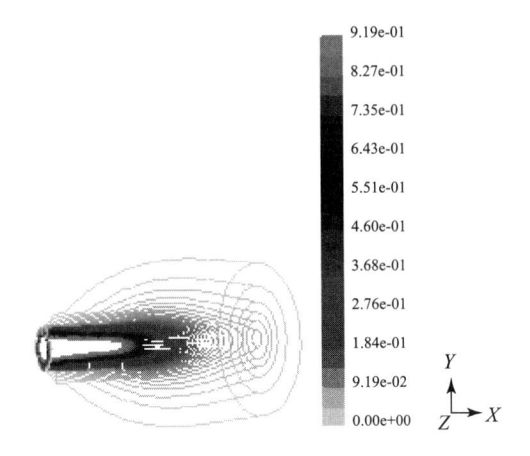

图 5-4　无基体三维射流场内 Ar 原子组分分布

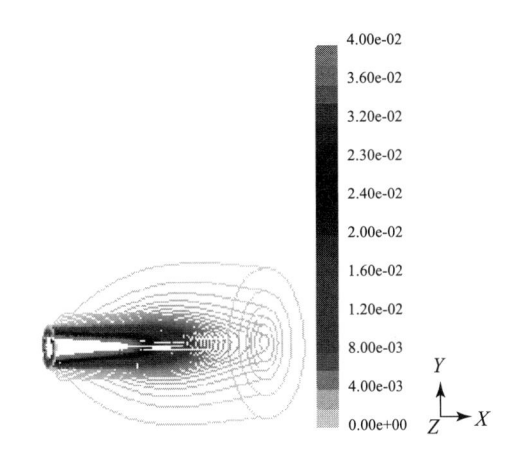

图 5-5　无基体三维射流场内 He 原子组分分布

无基体条件下计算的射流温度场、速度场及组分分布状况，与第 3 章二维条件下计算的结果吻合，但却提供了更多的信息，如射流场入口、出口边界所在表面以及射流场外围的分布状况。

5.2.3　有基体三维空间射流场

图 5-6 表示在同一典型工况下（$I = 900$ A，$F_{Ar} = 70$ scf/h，$F_{He} = 30$ scf/h），当考虑基体时，计算出的射流温度场和速度场。其中，图 5-6（a）为整体温度等值线图；图 5-6（b）为典型区域温度等值线图，包括过轴心线的射流场纵剖面、射流场入口以及出口边界处；图 5-6（c）为整体速度等值线图；图 5-6（d）为典型区域速度等值线图，包括过轴心线的射流场纵剖面、射流场入口以及出口边界处。温度与速度等值线间距分别约为 1 200 K 和 80 m/s。

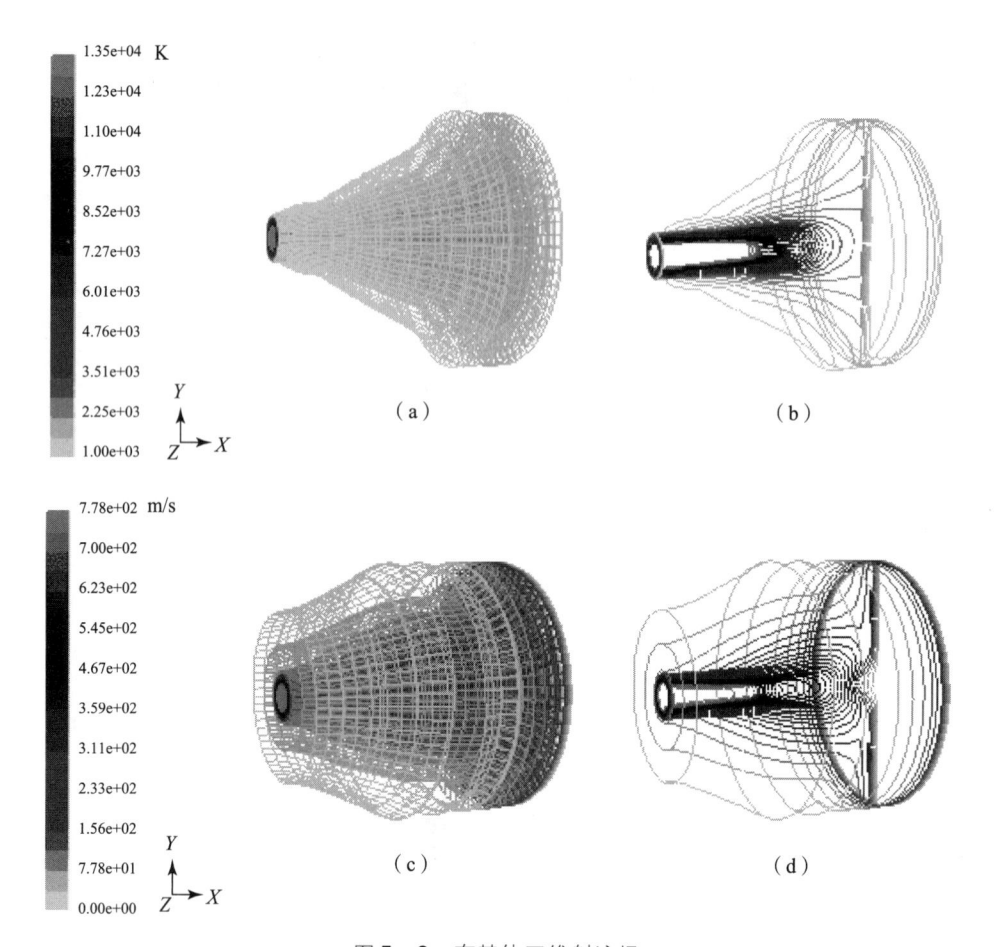

图 5-6 有基体三维射流场

(a) 整体温度等值线图；(b) 典型区域温度等值线图；
(c) 整体速度等值线图；(d) 典型区域速度等值线图

由图 5-6 可知，当考虑基体时，由于射流场不仅与环境空气发生相互作用，还与基体之间发生动量及热交换作用，所计算出的温度场及速度场在近基体附近明显不同。此处，射流场的宽度变得更宽，使射流场总体上呈现出类似圆锥形的帽状特征。根据预先给定的边界条件，射流场在基体壁面附近的温度降到 1 000 K，而速度则迅速下降到 0，这一点与无基体时的计算结果是完全不同的。这种因基体存在而带来的差异，必将影响到颗粒的受热与运动轨迹。尽管如此，在射流场的核心及其附近区域，所得到的结果与无基体时的计算结果仍是大致一致的，即核心区的温度和速度变化平缓，而后沿轴向和径向两个方向迅速衰减，最后又缓慢下降。

图 5-7、图 5-8 分别表示在有基体条件下，三维射流场内典型区域（包括过轴心线的射流场纵剖面、射流场入口以及出口边界处）Ar 原子与 He 原子两种组分的分布状况，用质量分数等值线形式表示。与图 5-3、图 5-4 相比，除在近基体壁面附近两组分浓度扩散范围明显较宽外，其余各处浓度分布及其扩散规律类似。在远离射流场核心区的外围区域，两组分的浓度均已接近于 0，反映出射流与环境空气之间的物质交换过程已近结束。

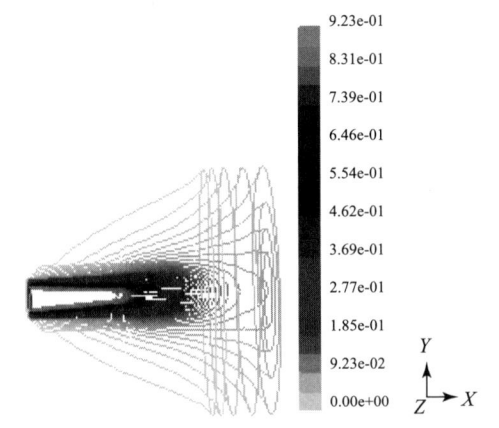

图 5-7 有基体三维射流场内 Ar 原子组分分布

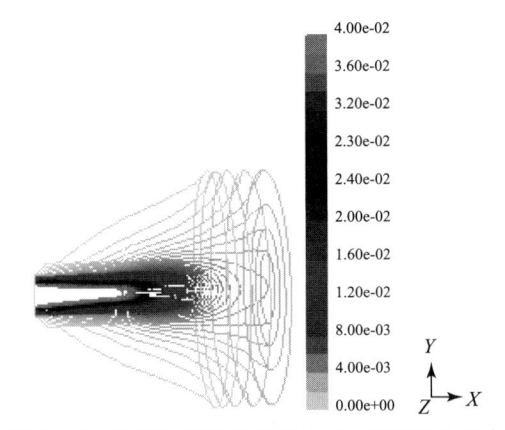

图 5-8 有基体三维射流场内 He 原子组分分布

5.2.4 三维空间颗粒群

图 5-9 所示为采用普通拉格朗日轨道模型计算出的颗粒群轨迹，包括 10 个 ZrO_2 颗粒

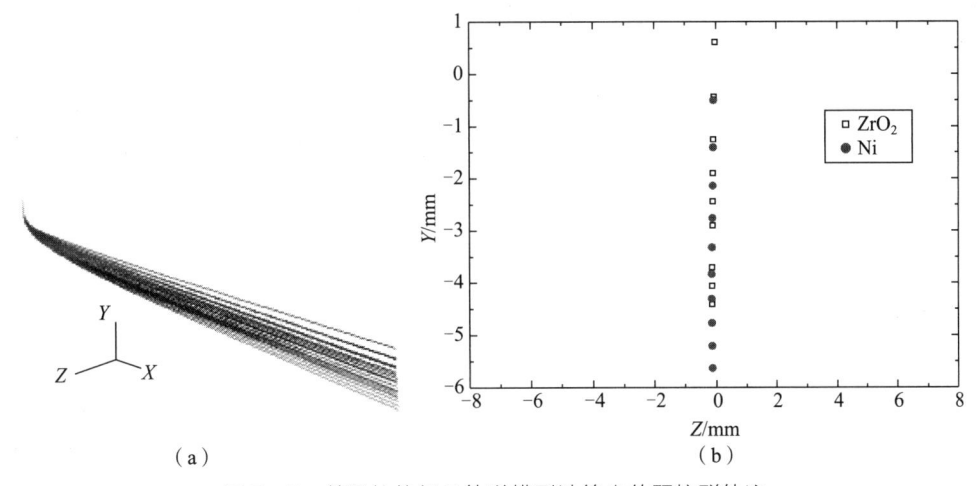

图 5-9 普通拉格朗日轨道模型计算出的颗粒群轨迹
(a) 三维空间下的颗粒群轨迹；(b) 不同颗粒在基体表面的分布状况

与 10 个 Ni 颗粒，颗粒粒径分布范围为 45~80 μm。其中，图 5-9（a）为三维空间下观察到的颗粒群轨迹，图 5-9（b）为不同颗粒在基体表面的分布状况。可见，当不考虑湍流扩散效应对颗粒的影响时，颗粒沿各自轨迹互不干扰地运动，且严格限制在 XY 平面内。如图 5-9（b）所示，由于 Ni 的密度大于 ZrO_2 的密度，故 Ni 颗粒群径向穿入的距离更深，喷涂过程中两种材料的颗粒群并不完全重叠。

图 5-10 所示为采用随机轨道模型计算出的颗粒群轨迹，包括陶瓷 ZrO_2 与金属 Ni 两种颗粒，颗粒粒径分布范围为 45~80 μm。为充分体现颗粒的弥散分布规律，共计算了 100 个 ZrO_2 颗粒和 100 个 Ni 颗粒。由图 5-10 可知，射流的湍流脉动对颗粒的扩散有很大影响，颗粒群在三维空间呈现出弥散分布规律，而不再局限于 XY 平面内。事实上，在实际等离子喷涂过程中，湍流的结构，包括脉动频率、振幅和方向等，都将影响到颗粒的轨迹。因此，采用三维随机轨道模型计算出的颗粒群轨迹与实际情况更为接近。

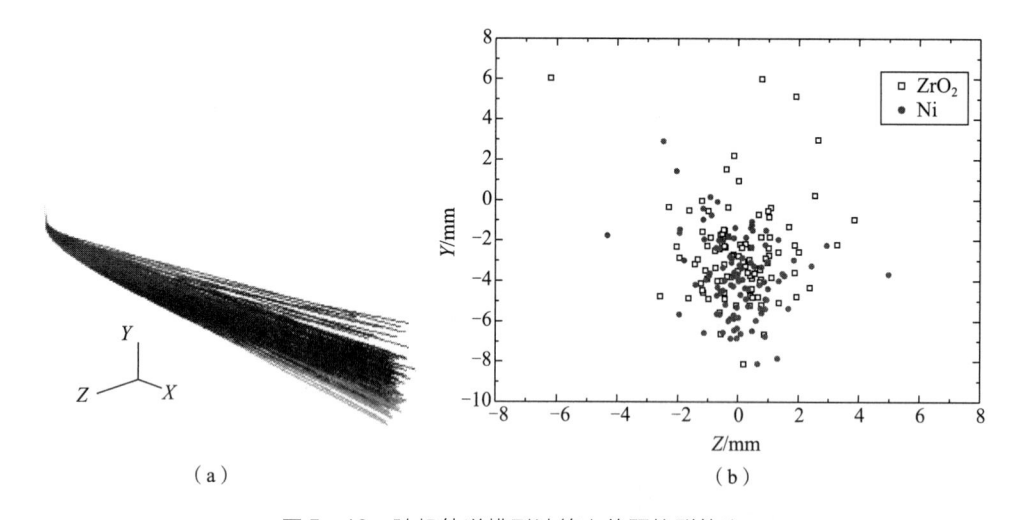

图 5-10　随机轨道模型计算出的颗粒群轨迹
（a）三维空间下的颗粒群轨迹；（b）不同颗粒在基体表面的分布状况

尽管颗粒群在三维空间以及基体表面表现为随机的弥散分布规律，但仍反映出 Ni 颗粒群因具有较大的密度而径向穿入得更深，两种材料颗粒群并不完全重叠。在制备热障涂层过程中，当不同材料颗粒能够很好重叠时，所获得的涂层组分分布才会更均匀，也才更可能得到预期性能的涂层。其解决办法有两种：一种是异种粒子单独喷涂法，通过调节送粉位置，以控制不同材料颗粒群的飞行轨迹；另一种是异种粒子混合喷涂法，通过控制不同材料颗粒的粒径大小来实现，但较难控制两种材料都能很好地熔化。

参考文献

[1] Eckert, Pfender E. Advances in Plasma Heat Transfer [M]. New York：Academic Press，1967.
[2] Lee Y C. Modeling work in thermal plasma process [D]. USA：University of Minnesota，1984.
[3] Kaddah N, McKelliget J, Szekely J. Heat transfer and fluid flow in plasma spraying [J]. Metallurgical Transactions B. 1984，15B：59.

[4] Nylen P, Wigren J, Pejryd L, et al. The modeling of coating thickness, heat transfer, and fluid flow and its correlation with the thermal barrier coating microstructure for a plasma spayed gas turbine application [J]. Journal of Thermal Spray Technology, 1999, 8 (3): 393.

[5] Nishiyama H, Kuzuhara M, Solonenko O P, et al. Numerical modeling of an impinging dusted plasma jet controlled by a magnetic field in a low pressure [C]. Thermal Spray: Meeting the Challenges of the 21st Century, France: ASM International, 1998. 451.

[6] Fauchais P, Vardelle A. Heat, mass and momentum transfer in coating formation by plasma spraying [J]. International Journal of Thermal Sciences, 2000, 39: 852.

[7] Dussoubs B, Fauchais P, Vardelle A, et al. Computational analysis of a three-dimensional plasma spray jet [C]. Thermal Spray: A United Forum for Scientific and Technological Advances. USA: ASM International, 1997. 557.

[8] Dussoubs B, Vardelle A, Mariaux G, et al. Modeling of plasma spraying of two powders [J]. Journal of Thermal Spray Technology, 2001, 10: 105.

[9] Wan Y P, Gupta V, Deng Q, et al. Modeling and visualization of plasma spraying of functionally graded materials and its application to the optimization of spray conditions [J]. Journal of Thermal Spray Technology. 2001, 10: 382.

[10] Fluent Inc. FLUENT [M]. USA: Lebanon. 1998.

[11] Magnussen B F, Hjertager B H. On mathematical models of turbulent combustion with special emphasis on soot formation and combustion [C]. In 16th Symp. on Combustion. USA: The Combustion Institute, 1976.

[12] Chang C H. Numerical simulation of Alumina spraying in an Argon-Helium jet. [C]. Proceedings of the International Thermal Spray Conference & Exposition. USA: ASM International, 1992. 793.

[13] Clayton T Crowe, Donald F, Elger John A Roberson. Engineering Fluid Mechanics [M]. 7th Edition. USA: John Wiley & Sons, 2000.

[14] 岑可法, 樊建人. 工程气固多相流动的理论及计算 [M]. 杭州: 浙江大学出版社, 1990.

第6章
等离子喷涂涂层的数值模拟

等离子喷涂模拟过程中，描述颗粒沉积成涂层，并能与实验结果很好地吻合一直是人们认识领域的一个薄弱环节。这主要是因为在涂层的生长过程中，存在两个动态边界的运动，即涂层表层的运动及随后涂层内部的固液界面的运动[1]。到目前为止，尚未见到能够对这两个运动界面同时进行模拟的相关报道。此外，熔融颗粒在快速冷凝时可能因应力存在而发生翘曲现象，而液滴高速撞击在基体表面又可能导致飞溅等现象出现，所有这些均使模拟工作趋于复杂化。

尽管存在以上困难，但研究发现，各粒子发生碰撞变形的时间较连续两次有颗粒作用在基体或沉积层表面同一位置的时间要短得多[2]，因此，粒子彼此间相互热影响的可能性是很小的，或者说，熔融粒子落到过去喷上而尚未结晶完的粒子上的概率是很小的，在计算中可不予考虑[3,4,5]。粒子与基体相互作用的独立性，使分析涂层形成原因的工作容易多了，可把它归结为研究单个粒子接触相互作用的集成。

在研究熔融液滴沉积成涂层时，通常都将重点放在孔隙率（或热力学属性）与喷涂加工参数之间的关系上，所有这些模型都需要建立一系列复杂的沉积规则。例如 Chen 等人[2]将整个模拟过程分为两步：首先是建立模型，分析单个熔融液滴在涂层表面的行为；然后通过建立一系列规则及随机模型来模拟涂层及其孔洞的形成，比如认为当涂层表面间隙小于液滴铺展高度的两倍时，则视该间隙为一孔洞。Zagorski 等人[6]则采用了简化的热力学液滴模型及统计模型来描述二维情况下涂层的沉积，认为孔洞的尺寸与液滴铺展厚度为相同量级，涂层的孔隙率与液滴的铺展程度存在一定的数值关系。这些方法虽然已取得了一定的成果，但是所预测的值在很大程度上要依赖于各种人为的假设条件和变形规则。

最近，出现了新的三维分析软件[7]，能够描述自由表面的流动、传热及凝固等现象，已有人采用该方法模拟了涂层的生长现象。虽然这种方法是对以前方法的改进，但计算起来非常耗时。另外，人们还致力于颗粒的统计分析上，即分析飞行颗粒的分布规律及射流湍流效应对所生成涂层的影响。

本章介绍了用网格法模拟涂层的三维形貌和涂层的生长过程，并结合金属/陶瓷系热障涂层材料，模拟了涂层中陶瓷组分的二维分布。模拟过程基于颗粒在基体表面的弥散分布规律（参见第5章），进一步模拟生成的涂层。

6.1 计算模型及计算过程

在等离子喷涂过程中，液态熔融颗粒高速撞击在基体表面并沉积成涂层是符合一定的质量分布规律的。经由专业流体力学软件 Fluent[8] 计算，颗粒沉积到基体上的如下信息是可以获得的：颗粒的飞行时间、Y 坐标值、Z 坐标值、颗粒速度、直径、温度、质量等。若在基体一侧的一定平面区域划分有限个网格，并对各网格中的颗粒数、组分等进行分析处理，用适当参量来表征涂层高度及陶瓷组分，则可以绘制出涂层的三维形貌及二维组分分布图。为减少 Fluent 的计算量，可在各网格所存信息的基础上运用相关随机模型进行随机操作，生成新的数据。这些新生成的数据与原有数据叠加，可不断充实各网格中的信息量，而其总体上的质量分布规律并不会因此而改变。此外，在计算过程中，所叠加的次数（即随机操作数）是可以人为指定的。

6.1.1 蒙特卡洛随机模型介绍

蒙特卡洛（Monte Carlo）随机模型用于生成在规定范围内满足各种概率分布的随机数，又称为统计实验法。该法通过构造随机模型使得某一随机量的数学期望等于问题中要求的解，并对该随机量进行抽样、求统计平均。蒙特卡洛法具有一定的确定性，即其计算结果应该满足预先的分布规律；同时又具有一定的随机性，即每次生成的数都是随机的。模型本身不是用于优化一个系统，而是通过计算"真实"地再现系统。

对于离散型随机变量的模拟，蒙特卡洛法的本质是：要模拟离散型随机变量 X，也就是已知 X 的分布律，计算其可能值的系列 x_i（$i=1, 2\cdots$）。引进记号 R，表示在区间（0，1）中均匀分布的连续型随机变量；r_j（$j=1, 2\cdots$）是随机数（R 的可能值）。

法则为了模拟已给分布律为

$$\begin{array}{ccccc} X & x_1 & x_2 & \cdots & x_n \\ P & p_1 & p_2 & \cdots & p_n \end{array}$$

的离散型随机变量，其中 P 为取相应 x 值时的概率，则应当：

(1) 把区间（0，1）分成 n 个部分区间：Δ_1—（0，p_1），Δ_2—（p_1，p_1+p_2），$\cdots$，Δ_n—（$p_1+p_2+\cdots+p_{n-1}$，1）。

(2) 选择随机数 r_j。

若 r_j 落入部分区间 Δ_i，那么模拟的量取可能值 x_i。

6.1.2 随机操作过程

采用蒙特卡洛模型生成随机的网格行号与列号 G [random - i] [random - j]，继而将其中的颗粒数及陶瓷组分信息与原有网格相叠加。若将基体表面划分为 $N \times N$ 个网格，则每进行一次随机操作，均将生成 $N \times N$ 个随机网格号并依序与原有网格进行叠加。每次随机生成的网格行号 random - i 与列号 random - j 在 [0，N] 范围内满足均匀分布规律，以保证各网格内所载入的信息与初始信息总体上一致，即符合相同的质量、直径等分布规律。图 6 - 1 所示为执行一次叠加过程的示意图。

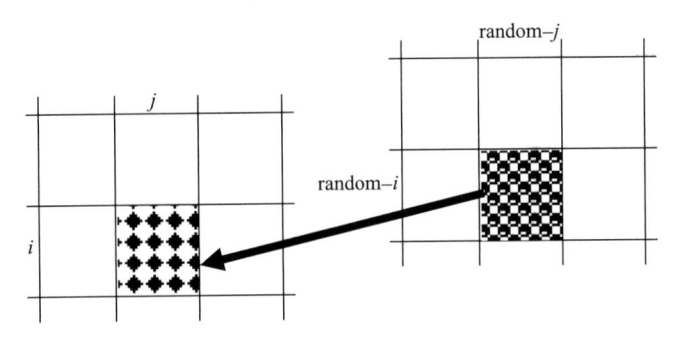

图 6-1 执行一次叠加过程示意图

6.1.3 网格的划分

模拟涂层的三维形貌及二维组分分布可基于 Fluent 的计算结果。图 6-2～图 6-4 分别

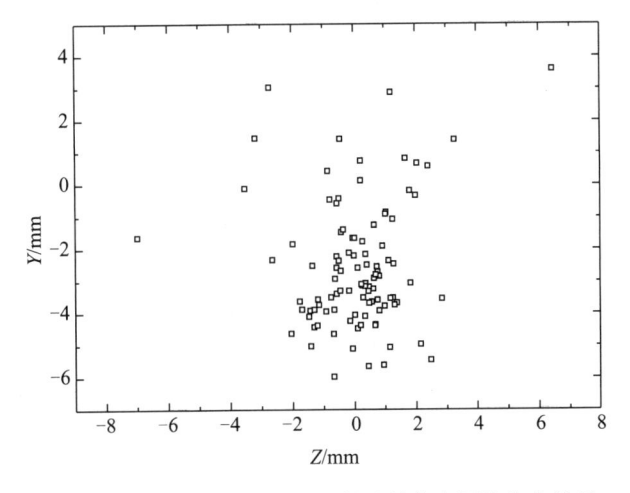

图 6-2 100 个 ZrO_2 陶瓷颗粒在基体表面的分布状况

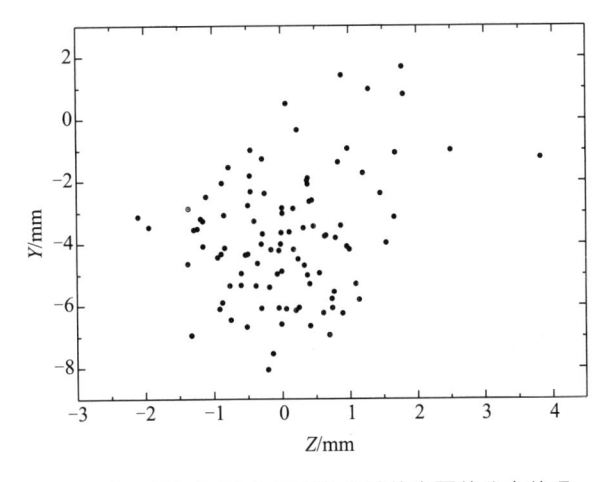

图 6-3 100 个 Ni 金属颗粒在基体表面的分布状况

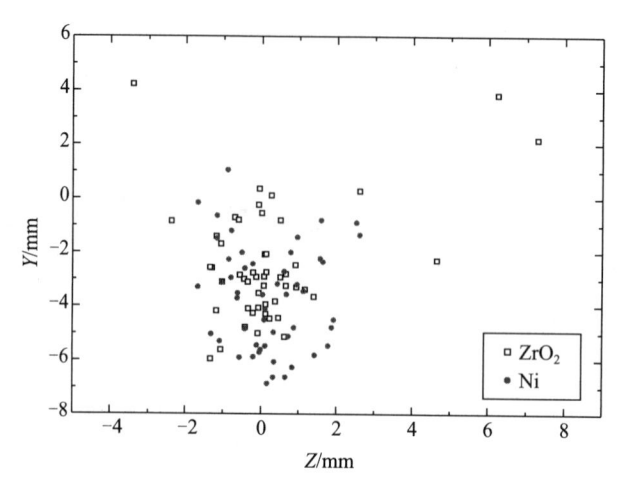

图 6-4　50 个 ZrO_2 陶瓷颗粒和 50 个 Ni 金属颗粒在基体表面的分布状况

表示 100 个 ZrO_2 陶瓷颗粒、100 个 Ni 金属颗粒以及 50 个 ZrO_2 陶瓷颗粒和 50 个 Ni 金属颗粒在基体表面的分布状况。其基本喷涂工艺参数为：电流强度 I = 900 A，Ar 流率 F_{Ar} = 70 scf/h，He 流率 F_{He} = 30 scf/h。

由图 6-2～图 6-4 可知，当颗粒群高速撞击在基体表面时，均弥散分布在 16 mm × 16 mm 这一范围。若对此区域进行网格划分，单元格的大小将直接影响最后的计算结果。如果单元格过大，将导致其中记录的颗粒数过多，从而无法用颗粒堆积效应来衡量涂层的高低幅度；如果单元格过小，则又无法体现颗粒的铺展幅度，使最后计算的颗粒单层铺展面积远大于预先所给定的 16 mm × 16 mm 这一值。因此，单元格的大小应遵从如下规则：即单元格面积应略大于单个颗粒的完全铺展面积，能够容纳下单个颗粒，且保证第二个颗粒到达该网格时将叠于其上，依次类推，当第 n 个颗粒到达该单元格时将叠在第 n 层上。

通常，熔融液滴高速撞击在基体表面，其铺展半径为原颗粒直径的 3.5～8.0 倍[9]。取该值为 5，则对于平均直径在 60 μm 的颗粒，其充分铺展开后的半径可达 300 μm，所铺展的面积接近 10^5 μm^2。由此可确定在 16 mm × 16 mm 范围内的基体表面所应划分的网格数可取为 50 × 50，则各单元格所占据的面积为 1.02 × 10^5 μm^2，略大于 10^5 μm^2，是符合前面所提及的网格划分规则的。

6.2　模拟涂层三维形貌及其生长过程

6.2.1　涂层三维形貌计算过程及表征参量

图 6-5 表示模拟涂层三维形貌的计算过程。首先需要输入颗粒到达基体时的坐标位置及随机操作数。然后对基体进行网格划分，并记录下各单元格中的陶瓷颗粒数及金属颗粒数，并存放于矩阵 $C_0[i]$ 与 $M_0[i]$ 中。随后进行 n 次随机操作，每进行一次操作，都会将随机生成的单元格号 $C_0[\text{random}-i][\text{random}-j]$ 与 $M_0[\text{random}-i][\text{random}-j]$ 中所对

应的陶瓷、金属颗粒数依次与原有单元格相叠加。在此基础上，还需要找到表征涂层厚度的适当参量。

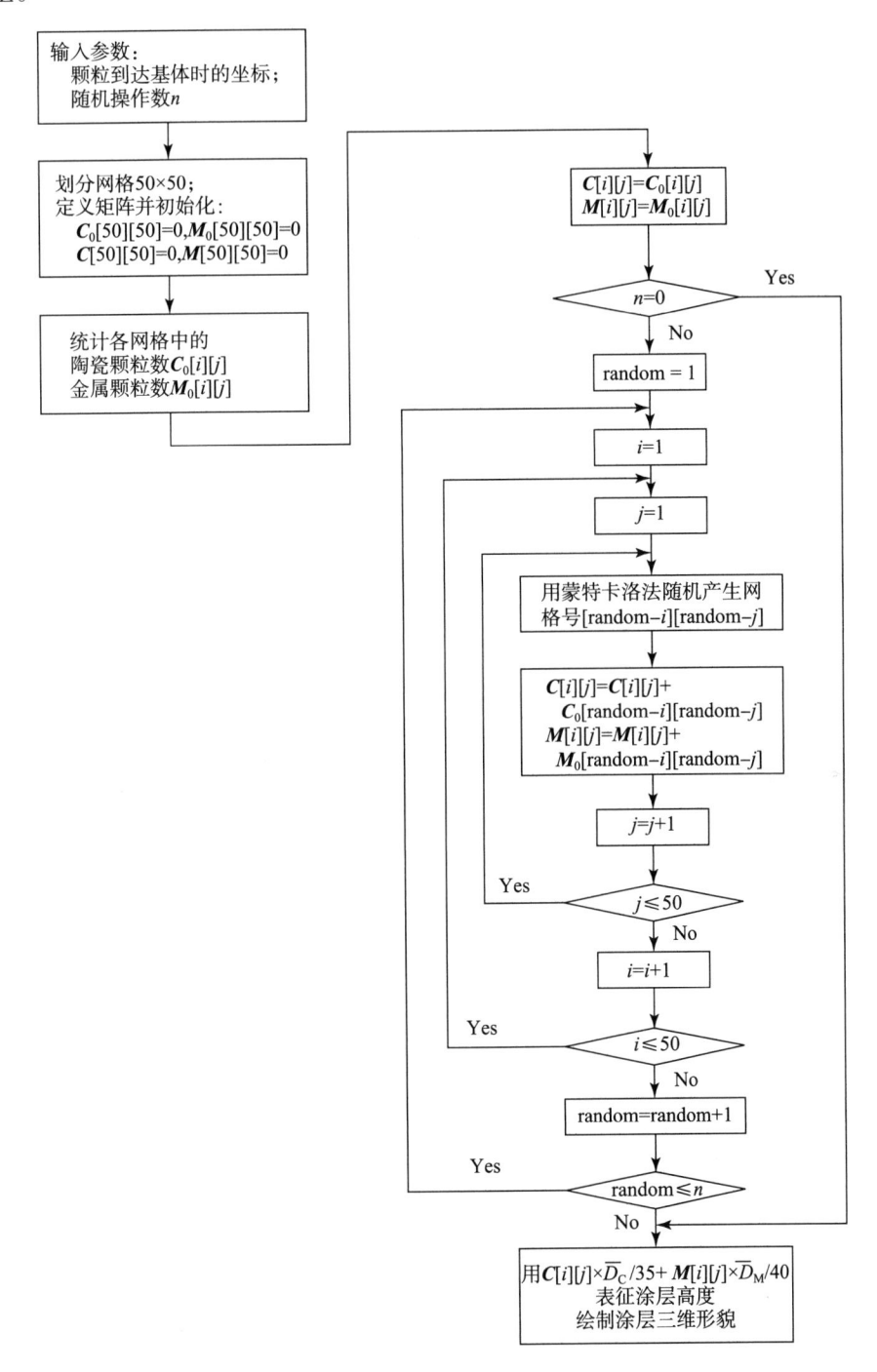

图 6-5 涂层三维形貌模拟程序流程

模拟涂层的厚度，需考虑单个颗粒在铺展完成且凝固后的高度 h 与原颗粒直径 D 之比 h/D。不同材料 h/D 值是不同的，即使对于同一种材料，由于 D 值不同，h/D 值也是不相同的。在本章中，对于陶瓷材料，h/D 均取 1/35；对于金属材料，h/D 均取 1/40。这一取值规定与部分实验结果[2]是吻合的。若用 $\overline{D}_C$ 表示陶瓷颗粒的平均直径，$\overline{D}_M$ 表示金属颗粒的平均直径，而各单元格中的陶瓷颗粒数 $C[i]$ 以及金属颗粒数 $M[i]$ 已在前述步骤中获得，则单元格 $[i]$ 所对应的高度 $h[i]$ 可表示为

$$h[i] = C[i] \times \overline{D}_C/35 + M[i] \times \overline{D}_M/40 \tag{6-1}$$

6.2.2 涂层密度的计算

涂层密度是根据涂层平均高度 $\overline{H}$ 所对应的涂层体积 V 计算出来的。若用 $h[i]$ 表示第 i 行第 j 列的单元格高度，则 $\overline{H}$ 可根据下式计算获得：

$$\overline{H} = \frac{\sum_{i=1}^{50}\sum_{j=1}^{50} H_{ij}}{2\,500} \tag{6-2}$$

设涂层所覆盖的底面积为 S，涂层的质量为 M，则涂层密度 ρ 的计算公式为

$$\rho = \frac{2\,500 M}{S \sum_{i=1}^{50}\sum_{j=1}^{50} H_{ij}} \tag{6-3}$$

6.2.3 涂层生长时间的确定

涂层的生长时间是根据模拟计算出的涂层平均高度以及喷涂工艺中既有的经验值相结合获得的。若涂层生长速度 $\dot{L}$ 已知，则涂层生长时间 t 可由下式计算得到：

$$t = \frac{\overline{H}}{\dot{L}} \tag{6-4}$$

在实际喷涂过程中，当喷枪移动速度为 500 mm/s，颗粒群束斑半径为 7~8 mm 时，喷枪在基体表面扫过一次的涂层厚度为 0.03 mm[9]。根据这一数据，可以计算出在束斑集中喷涂的区域内，涂层的生长速度 $\dot{L}$ 约为 0.8 μm/(s·cm^2)。

6.3 模拟涂层的二维组分分布

涂层二维组分的模拟原理与涂层的三维形貌模拟原理类似，其不同之处在于用各网格中陶瓷质量占总质量的比例来表征陶瓷的组分。图 6-6 表示模拟涂层二维组分分布的计算过程。首先需要输入颗粒到达基体时的坐标位置及随机操作数。然后对基体进行网格划分，并记录下各单元格中的陶瓷质量及金属质量，并存放于矩阵 $C_0[i]$ 与 $M_0[i]$ 中。随后进行 n 次随机操作，每进行一次操作，都会将随机生成的单元格号 $C_0[\text{random}-i][\text{random}-j]$ 与 $M_0[\text{random}-i][\text{random}-j]$ 中所对应的陶瓷、金属质量依次与原有单元格相叠加。最后计算出每个单元格中的陶瓷组分 $\text{Ratio}[i] = C[i]/(C[i]+M[i])$，从而绘制出陶瓷组分的二维分布图。

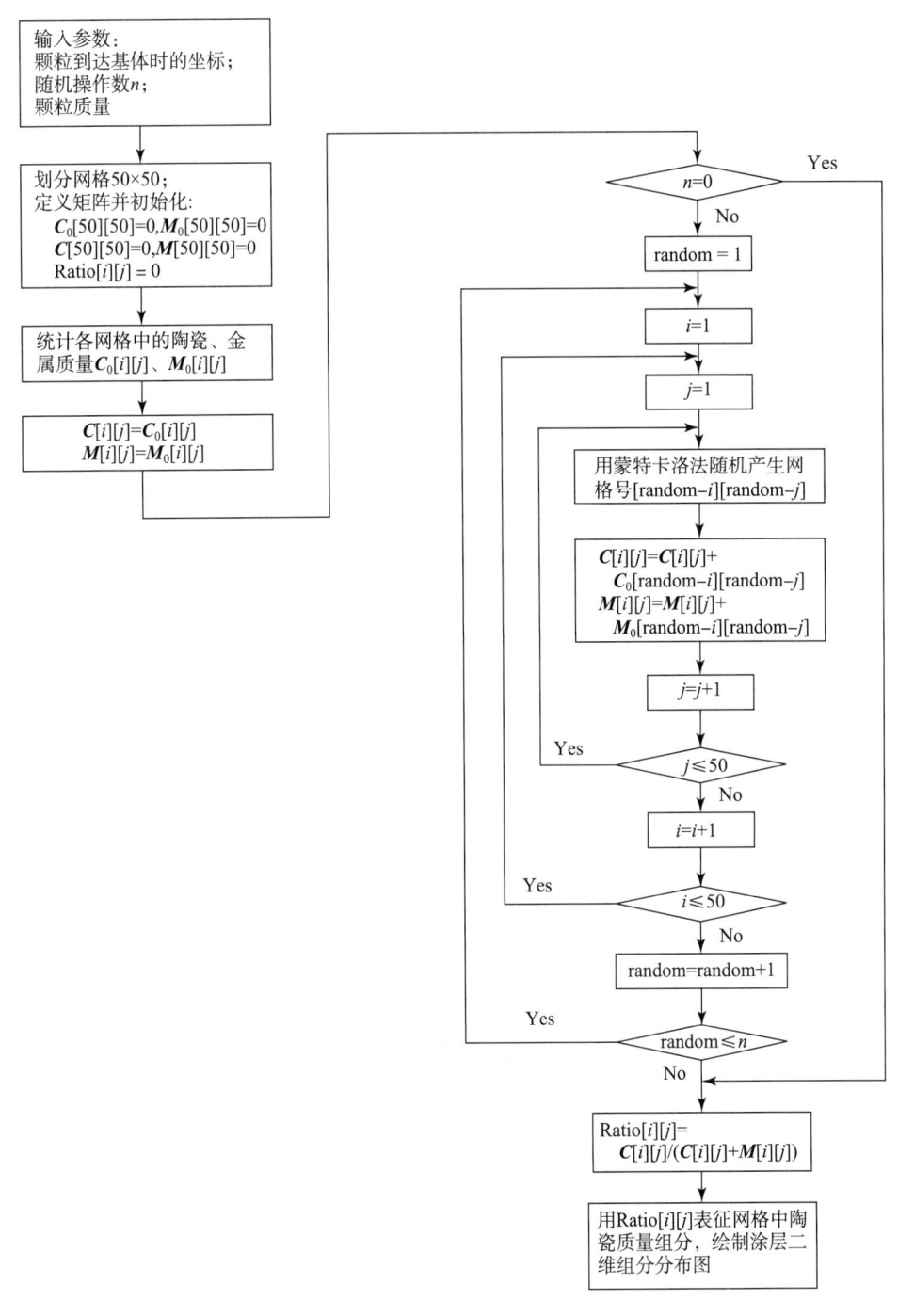

图 6-6　涂层二维组分模拟程序流程

6.4　随机模型的影响因素

由于所采用的模型及计算方法与材料组分、随机操作数以及输入的初始颗粒数等有关，因此,分析这些因素对计算结果的影响是必要的。

6.4.1 材料组分的影响

表 6-1 列出了不同的陶瓷、金属组分配比,且颗粒总数相同时,经过 250 次随机操作后的计算结果。由表 6-1 可知,由于 ZrO_2 陶瓷颗粒与 Ni 金属颗粒密度不同,陶瓷颗粒所占颗粒总数的数目比例与其质量分数并不一致。但在颗粒总数一定的条件下,随着陶瓷颗粒数目的增加、金属颗粒数目的减少,陶瓷的质量组分也将增加。由表 6-1 还可知,对于同一组分配比,经过一定次数的随机操作运算后,陶瓷所占颗粒数比例改变不大,考虑到随机性的影响,可以认为其质量分布规律并没有改变。

表 6-1 材料组分的影响

输入颗粒数		250 次随机操作后的计算结果				
ZrO_2 颗粒数	Ni 颗粒数	ZrO_2 颗粒数	Ni 颗粒数	ZrO_2 颗粒数比例/%	总质量/($\times 10^{-5}$ kg)	ZrO_2 质量分数/%
0	100	0	24 892	0	3.38	0
20	80	4 995	19 722	20.2	3.23	16.4
40	60	10 092	14 900	40.4	3.08	34.2
50	50	12 483	12 580	49.8	3.01	43.7
60	40	14 859	10 014	59.7	2.93	53.9
80	20	19 806	5 026	79.8	2.78	75.7
100	0	25 177	0	100	2.64	100

图 6-7 表示计算出的 ZrO_2 质量分数与计算出的涂层密度之间的关系。由图可知,当 ZrO_2 质量分数为 0,即涂层为纯金属 Ni 时,涂层的密度为 8 770 kg/m³,这与纯 Ni 的密度实

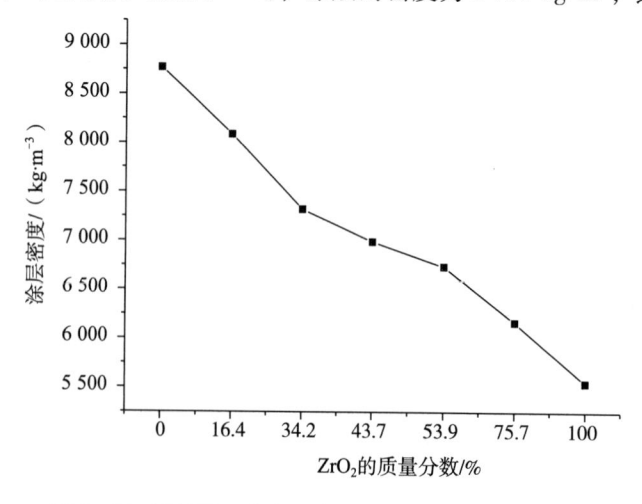

图 6-7 计算结果中涂层密度与陶瓷组分之间的关系

际值 8 900 kg/m³ 比较，其相对误差为 1.46%；当 ZrO_2 的质量分数为 100%，即涂层为纯 ZrO_2 陶瓷时，涂层的密度为 5 548 kg/m³，这与纯 ZrO_2 的密度实际值 5 560 kg/m³ 比较，其相对误差为 0.22%。当 ZrO_2 的质量分数介于 0 和 1 之间时，涂层密度值也介于纯金属与纯陶瓷之间，随着陶瓷组分的增加，涂层密度逐渐降低。

6.4.2 随机操作数的影响

随机操作数是指随机操作的次数。若将基体表面划分为 $N \times N$ 个网格，则每进行一次随机操作，均将生成 $N \times N$ 个随机网格号并依次与原有网格中的颗粒数或颗粒质量进行叠加。图 6-8～图 6-10 表示不同随机操作数与叠加后生成的颗粒总数、涂层质量、涂层平均高度以及密度之间的关系。

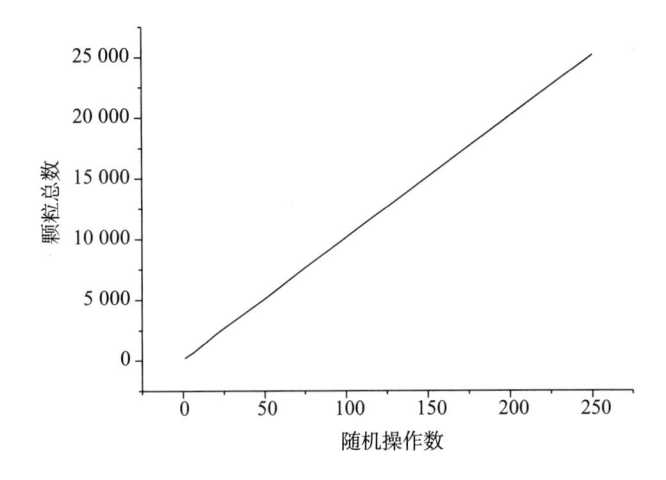

图 6-8 随机操作数与生成颗粒总数的关系

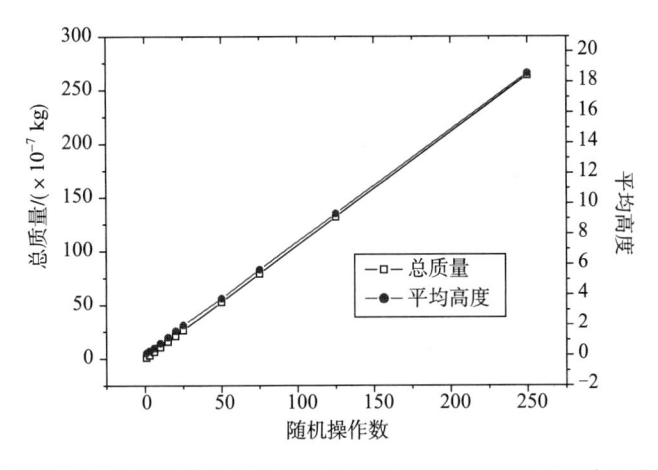

图 6-9 随机操作数与涂层总质量及涂层平均高度之间的关系

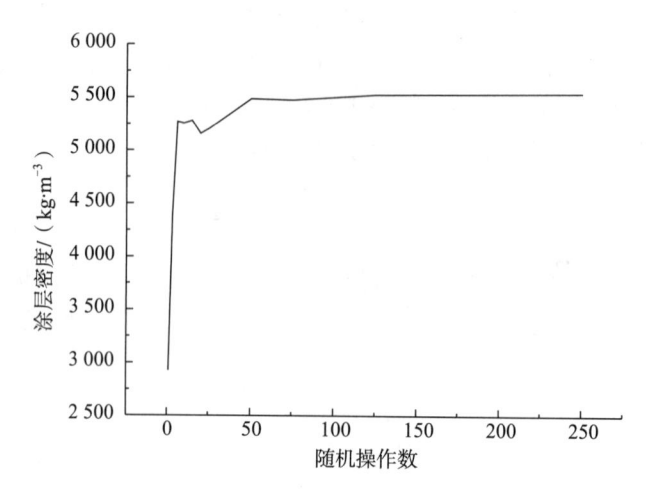

图 6 – 10　随机操作数与 ZrO_2 涂层密度之间的关系

在图 6 – 8 ~ 图 6 – 10 中，所输入的参数均为 100 个 ZrO_2 陶瓷颗粒，随机操作数为 0 ~ 250。由图 6 – 8 和图 6 – 9 可知，随机操作数与生成的颗粒总数、涂层总质量及涂层平均高度成正比例关系。这是因为每一次随机操作运算过程中，生成的随机数满足均匀分布，故陶瓷颗粒及金属颗粒仍然符合最初的分布规律，且每次随机操作运算生成的颗粒数均维持在 100 个左右。随着随机操作次数的增加，颗粒总数增多，涂层的质量及厚度也相应增加。但在图 6 – 10 中，ZrO_2 涂层的密度仅当随机操作数达到一定值时才逐渐趋于一稳定的值（5 500 kg/m³）。这是因为随机操作数较小时，颗粒的总数也较少，以至于尚不能形成一层致密的涂层，结果涂层密度偏低。因此，在计算涂层密度时，随机操作数不能太少，以充分保证致密涂层的形成。

6.4.3　初始输入颗粒数的影响

表 6 – 2 表示初始颗粒总数分别为 100 和 1 000，且陶瓷颗粒与金属颗粒数目比为 1:1 时，经过 250 次随机操作运算后计算出的总颗粒数、总质量、涂层厚度（平均高度）、陶瓷组分及密度。可见，作为基本输入参数的初始颗粒总数对于最后计算结果中的陶瓷组分及涂层密度并无太大影响。此外，1 000 个初始颗粒经过 250 次随机操作运算后所得的总颗粒数、总质量及涂层厚度均接近 100 个颗粒计算结果的 10 倍，仅满足简单的线性叠加关系。

表 6 – 2　初始计算颗粒数的影响

初始颗粒数	总颗粒数	总质量/($\times 10^{-5}$ kg)	厚度/μm	陶瓷质量组分/%	涂层密度/(kg·m⁻³)
100	25 063	3.01	18.56	43.7	5 548
1 000	250 528	28.86	177.9	43.7	5 612

6.5 工程应用实例

6.5.1 涂层的三维形貌

模拟涂层的三维形貌时,在计算之前需设定一定的随机操作数。随机操作数的设定有两个作用,除了丰富网格中每个单元格的信息外,由于随机生成的单元格中的质量、组分分布规律与初始条件相同,因此还可以表示喷枪在基体表面沿各个方向是均匀移动的,从而模拟出喷枪相对于基体均匀运动时涂层的生长过程。若将随机操作次数设置为 0,则可实现喷枪相对于基体静止时涂层形貌的模拟,即喷涂粉末在高温下形成的熔融液滴仅沉积在基体的一定位置并堆叠成涂层。

1. 喷枪相对于基体静止时的涂层形貌

图 6-11 和图 6-12 表示不进行随机操作运算,直接基于 Fluent 计算结果中颗粒在基体表面的分布状况而模拟出的喷枪相对于基体静止时的涂层三维形貌及其投射在底平面上的高度等值线。图中底平面上的 I、J 坐标表示各单元格的网格号,垂直于底平面的高度坐标表示涂层的高度。图 6-12 所示为 100 个 ZrO_2 颗粒的三维形貌,其高度最大值为 7.37 μm;图 6-13 所示为 1 000 个 ZrO_2 颗粒的三维形貌,其高度最大值为 33.2 μm。由图可见,当喷枪相对于基体静止时,尽管随着颗粒数目的增多其覆盖在基体表面的面积随之增大,但颗粒群总是集中沉积在基体表面的一定位置附近,继而相互重叠堆积,使涂层迅速增厚。这一结果与实际工程情况是相符的。

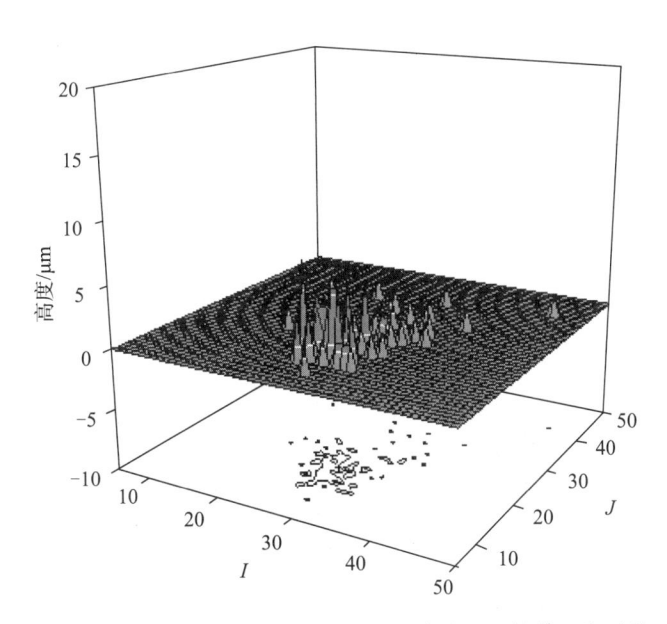

图 6-11 喷枪相对于基体静止,100 个陶瓷颗粒的三维形貌

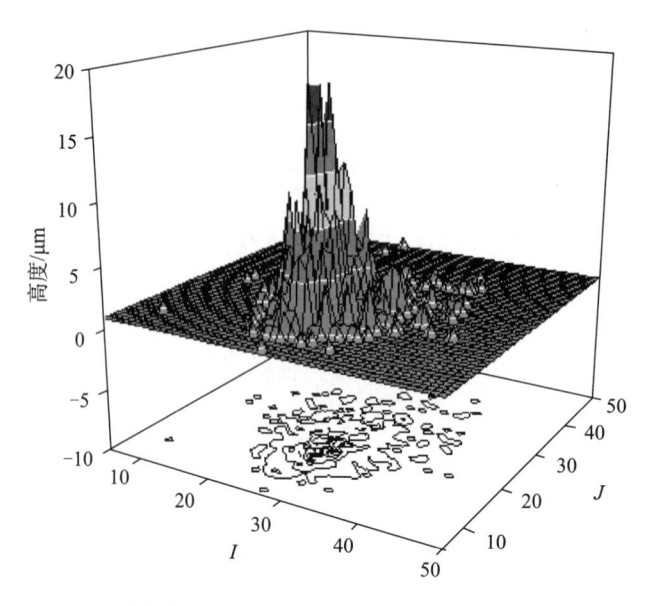

图 6-12　喷枪相对于基体静止，1 000 个陶瓷颗粒的三维形貌

2. 不同组分材料涂层的三维形貌

为分析不同组分材料涂层的三维形貌，并尽可能与实际工艺情况相结合，假定喷涂过程中，喷枪总是沿各个方向将不同材料的颗粒均匀喷涂在基体表面。因此，可以采用本章所提出的随机操作模型进行计算。为保证各单元格中数据充分，随机操作数均设为 250。图 6-13～图 6-18 分别列出了不同成分配比的涂层三维形貌，其基本喷涂工艺参数为：电流强度 $I=900$ A，Ar 流率 $F_{Ar}=70$ scf/h，He 流率 $F_{He}=30$ scf/h。

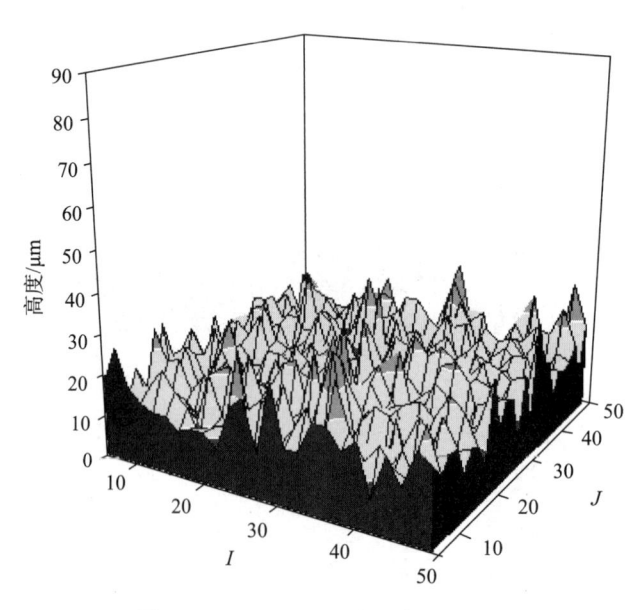

图 6-13　100% Ni 涂层的三维形貌

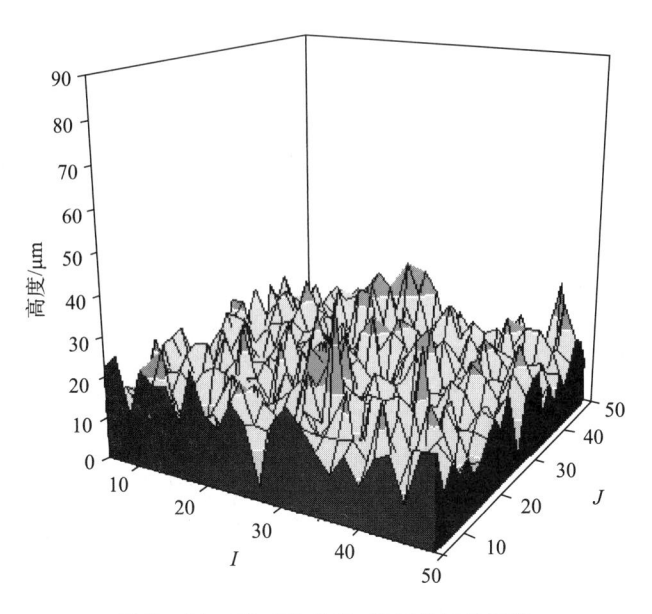

图 6-14　16.4% ZrO$_2$ 涂层的三维形貌

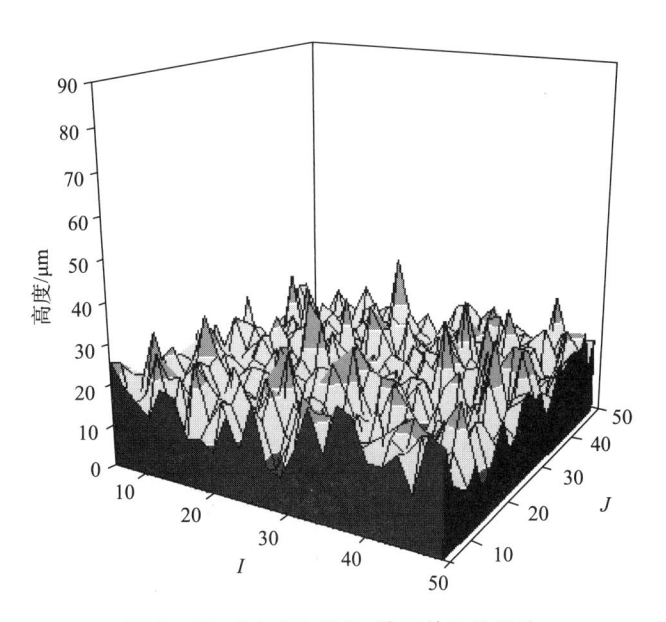

图 6-15　34.2% ZrO$_2$ 涂层的三维形貌

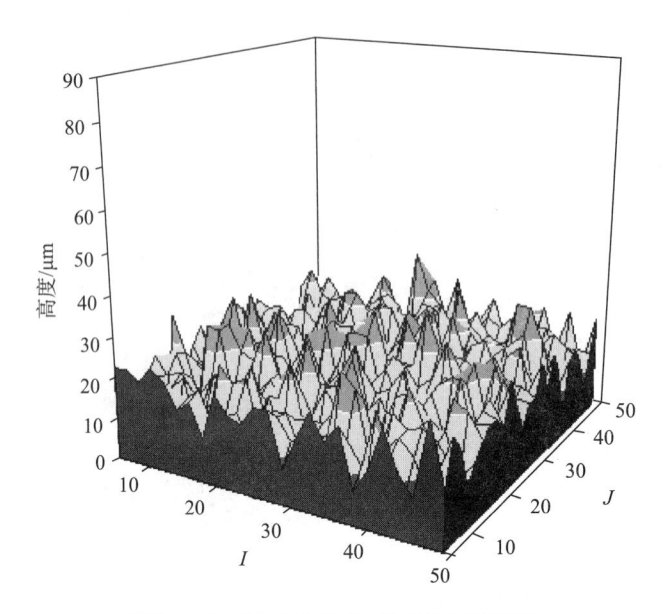

图 6-16　53.9% ZrO_2 涂层的三维形貌

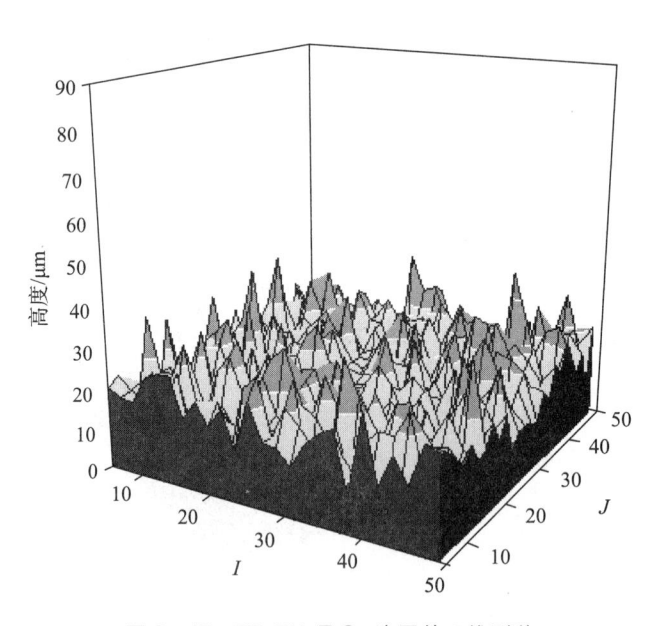

图 6-17　75.7% ZrO_2 涂层的三维形貌

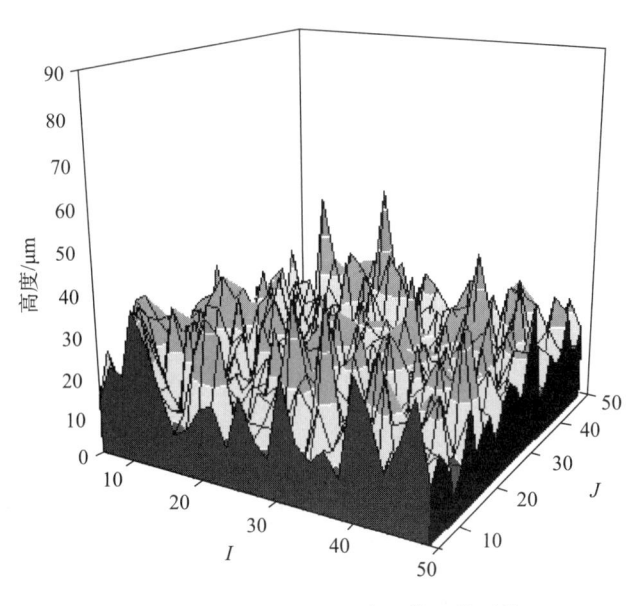

图 6-18　100% ZrO_2 涂层的三维形貌

由图 6-13~图 6-18 可知，由于各涂层的材料组分有所不同，初始 ZrO_2 陶瓷颗粒的平均直径略大于 Ni 金属颗粒，故随着陶瓷组分的增加，涂层的高度略有上升。例如，计算结果表明纯金属涂层的平均高度为 15.1 μm，而纯陶瓷涂层的平均高度为 18.6 μm。此外，由于网格内各个单元格中的颗粒数及颗粒种类不同，涂层表面及侧面剖面均表现出一定的粗糙不平性，局部区域较高，局部区域较低。图 6-19 所示为扫描电镜拍摄的 50% ZrO_2 涂层表面形貌，反映了涂层表面不规则的高低起伏特征，可见数值模拟结果与实际喷涂工艺中所得到的涂层形貌是相符的。

图 6-19　50% ZrO_2 涂层表面形貌

3. 涂层的生长过程

如 6.2.3 节所述，当确定涂层的三维形貌后，即可计算出其平均高度，继而根据涂层生长速度计算出对应的涂层生长时间。图 6-20 ~ 图 6-23 分别表示 100 个颗粒（50 个 ZrO_2 颗粒、50 个 Ni 颗粒）经过 100 次、200 次、300 次及 400 次随机操作运算后得到的三维形貌，其对应的涂层平均高度分别为 6.89 μm、13.5 μm、20.2 μm 和 26.9 μm，形成涂层的相应时间分别为 0.86 ms、1.69 ms、2.52 ms 和 3.36 ms。

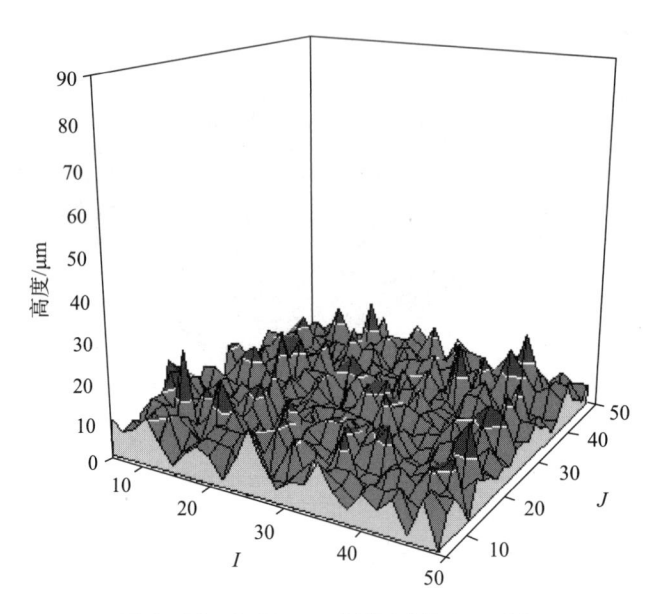

图 6-20 0.86 ms 时刻形成的涂层形貌

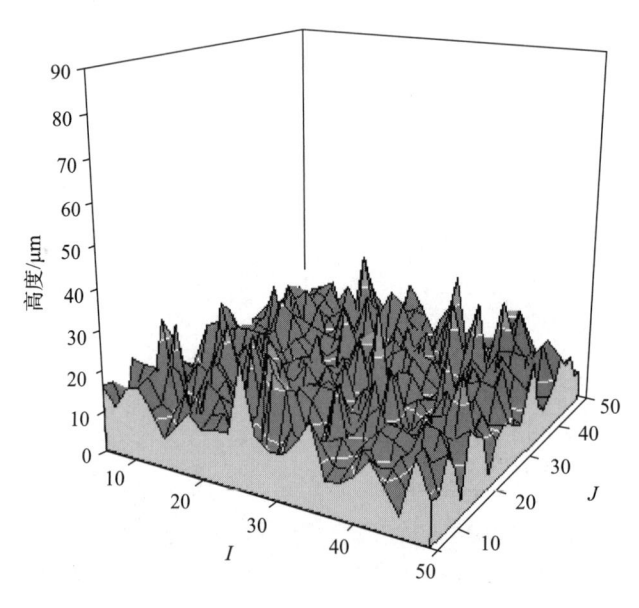

图 6-21 1.69 ms 时刻形成的涂层形貌

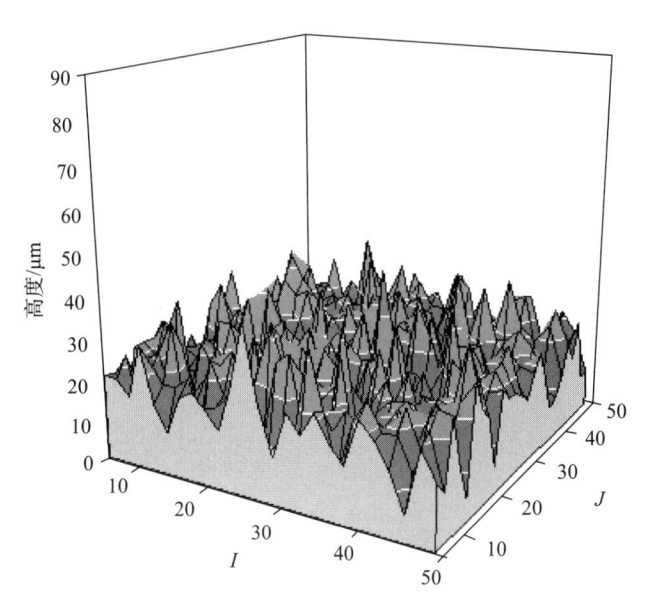

图 6-22 2.52 ms 时刻形成的涂层形貌

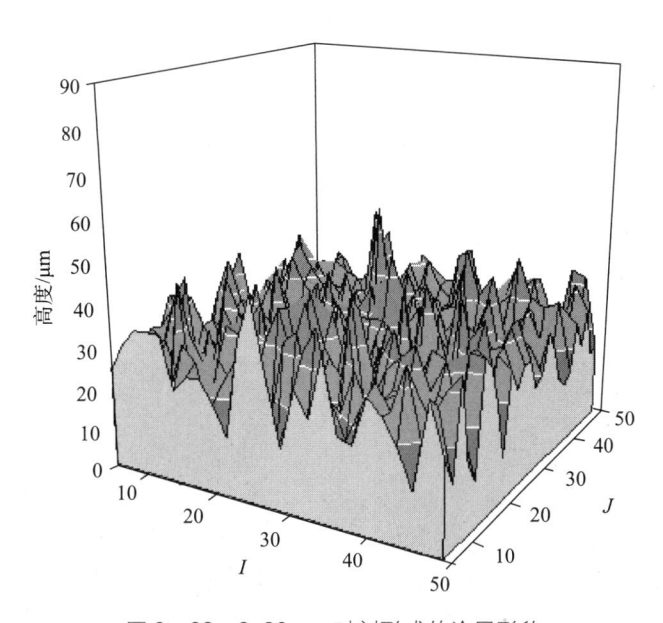

图 6-23 3.36 ms 时刻形成的涂层形貌

图 6-24 所示为图 6-20~图 6-23 中涂层表面中心线处（平行于 I 坐标方向）对应的涂层表面轮廓线。由图 6-24 可知，随着时间的延长，熔融颗粒不断沉积在基体表面，涂层厚度将随之增加，呈现出连续生长的趋势，且随着颗粒数目的增加，涂层的粗糙度也有增加的趋势。但在实际喷涂过程中，随着颗粒数目的继续增加，涂层高度较低的局部区域将被逐渐填充，最后使得各个区域的高度值相差不会太大，即总体上表现出一定的粗糙度。

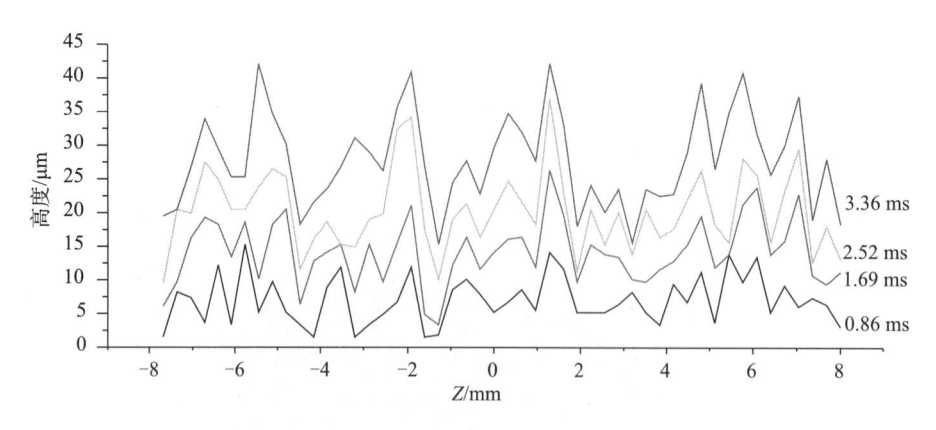

图 6-24 不同时刻，涂层表面中心线处的涂层表面轮廓线

6.5.2 涂层的二维组分分布

当各单元格中记录的是陶瓷、金属颗粒质量时，即可计算出各个单元格中的陶瓷质量组分，通过进行随机操作运算，模拟颗粒不断沉积在基体表面，最终可获得涂层的二维组分分布图。图 6-25～图 6-27 分别表示在基体二维 YZ 平面内，ZrO_2-Ni 系涂层中 ZrO_2 质量分数分别为 16.4%、53.9% 和 75.7% 时的组分分布，其基本喷涂工艺参数为：电流强度 I = 900 A，Ar 流率 F_{Ar} = 70 scf/h，He 流率 F_{He} = 30 scf/h。其中，图 6-25（a）、图 6-26（a）以及图 6-27（a）分别为各组分分布的数值模拟结果，陶瓷 ZrO_2 成分含量由颜色深浅表示；图 6-25（b）、图 6-26（b）以及图 6-27（b）为对应的 Zr 元素成分在扫描电镜下的面成分分析照片，图中白亮区域即 Zr 元素，间接反映了陶瓷的分布状况。由图可见，数值模拟结果与实验所测结果是吻合的。

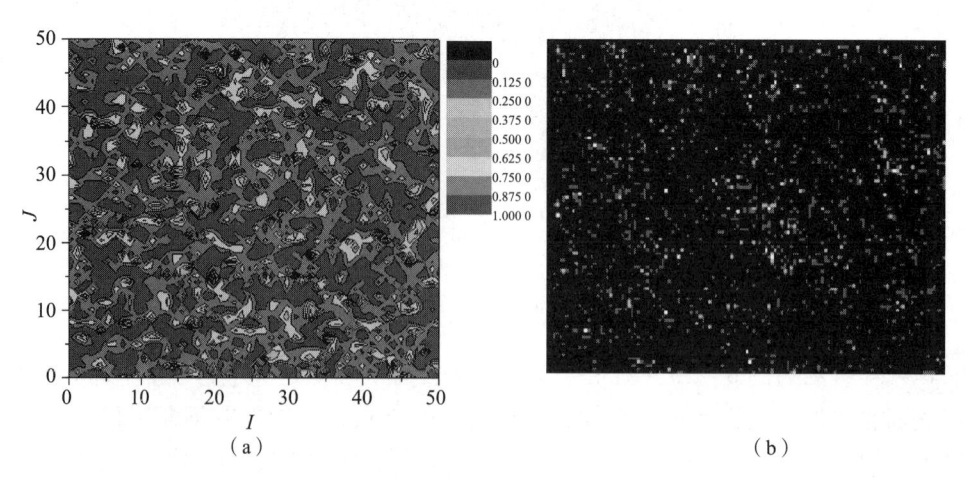

图 6-25 16.4% ZrO_2 质量分数，ZrO_2-Ni 系涂层二维组分分布（见彩插）
（a）数值模拟结果；（b）扫描电镜面成分分析（Zr 元素）

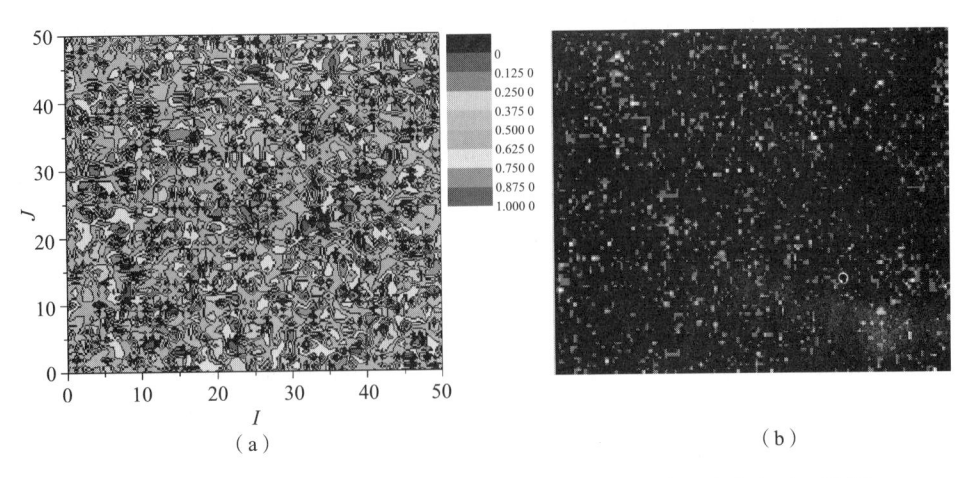

图 6-26 53.9% ZrO_2 质量分数，ZrO_2-Ni 系涂层二维组分分布（见彩插）
(a) 数值模拟结果；(b) 扫描电镜面成分分析（Zr 元素）

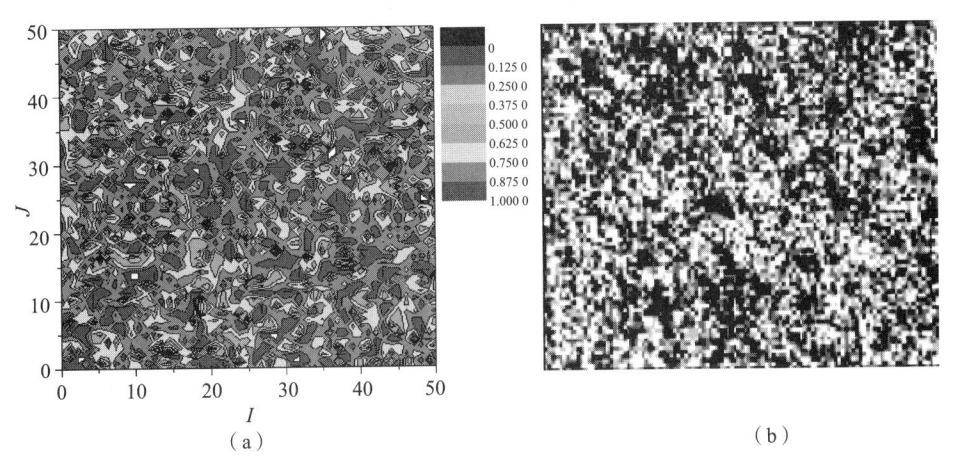

图 6-27 75.7% ZrO_2 质量分数，ZrO_2-Ni 系涂层二维组分分布（见彩插）
(a) 数值模拟结果；(b) 扫描电镜面成分分析（Zr 元素）

图 6-25～图 6-27 中，I 表示横坐标方向（平行于 Z 轴）网格的行号，J 表示纵坐标方向（平行于 Y 轴）网格的列号，各图所分析的面积均为 16 mm×16 mm。由图 6-25～图 6-27 可知，数值模拟结果与实验结果吻合良好，涂层的组分分布由于陶瓷组分的差异而显著不同。结果表明，即使在组分相同的涂层中，各个局部区域的组分分布也是各不相同的。但在组分相同的同一涂层中，各个区域的组分总是围绕着一定的值上下波动的。计算表明，图 6-25～图 6-27 中，涂层中心线处的陶瓷组分平均值分别为 16.3%、59.5% 和 76.2%，分别与各自的总体质量分布规律是接近的。

参考文献

[1] McKelliget J W, Trapaga G, Miravete E G. An integrated mathematical model of the plasma

spraying process [M]. Thermal Spray: Meeting the Challenges of the 21st Century, France: ASM International, 1998. 335.
[2] Chen Y, Wang G, Zhang H. Numerical simulation of coating growth and pore formation in rapid plasma spray tooling [J]. Thin Solid Films, 2001, 390: 13.
[3] Trapaga G, Szekely J. Mathematical modeling of the isothermal impingement of liquid droplets in spraying process [J]. Metallurgical Transactions, 1991, 22B: 901.
[4] Pasandideh M, Bhola R, Chandra S, et al. Deposition of tin droplets on a steel plate simulation and experiments [J]. International Journal of Heat and Mass Transfer, 1998, 41: 2929.
[5] Pasandideh M, Mostaghimi J, Chandra S. On a three-dimensional model of free surface flows with heat transfer and solidification [C]. Proceedings of the 3rd ASME/JSME Joint Fluids Engineering Conference. California, 1999. 1.
[6] Zagorski A V, Stadelmaier F. Full-scale modelling of a thermal spray process [J]. Surface and Coatings Technology, 2001, 146-147: 162-167.
[7] Pasandideh M, Mostaghimi J, Chandra S. Numerical simulation of thermal spray coating formation [C]. ITSC 2000 Proc.. USA: ASM International, 2000. 125.
[8] Fluent Inc. FLUENT [M]. USA: Lebanon. 1998.
[9] TECNAR Automation Ltd. Reference Manual [M]. Canada: QC. 2000.

第 7 章
颗粒与基体相互作用过程数值模拟及实例分析

第 6 章从形态上介绍了涂层沉积的三维形貌及二维组分分布模拟方法,而模拟颗粒与基体的相互作用,则主要是研究处于熔融状态的单个或多个飞行颗粒以熔滴形式与基体发生碰撞时,其形变的机理。具体来说,主要是建立诸如液滴大小、速率、材料特性以及喷涂角度等参数与最后熔滴散流大小、散流时间之间的关系。由于涉及瞬间发生的形变机制,同时液滴变形又受到诸如温度、基材表面粗糙度等诸多因素的影响,所以这是一类非常复杂的问题。

研究颗粒与基体的相互作用对于等离子喷涂过程具有十分重要的意义,因为颗粒与基体结合的质量会直接影响到最终涂层的宏观性能,如结合强度、断裂韧性等,同时为将来人们对涂层性能的模拟和预测奠定了必备的理论基础。为此,人们已围绕这一问题开展了大量的研究工作:Feng 等人[1]采用有限元法模拟了完全熔融颗粒在粗糙表面的变形、流散历程,分析了不同表面粗糙度所带来的影响;Trapaga 等人[2]利用流体力学专用软件 Flow – 3D[3]计算了不同颗粒的相互作用、颗粒的溅射以及不同材料颗粒的变形情况;Pasandideh 等人[4]则详细讨论了液滴碰撞固体表面时的毛细作用,并在随后的工作中研究了锡熔滴在不锈钢平板表面的变形与凝固过程[5]。事实上,人们对颗粒变形过程的认识已经日趋成熟和完善,在诸多方面已达成了共识。

尽管如此,人们在研究过程中多集中在颗粒垂直作用在基体表面这一理想情况,往往忽略了颗粒入射角度与铺展形态的关系,同时对颗粒形成致密涂层的瞬态压力认识还不充分。实验表明[6,7],喷涂角度对于沉积层孔洞及微裂纹的形成、涂层表面粗糙度以及宏观性能等均有影响;同时,粒子与基体的有效作用及相互间的结合很大程度上取决于熔滴作用在基体表面的压力[8,9]。此外,目前关于颗粒与基体相互作用的数值模拟在制备热障涂层中的应用很少有相关的文献报道。对此,本章将在求解颗粒变形的基础上,针对热障涂层,重点介绍陶瓷与金属两种不同材料颗粒在喷涂过程中的瞬态压力以及倾斜入射的变形情况。

7.1 数学模型

计算过程中，假定以下条件成立：

（1）由于颗粒变形时间相对于凝固时间短得多，且具有"先变形后冷却凝固"的特点[6]，本章在计算过程中认为熔滴始终处于完全熔化状态，暂未考虑其凝固情况。

（2）基体为刚体，不发生变形。

（3）不考虑重力场的影响。

（4）颗粒为理想的球形，且颗粒表面为自由表面。

在上述假定条件的基础上，流体的流动必须满足黏性不可压缩动力学方程组，即质量守恒和动量守恒方程。在三维直角坐标系中，各方程描述如下：

质量守恒方程：

$$\frac{\partial \rho}{\partial t} + \frac{\partial(\rho v_x)}{\partial x} + \frac{\partial(\rho v_y)}{\partial y} + \frac{\partial(\rho v_z)}{\partial z} = 0 \tag{7-1}$$

式中，ρ 为颗粒的密度；t 为时间；v_x、v_y 和 v_z 分别表示颗粒沿 x、y 和 z 轴的速度。

动量守恒方程：颗粒在 x、y、z 三个方向均保持动量守恒，分别表示为

$$\frac{\partial \rho v_x}{\partial t} + \frac{\partial(\rho v_x v_x)}{\partial x} + \frac{\partial(\rho v_y v_x)}{\partial y} + \frac{\partial(\rho v_z v_x)}{\partial z} = \frac{\partial f_x}{\partial x} + \frac{\partial}{\partial x}\left(\mu \frac{\partial v_x}{\partial x}\right) + \frac{\partial}{\partial y}\left(\mu \frac{\partial v_x}{\partial y}\right) + \frac{\partial}{\partial z}\left(\mu \frac{\partial v_x}{\partial z}\right) \tag{7-2}$$

$$\frac{\partial \rho v_y}{\partial t} + \frac{\partial(\rho v_x v_y)}{\partial x} + \frac{\partial(\rho v_y v_y)}{\partial y} + \frac{\partial(\rho v_z v_y)}{\partial z} = \frac{\partial f_y}{\partial y} + \frac{\partial}{\partial x}\left(\mu \frac{\partial v_y}{\partial x}\right) + \frac{\partial}{\partial y}\left(\mu \frac{\partial v_y}{\partial y}\right) + \frac{\partial}{\partial z}\left(\mu \frac{\partial v_y}{\partial z}\right) \tag{7-3}$$

$$\frac{\partial \rho v_z}{\partial t} + \frac{\partial(\rho v_x v_z)}{\partial x} + \frac{\partial(\rho v_y v_z)}{\partial y} + \frac{\partial(\rho v_z v_z)}{\partial z} = \frac{\partial f_z}{\partial z} + \frac{\partial}{\partial x}\left(\mu \frac{\partial v_z}{\partial x}\right) + \frac{\partial}{\partial y}\left(\mu \frac{\partial v_z}{\partial y}\right) + \frac{\partial}{\partial z}\left(\mu \frac{\partial v_z}{\partial z}\right) \tag{7-4}$$

式中，μ 为黏度；f_x、f_y 和 f_z 分别为颗粒单位质量沿 x、y 和 z 轴所受外力。颗粒与基体表面之间的摩擦力 f[9]可采用下式计算：

$$f = \xi \cdot \rho \cdot v^2 \tag{7-5}$$

式中，ξ 为平均表面粗糙度；v 为颗粒在基体表面的散流速度大小。

7.2 颗粒倾斜入射的数值模拟参数定义

如图 7-1 所示，为定量地分析熔滴铺展后的形状，定义等效直径 ED 为铺展熔滴对应相同圆面积的直径；定义延展因子 EF 为熔滴最长几何尺寸 L_{max} 对应圆面积 $A' = \pi\left(\frac{L_{max}}{2}\right)^2$ 与熔滴实际面积 A 的比值[10]；定义上游比例系数 ω 为颗粒与基体接触点上游长度 $L_上$ 与上下游长度之和 $L_上 + L_下$ 之间的比值[11]。

$$ED = \left(\frac{4A}{\pi}\right)^{1/2}$$

$$EF = \frac{A'}{A} = \frac{\pi L_{max}^2}{4A}$$

$$\omega = \frac{L_{上}}{L_{上}+L_{下}}$$

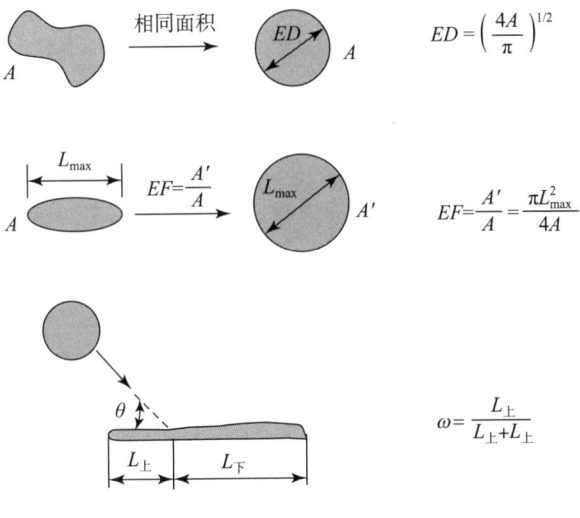

图 7-1　液滴铺展形态特征量的定义

7.3　计算方法

各方程的求解采用 ANSYS/LS – DYNA 程序[12]进行。该软件采用显式解法，主要用于计算高度非线性问题，如焊接模拟、爆破载荷以及流体与结构体之间的相互作用等。计算过程采用 Lagrange 有限元列式，具体步骤如图 7-2 所示，仅当计算到指定终止时间后才停止计算。计算结果采用 LS – POST 后处理器进行处理。

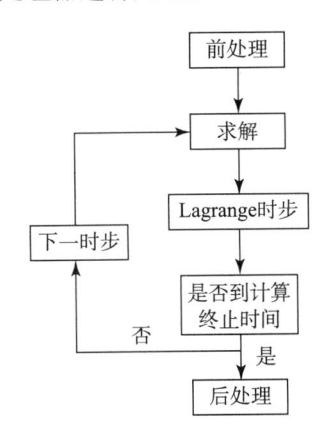

图 7-2　模型建立及数值计算过程示意图

7.4　工程应用实例

7.4.1　熔融颗粒垂直碰撞瞬间变形历程分析

假定熔融颗粒的初始参数如下：密度 ρ = 2 000 kg/m³；黏度 μ = 0.005 N·s/m²；直径 D = 100 μm；初速度 v_0 = 100 m/s，且垂直作用于基体表面。采用 ANSYS/LS – DYNA 构建熔

融颗粒的几何模型,如图7-3所示。网格单元类型为Solid164[13],该单元为8节点六面体,每个节点在x、y、z三个方向上均具有位移、速度和加速度3个自由度。

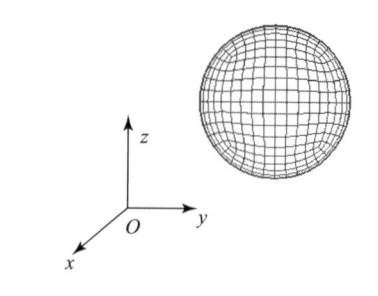

图7-3 熔融颗粒几何模型与网格划分

颗粒随时间的变形历程如图7-4所示。图7-5、图7-6分别为$t=0.02$ μs 和 $t=0.5$ μs 时刻,沿$-z$方向观察到的颗粒与基体接触面处的压力云图。

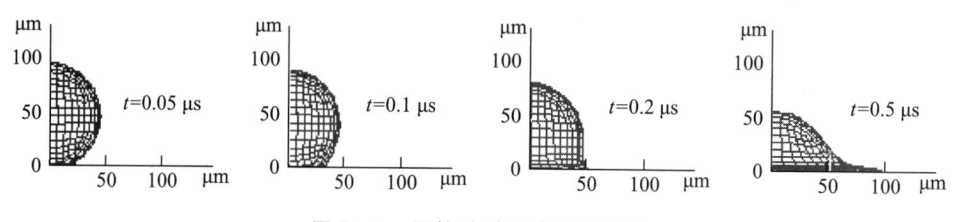

图7-4 颗粒随时间的变形历程

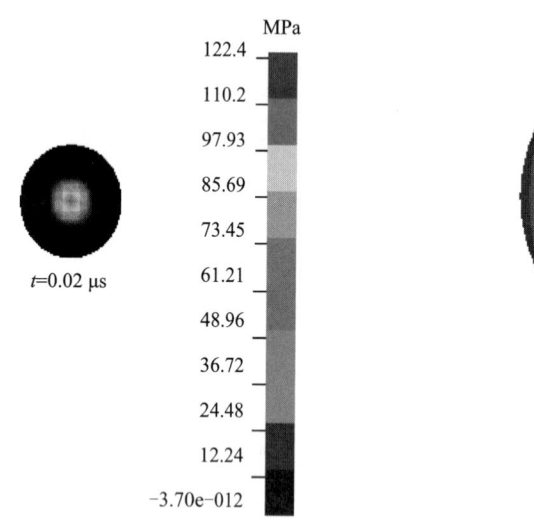

图7-5 $-z$方向,0.02 μs 时刻,颗粒与基体接触面处的压力云图

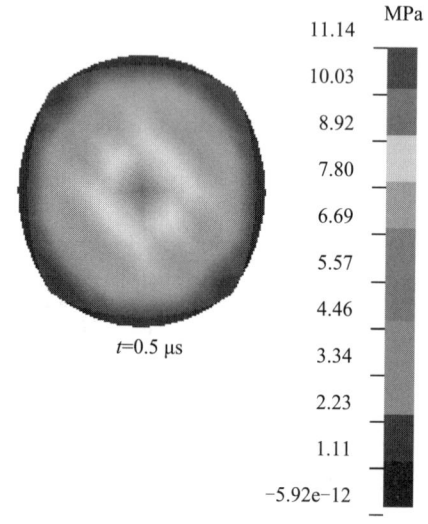

图7-6 $-z$方向,0.5 μs 时刻,颗粒与基体接触面处的压力云图

由图7-4、图7-5和图7-6可知,发生碰撞后,熔融颗粒沿着接触界面迅速均匀铺展开,而且随着颗粒高度的减小,铺展直径增大。在碰撞过程中,粒子的动能在碰撞区造成压力,并迫使熔滴沿着基体表面强烈流散。随着时间的延长,压力值迅速扩展并释放,碰撞区前沿瞬态压力由最初的122.4 MPa降低到随后的11.14 MPa,最后趋于0值。为研究颗粒底

端各点压力随时间的变化规律，选择碰撞区前端连续 9 个单元 A、B、C、D、E、F、G、H 和 I 进行计算，结果如图 7-7、图 7-8 和图 7-9 所示。

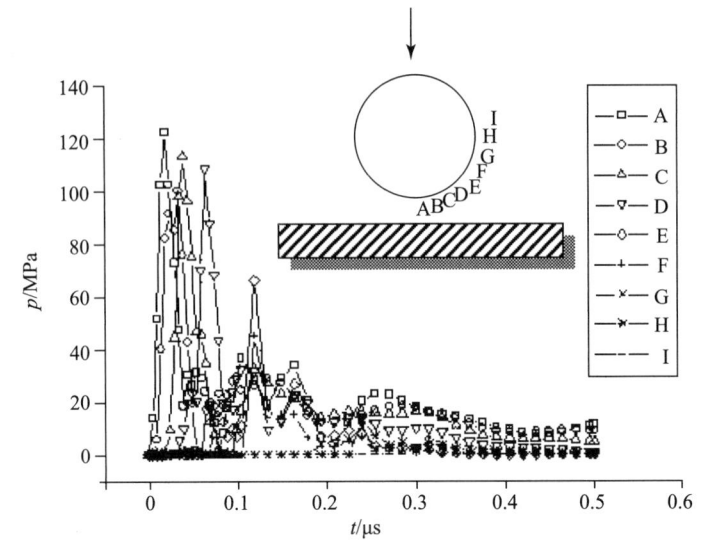

图 7-7 碰撞区前端各单元压力随时间的变化规律

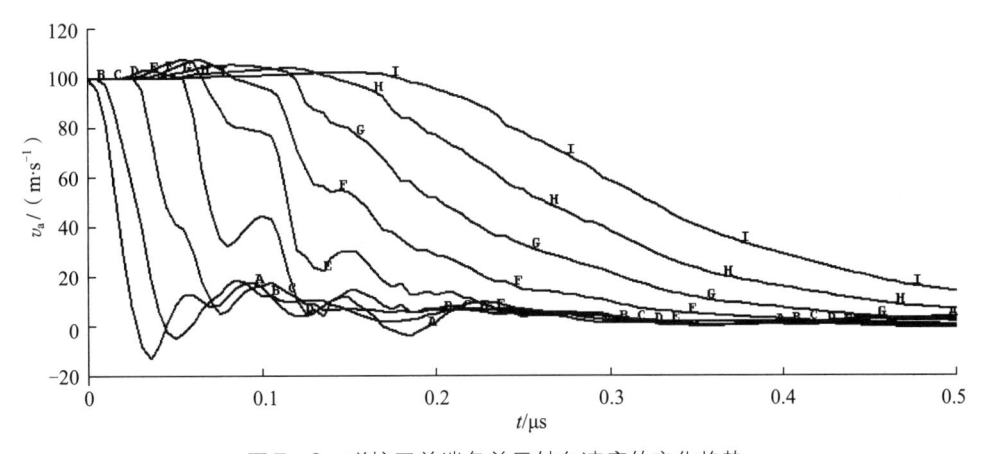

图 7-8 碰撞区前端各单元轴向速度的变化趋势

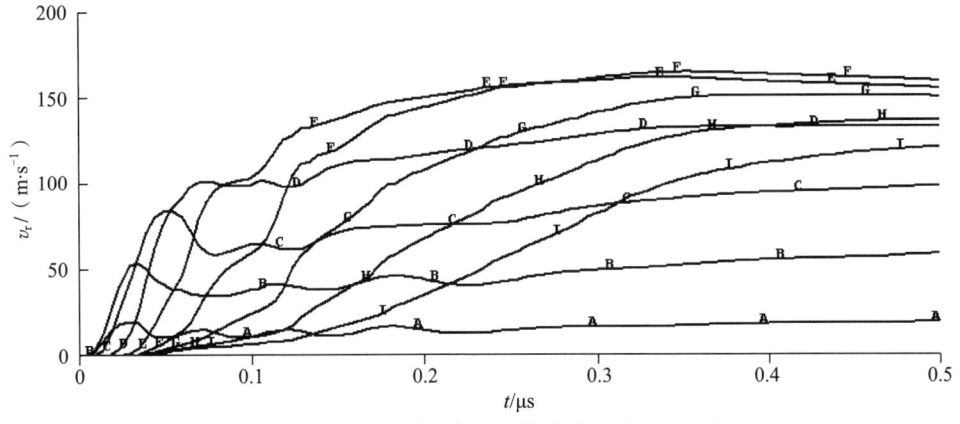

图 7-9 碰撞区前端各单元径向速度的变化趋势

由图 7-7 可知，碰撞区前端各单元与基体碰撞后，压力值均表现为突然增大到一峰值，随后呈一振荡衰减趋势，最后减至零。各单元的压力峰值不同，表明在不同时刻熔滴作用在基体表面各点上的瞬态压力是不同的。且从中心出发，沿着远离中心单元 A 的方向，各单元压力峰值的出现存在一滞后现象。这说明各单元压力峰值发生在该单元刚与基体开始接触至完全接触这一时间段。颗粒整体的瞬态压力也存在一压力峰值（图中颗粒整体的压力峰值即单元 A 的压力峰值），且同样表现为一振荡衰减趋势。碰撞压力是压缩弹性波作用的结果，弹性波从颗粒碰撞基体的瞬间开始，在粒子内传播。

由图 7-8 和图 7-9 可知，碰撞过程中，各单元的轴向速度 v_a（垂直于基体方向）均从初始值减为零，而径向速度 v_r（沿基体表面方向）则由零值逐渐增大。且从中心单元 A 出发，沿着远离 A 的方向，轴向速度减小变慢（A 最快，I 最慢）；径向速度幅值增大，单元 A 处最小，中间单元 E、F 处最大，其幅值约为初始值的 1.5 倍。各单元轴向速度的减小、径向速度的增加促成了熔融颗粒沿基体表面迅速铺展开。

7.4.2 熔融颗粒倾斜入射过程的数值模拟

图 7-10 和图 7-11 分别为喷涂角度 $\theta=45°$ 时，金属 Ni 颗粒和陶瓷 Al_2O_3 颗粒在碳钢

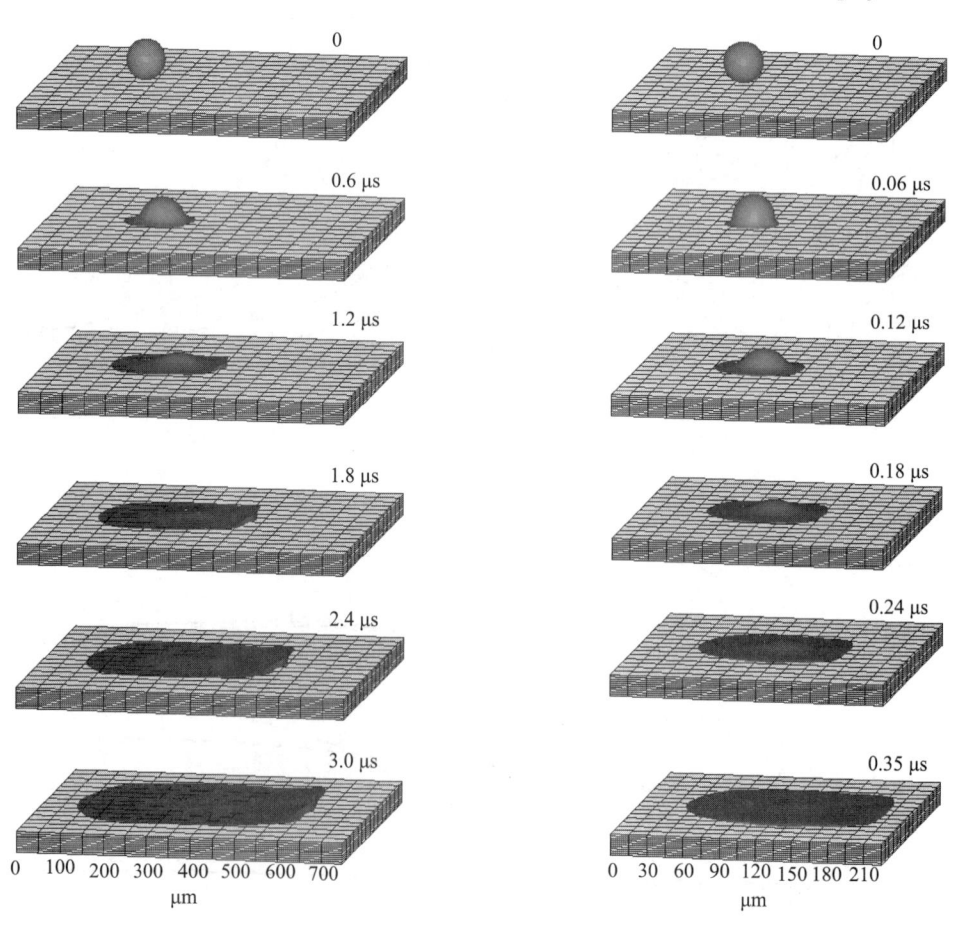

图 7-10　$\theta=45°$，Ni 颗粒的变形过程

图 7-11　$\theta=45°$，Al_2O_3 颗粒的变形过程

基体表面的变形过程。计算过程中，假定两种颗粒直径分别为 100 μm 和 30 μm，而对应的初速度分别为 100 m/s 和 200 m/s。

由图 7-10 和图 7-11 可知，在等离子喷涂过程中，当熔滴以一定的角度入射到基体表面后，将迅速沿入射方向在基体表面流散、铺展，铺展面积随着高度的减小而增大，其最终铺展形态近似呈椭圆状，但前端较平。计算表明，在前述基本条件下，Ni 颗粒约需 3.0 μs 完成充分变形，Al_2O_3 颗粒约需 0.35 μs 完成充分变形。通过对颗粒的最终铺展形态进行测量和分析，即可获得喷涂角度 θ 与各铺展形态特征量之间的定量关系。

图 7-12 和图 7-13 分别表示 Ni 颗粒（$t=3.0$ μs）和 Al_2O_3 颗粒（$t=0.35$ μs）在不同喷涂角度下的等效直径 ED 与初始直径 D_0 的比值 ED/D_0，以及 EF 值。由图 7-12 可知，喷涂角度 θ 与熔滴铺展面积有关。随着 θ 的增大，等效直径 ED 增大，即熔滴铺展的面积增大。这表明，若其余初始条件相同，则当喷枪垂直入射时，熔滴铺展的面积最大，有利于致密涂层的形成。由图 7-13 可知，喷涂角度 θ 与熔滴在飞行方向的铺展尺寸有关。θ 越小，延展因子 EF 越大，当 θ 从 90°到 30°连续变化时，EF 由 1 逐渐增大。

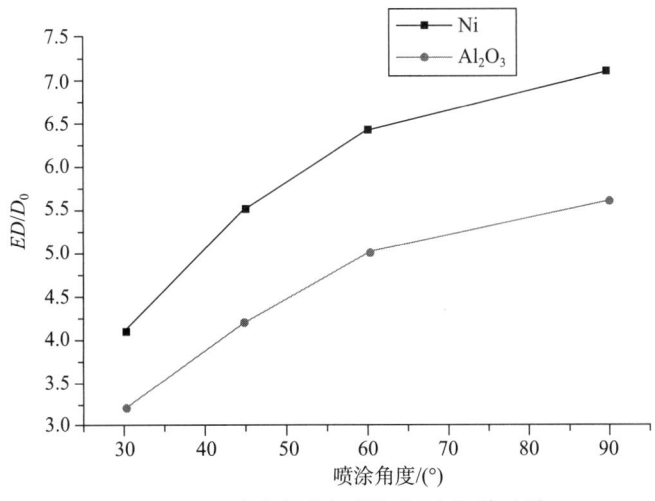

图 7-12 喷涂角度与 ED/D_0 之间的关系

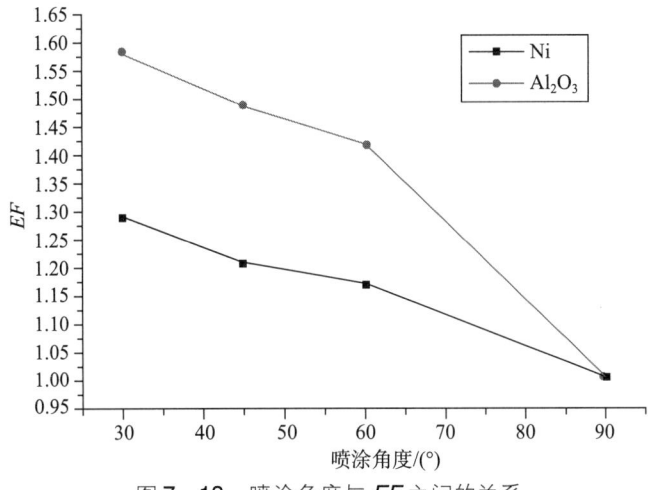

图 7-13 喷涂角度与 EF 之间的关系

图 7 – 14 和图 7 – 15 分别为 Ni 颗粒（$t=3.0$ μs）和 Al_2O_3 颗粒（$t=0.35$ μs）在不同喷涂角度下的上游比例系数 ω，以及碰撞瞬间压力峰值 P_{max}。由图 7 – 14 可知，上游比例系数 ω 随喷涂角度 θ 的减小而减小。当 $\theta=30°$ 时，ω 仅为 0.11，表明熔滴铺展开后，大部分质量都分布到了与基体接触点的下游区域。此外，ω 与 θ 之间的关系并非简单的线性关系。由图 7 – 15 可知，喷涂角度 θ 越大，熔滴喷撞瞬间的压力峰值 P_{max} 越大。这是因为相同初始速率条件下，喷涂角度越大，动量沿飞行方向的轴向分量值越大。因此，$\theta=90°$ 时，P_{max} 达最大值。等离子喷涂过程中，压力和高温均是物理化学相互作用的推动力，这些作用促成粒子的牢固结合并形成涂层。可见，垂直喷射有利于致密涂层的形成。

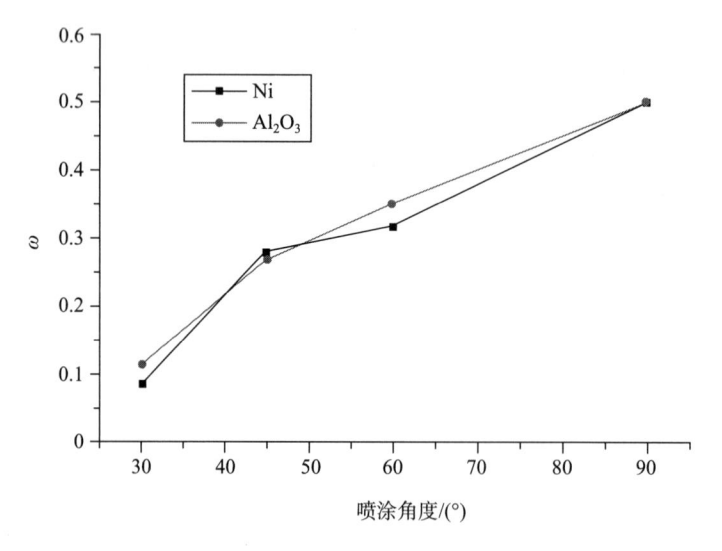

图 7 – 14 喷涂角度与 ω 之间的关系

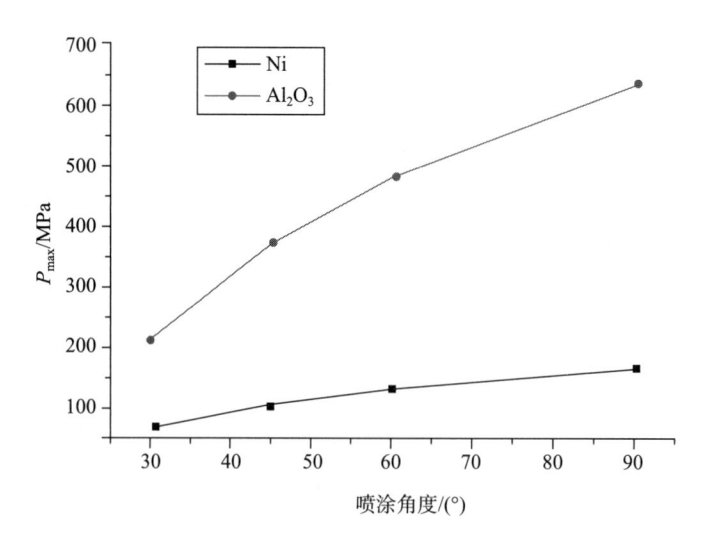

图 7 – 15 喷涂角度与 P_{max} 之间的关系

参考文献

[1] Feng Z G, Montavon G. Finite elements modeling of liquid particle impacting onto flat substrates [C]. Thermal Spray: Meeting the Challenges of the 21st Century, France: ASM International, 1998: 395.

[2] Trapaga G, Szekely J. Mathematical modeling of the isothermal impingement of liquid droplets in spraying processes [J]. Metallurgical Transactions B, 1991, 22B: 901.

[3] Flow Science Inc. Flow−3D [M]. USA: New Mexico.

[4] Pasandideh M, Qiao Y, Chandra S, et al. Capillary effects during droplet impact on a solid surface [J]. Physics of Fluids, 1996, 8 (3): 650.

[5] Pasandideh M, Bhola R, Chandra S, et al. Deposition of tin droplets on a steel plate. Simulation and experiments [J]. International Journal of Heat and Mass Transfer, 1998, 41: 2929.

[6] Ilavsky J, et al. Influence of spray angle on the pore and crack microstructure of plasma-sprayed deposits [J]. Journal of the American Ceramic Society, 1997, 80 (3): 733.

[7] Leigh S H, Berndt C C. Evaluation of off-angle thermal spray [J]. Surface and Coatings Technology, 1997, 89: 213.

[8] 李京龙, 李长久. 等离子喷涂熔滴的瞬时碰撞压力研究 [D]. 西安交通大学学报, 1999, 33 (12): 30.

[9] Montavon G, Feng Z G. Influence of the spray parameters on the transient pressure within a molten particle impacting onto a flat substrate [C]. USA: National Thermal Spray Conference (NTSC' 97), 1997, 627.

[10] Montavon G, Sampath S, Berndt C C, et al. Effects of the spray angle on splat morphology during thermal spraying [J]. Surface and Coatings Technology, 1997, 91: 107.

[11] Kanouff M P, Neiser R A, Roemer T J. Surface roughness of thermal spray coatings made with off-normal spray angles [J]. Journal of Thermal Spray Technology, 1998, 7 (2): 219.

[12] Livermore Software Technology Corporation. ANSYS/LS-DYNA User's Guide [M]. USA: California, 1999.

[13] ANSYS Inc. Ansys Element Reference. Release 6.1 [M]. USA: Pennsylvania, 2000.

… 待写

第 8 章
基于涂层显微组织的有限元模型生成方法

由于等离子喷涂热障涂层在粒子沉积过程中受到涂层内部的固液界面运动等因素的影响，涂层内会产生一定数量的孔洞、裂纹等缺陷，且缺陷的大小、形状及分布具有很大的随机性，给有限元模型的准确建立带来了一定的困难。只有弄清楚涂层中孔洞、裂纹等各种缺陷的大小、形状及分布等问题，才能为研究缺陷对涂层性能的影响提供丰富的依据。但受计算机软硬件条件的限制，早期的研究人员[1,2]所构建的模型以连续均匀介质为主，通过设置特定的材质属性来间接体现缺陷对性能的影响；之后又发展了呈均匀分布特征的理想有限元模型以及呈随机分布特征的随机模型。但是相关模型与实际材料真实的显微组织结构之间仍然存在着较大的差异，从而导致随后的性能预测存在较大的误差。

为了建立与实际材料真实结构相一致的有限元模型，美国国家标准技术研究所（National Institute of Standard and Technology，简称 NIST）开发了面向对象有限元软件[3]（Object Oriented Finite Element Analysis，简称 OOF），用于基于显微组织结构的有限元分析中[4~6]。但由于 OOF 的分析模块较为单一，只能进行热传导、热应力等简单计算，而且后处理功能较为薄弱，在结果数据处理方面远不及专业的有限元软件。如果建立的有限元模型可以直接移植进 ANSYS 等专业有限元软件中，就能够利用其强大的多物理场计算能力以及完善的后处理功能进行涂层各项性能的计算分析。

本章介绍了基于涂层显微组织图片的有限元模型生成方法，通过自主开发的软件，实现了将生成的有限元网格模型移植进 ANSYS 有限元软件中；此外，还介绍了微观三维断层扫描（Micro-CT）技术及有限元模型生成技术，以用于涂层三维微观模型的构建和性能预测。

8.1 涂层显微组织图像的数字图像处理

通过 SEM 拍摄获得的涂层显微组织物理图像是不能直接送到计算机中进行处理的，为了在计算机中对涂层的图像进行处理，需要将现有的连续图像转换成计算机能识别的形式——数字图像。所谓数字图像，就是将连续图像进行数字化后用一个矩阵表示的图像[7]。为了能够建立与涂层的显微组织图像相一致的有限元模型，首先要对涂层的显微组织图像进行数字图像处理,主要研究包括图像数字化和阈值分割处理两部分内容。

8.1.1 图像数字化

涂层显微组织图像可用一个连续函数来表示,图像颜色变化的幅值是其位置的连续函数。然而在计算机中对图像进行数字处理时,首先必须对其在空间和幅度上进行数字化。图像被与其大小完全相等的网格分割成大小相同的小方格,每一个方格称为像素或像素点。对图像像素点的颜色进行均匀采样,就可以得到一幅离散化的数字图像。从颜色上可以简单地把数字图像分为彩色图像和灰度图像两大类,整个图像由具有不同彩色度或灰色度的像素点组成,这些像素点的彩色度或灰色度构成了一个离散的函数。

由于各种计算机图像处理软件在识别信息的种类和数量以及图像压缩方法等方面的差异,目前存在多种图像格式文件。常用的图像格式有 BMP 格式、GIF 格式、TIF 格式等,图像不同的存储格式都有与其对应的离散函数。BMP 格式是 Windows 系统交换图形、图像数据的一种标志格式,它支持 RGB、灰度和位图色彩模式。由于 Matlab、VC++等软件都支持 BMP 图像格式的处理,而且 BMP 是矢量位图格式,图像质量较好[8],所以介绍了基于 BMP 格式的数字图像处理方法。

图 8-1 所示为通过 SEM 获得的热障涂层体系中陶瓷层横截面的局部位置放大微观组织照片,从图中可以清晰地观察到组成陶瓷层的基本材料组元 YSZ 及孔洞、裂纹等缺陷的特征信息,如孔洞的大小、形状及分布等。

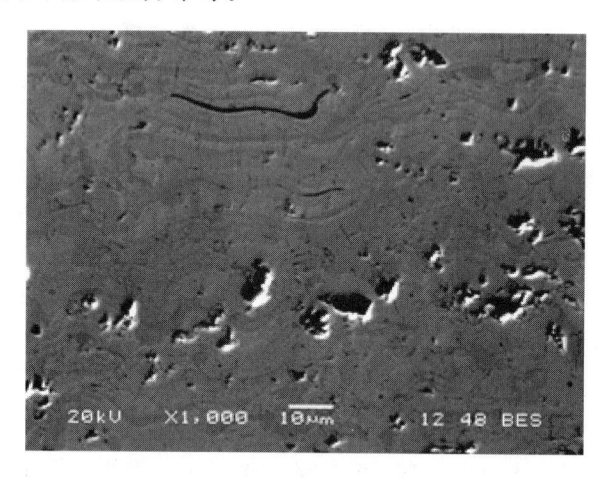

图 8-1 陶瓷层横截面显微组织图像

将涂层 SEM 图像转换成灰度图像,灰度图像是指只含亮度信息不含彩色信息的图像,灰度图像矩阵元素的取值范围为 [0, 255],"0"表示纯黑色,"255"表示纯白色,中间的数字从小到大表示由黑到白的过渡色。灰度图像使用比较方便,所占存储空间小。灰度图像每个像素点的灰度都可以用一个对应的整数值来表示,整个图像由具有不同灰度的像素点组成,这些像素点的灰度构成了一个离散的函数 $f(x, y)(x = 1 \sim M, y = 1 \sim N)$。图 8-2(b)为涂层图 8-2(a)中局部区域的灰度函数 $f(x, y)$ 分布图,图 8-2(b)中深色区域表示孔洞、裂纹等缺陷,其灰度值较低;而浅色区域表示 YSZ,其灰度值较高。在计算机中,灰度函数 $f(x, y)$ 以矩阵的形式进行存储。图 8-2(c)是图 8-2(b)的矩阵形式,这些矩阵数据是涂层图像灰度矩阵进一步转换的基础。

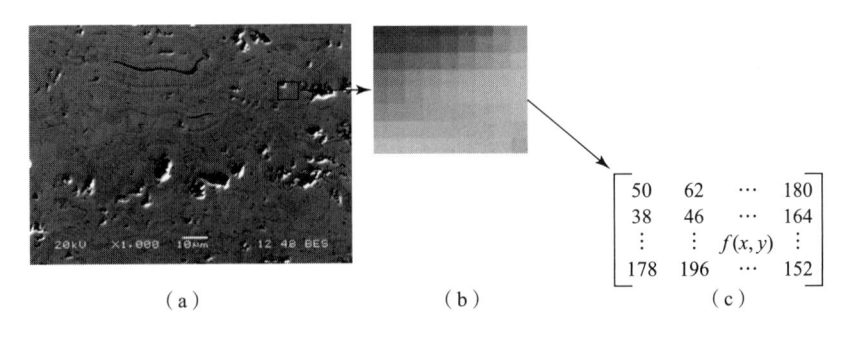

图 8-2 灰度矩阵示意图
(a) 陶瓷层 SEM 图像；(b) 局部区域灰度分布；(c) 灰度矩阵

8.1.2 阈值分割处理

在涂层图像中，不同区域间的边界一般具有灰度不连续性，所以可以根据各个像素点的灰度不连续性对图像进行分割。图像分割处理通常用四种方法来实现。阈值法：以特定的阈值为界划分物体与背景；区域法：把各个像素划归到各个物体或区域中；边界法：通过区域间的边界来分割图像；边缘法：通过确定边缘像素并把它们连接在一起以构成所需的边界。由于图像阈值处理的直观性和易于实现的特点，以及阈值分割总能用封闭而且连通的边界定义不交叠的区域，使得阈值化分割算法成为图像分割中应用数量最多的一类。阈值分割算法最常用的图像模型是假设图像是由具有单峰灰度分布的目标和背景组成，而目标与背景之间灰度值存在着较大的差异，对此类图像可以应用阈值法进行分割。由于所制备的涂层图像中不同材料组元之间的灰度值差异较大，所以用阈值法进行涂层图像分割处理。选择一系列不同的阈值以将每个像素分到合适的类别中，对于涂层数字图像 $f(x,y)$，取 N 个阈值 T 后，图像可表示为

$$g(x,y) = n, n = 1,\cdots,N+1; T_{n-1} < f(x,y) < T_k \quad (8-1)$$

阈值 T 通常写成如下形式：

$$T = T[f(x,y), p(x,y)] \quad (8-2)$$

式中，$f(x,y)$ 为涂层图像像素点的灰度；$p(x,y)$ 为像素点邻域某种局部性质。

阈值选取的方法有很多，如状态法、极值点阈值法、迭代阈值法、最佳阈值搜寻法等。由于涂层图像中不同灰度区域的对比度较好，所以采用极值点阈值法进行涂层的灰度阈值选取。图像的灰度直方图是采用极值点阈值法进行涂层灰度阈值选取的基础，图 8-3 所示为图 8-1 中不同灰度像素点比例分布的灰度直方图，图中横坐标为图像的灰色度，范围为 0~255；对于每一灰色度，相应纵坐标表示该灰色度的像素点在整个图像中所占的比例。利用涂层图像的灰度直方图能够表示涂层图像灰度分布情况的统计特性。

图像的灰度直方图是一种离散分布，其包络曲线 $h(z)$ 是一条连续的曲线，通过寻求 $h(z)$ 的极值点，即可确定出涂层图像的分割阈值 $T=105$，根据灰度阈值 T 将整个图像分成两个部分，即

$$f(x,y) = \begin{cases} 1 & f(x,y) \in [0,155] \\ 2 & f(x,y) \in [156,255] \end{cases} \quad (8-3)$$

式中，组元 1 表示涂层中的孔洞和裂纹；组元 2 表示 YSZ。

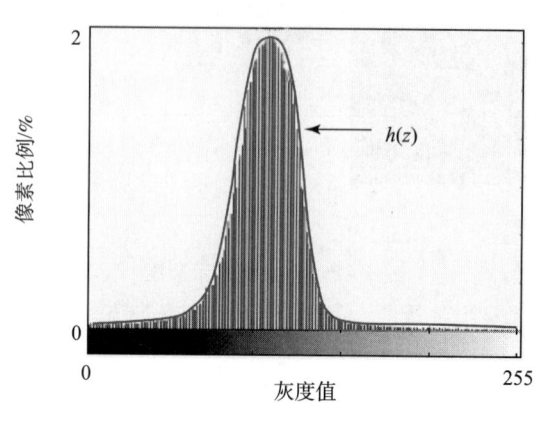

图 8-3 灰度直方图

图 8-4 所示为阈值分割后得到的图像，图 8-4（a）中黑色区域代表涂层中的孔洞和裂纹，与图 8-1 中的微观组织相比，其孔洞和裂纹大小、形状与分布基本一致；图 8-4（b）为根据图 8-4（a）提取出的边界模型，较清晰地反映出了涂层中缺陷的边界特征。可见，图 8-4 较真实地反映了实际涂层显微组织图片特征。

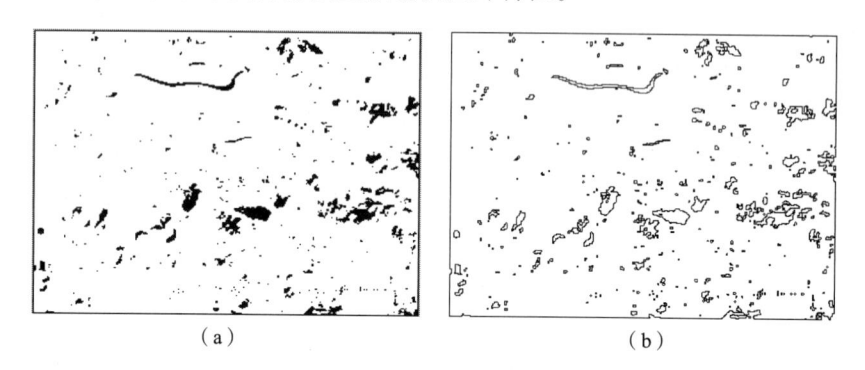

图 8-4 灰度阈值分割结果
（a）二值图像；（b）边界模型

对于含多种材料组元的图像，采用式（8-4）阈值法进行图像组元的分割处理。

$$f(x,y) = \begin{cases} 1 & f(x,y) \in [0,T_1] \\ 2 & f(x,y) \in (T_1,T_2] \\ \cdots & \cdots \\ n & f(x,y) \in (T_n,255] \end{cases} \quad (8-4)$$

8.1.3 有限元网格模型的生成

在对涂层图像进行合理的阈值分割处理后，得到了新的关于材料类别的矩阵，如何实现将关于材料类别的矩阵转换成有限元模型成为研究的难点，本节将借助灰度向量矩阵的转换以及开发与 ANSYS 软件前处理模块的软件接口,建立基于涂层显微组织图像的有限元网格模型。

涂层的有限元网格模型生成方法如图 8-5 所示,其具体流程如下:

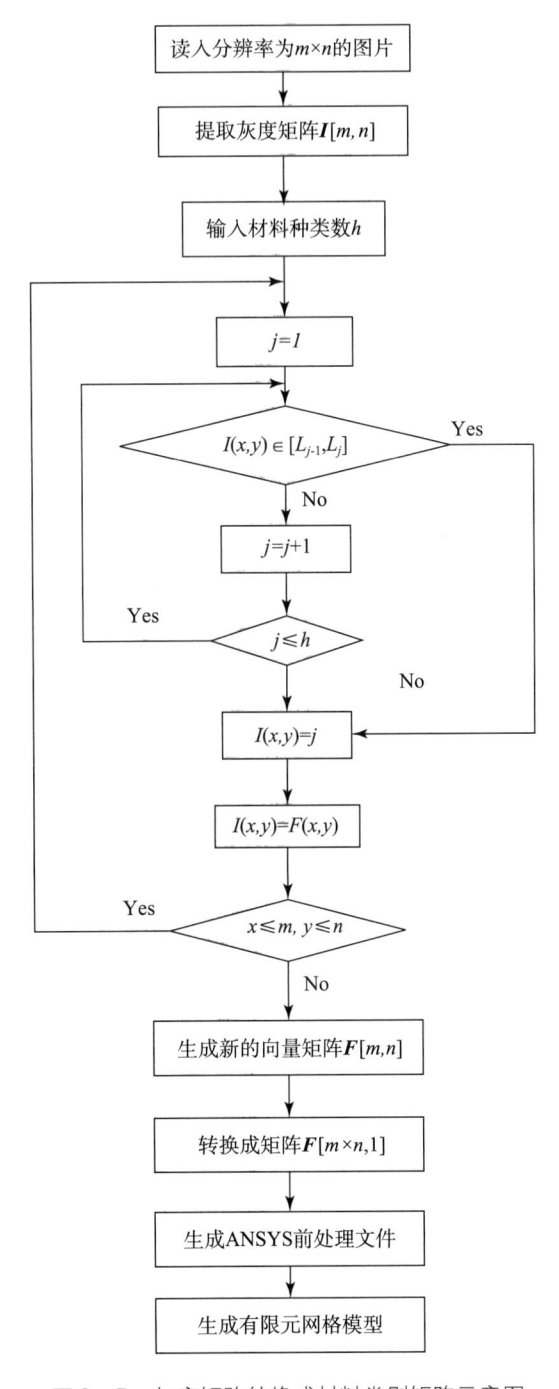

图 8-5 灰度矩阵转换成材料类别矩阵示意图

(1) 利用 Matlab、VC++ 等程序对分辨率为 $m \times n$ 的涂层显微组织图像进行灰度图像转换。将各像素点的灰度值存储在矩阵 I 中,读取灰度矩阵 $I[m, n]$,矩阵 $I[m, n]$ 中第 x 行 y 列的灰度单元用 $I(x, y)$ 表示。

(2) 根据涂层显微组织灰度图像的灰度分布与实际材料中的材料组元分布来设定灰度阈值，进行区域分割处理。若实际涂层中含有 h 种材料组元（孔洞、裂纹等各种缺陷可视为具有特殊材料属性的材料组元），则将矩阵 $I[m,n]$ 分成 h 个区域，任一区域用 $[L_{j-1}, L_j]$ 来表示，其中 $1 \leq j \leq h$，$0 \leq L_j \leq 255$。若灰度单元 $I(i,j)$ 属于 $[L_{j-1}, L_j]$ 区域，则将灰度单元 $I(x,y)$ 包含的灰度值用代表材料组元类别编号的数字 j 来替代，生成新的包含材料组元类别编号的矩阵 $F[m,n]$，对矩阵 $F[m,n]$ 进行转换得到列向量矩阵 $F[m \times n, 1]$。图 8-6 所示为陶瓷层图像矩阵转换示意图，通过灰度阈值分割及矩阵转换的方法将提取的图像灰度矩阵转换成关于材料组元 1（缺陷）和 2（YSZ）的列向量矩阵。

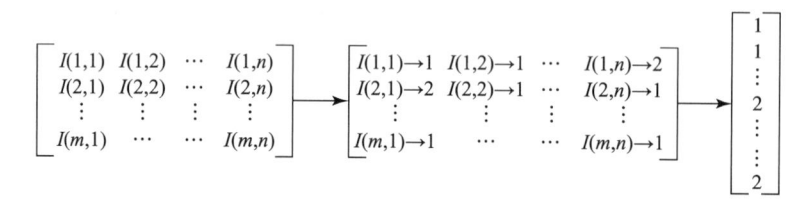

$$\begin{bmatrix} I(1,1) & I(1,2) & \cdots & I(1,n) \\ I(2,1) & I(2,2) & \cdots & I(2,n) \\ \vdots & \vdots & & \vdots \\ I(m,1) & \cdots & \cdots & I(m,n) \end{bmatrix} \rightarrow \begin{bmatrix} I(1,1) \rightarrow 1 & I(1,2) \rightarrow 1 & \cdots & I(1,n) \rightarrow 2 \\ I(2,1) \rightarrow 2 & I(2,2) \rightarrow 1 & \cdots & I(2,n) \rightarrow 1 \\ \vdots & \vdots & & \vdots \\ I(m,1) \rightarrow 1 & \cdots & \cdots & I(m,n) \rightarrow 1 \end{bmatrix} \rightarrow \begin{bmatrix} 1 \\ 1 \\ \vdots \\ 2 \\ \vdots \\ 2 \end{bmatrix}$$

图 8-6 灰度向量矩阵转换

(3) 在 ANSYS 有限元软件中，建立与涂层显微组织图片大小一致的长宽比例为 $m:n$ 的矩形面，将长边进行 m 等分，短边进行 n 等分，然后划分网格，生成 $m \times n$ 个矩形网格单元。保证建立的有限元网格单元数量与涂层显微组织图像中的像素点数量一致，且有限元网格单元序列号与灰度矩阵 $I[m,n]$ 中像素点序列号一一对应。

基于上述方法，建立材料组元类别编号列向量矩阵 $F[m \times n, 1]$ 与 ANSYS 的接口程序。通过自主编写的 MOF（Microstructure Oriented Finite，简称 MOF）软件，实现将列向量矩阵 $F[m \times n, 1]$ 移植进 ANSYS 有限元软件中。如图 8-7 所示，读入涂层 SEM 图片并输入阈值和材料组元号，软件会自动输出一个 ANSYS 软件能够识别的前处理文件，将该文件读入 ANSYS 前处理模块中，即可生成新的网格模型。

8.2 基于 Micro-CT 的涂层三维模型的构建

8.2.1 Micro-CT 测试系统

Micro-CT 系统的硬件结构主要由 X 射线源、X 射线探测器、机械扫描结构和控制处理单元四部分组成。

X 射线源是 CT 的核心部件之一，用于产生 X 射线以照射被检测物体。为了使系统具有比较高的空间分辨率，Micro-CT 多采用微焦斑或小焦斑的 X 射线源，其焦斑通常小于 100 μm，甚至只有几微米。焦斑大小与光管输出功率的近似关系式[9]可以表示为

$$P_{max} \approx 1.44 F^{0.88} \tag{8-5}$$

式中，P_{max} 为光管的最大输出功率（单位：W）；F 为光管的焦斑大小（单位：μm）。由公式可以看出，X 射线源的输出功率与焦斑大小近似成正比关系，这导致微焦斑 X 射线源的输出功率通常都比较低，一般小于 100 W，最大光管电流也只有 1～2 mA。小的焦斑虽然有

助于提高系统的空间分辨率,但同时也会限制 X 射线源的最大输出功率,小功率的输出可能导致 X 光成像时曝光量不足,从而影响后续三维重建的图像对比度。为此,常常使用延长积分时间的办法来增加 X 射线的曝光剂量。

X 射线探测器的作用是接收 X 射线并将其转化为电信号。与普通的临床 CT 不同,Micro - CT 采用的是面探测器。在选择探测器时,需要考虑的指标有像素大小、动态范围、量子效率、输出线性度、成像面积、暗电流、读出噪声和读出速率,等等。X 光影像增强器(X - ray Image intensifier, X - Ray II)[10]、非晶硅(amorphous Silicon, a - Si)探测器[11]、CCD (Charge - Coupled Device)探测器[12]和 CMOS(Complementary Metal Oxide Semiconductor)探测器[13]等都在 Micro - CT 中有所应用。目前使用比较多的是基于 CCD 的探测器和基于 CMOS 的平板探测器。

Micro - CT 的机械扫描结构主要负责固定 X 射线源、X 射线探测器和被检测物体,并完成对被检测物体的多角度扫描,分为转台式结构和转筒式结构两种,分别如图 8 - 7(a)、(b)所示。转台式 Micro - CT 系统中,X 射线源和 X 射线探测器固定不动,而被检测的物体固定在一个电控旋转台上随着旋转台转动,从而实现多角度的扫描。旋转台一般使用步进电动机驱动,可通过计算机控制其旋转或停止。转筒式 Micro - CT 与临床 CT 类似,被检测的物体固定不动,而 X 射线源以及 X 射线探测器被固定在筒架或 C - arm 架上,围绕被检测的物体转动,完成多角度的扫描。相对来讲,转台式的机械结构比较简单,易于实现;转筒式的机械设计比较复杂,成本较高。

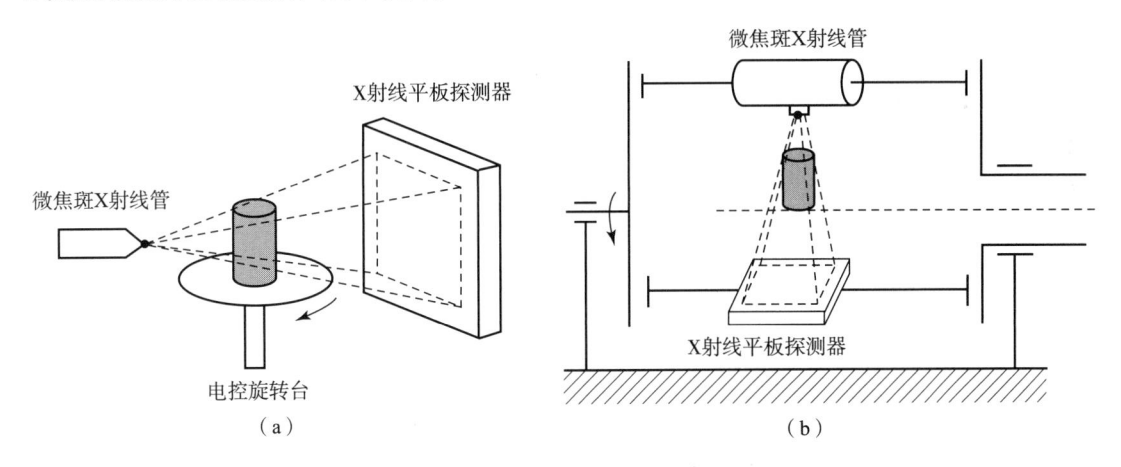

图 8 - 7 Micro - CT 的机械扫描结构
(a)转台式结构;(b)转筒式结构

Micro - CT 的控制处理单元主要负责 X 射线源、X 射线探测器和转动装置的运行控制,实现 CT 扫描和数据的采集,并对采集后的数据进行重建处理。由于 CT 重建的计算量非常大,常常需要从软件和硬件两方面分别进行加速,以往的硬件加速常采用多台计算机平行计算的方式实现,而随着 GPU 性能的逐渐提高,利用 GPU 进行重建加速越来越为人们所重视。

8.2.2 三维微观组织有限元模型的生成

基于涂层三维微观断层扫描图片,可进一步通过 Simpleware[14]等商业软件进行建模处理,它包括一个平台和两个模块。一个平台是指 ScanIP 图像处理平台,两个模块分别是指 +ScanFE 网格生成模块和可以准确进行 CAD 植入的 SanCAD 模块。先采用 Scan IP 平台对 Micro-CT 的三维断层扫描图像进行数据处理,生成热障涂层的三维微观组织图像模型,并在此基础上利用 +ScanFE 模块进行有限元网格的剖分。

图 8-8 给出了三维图像模型生成的具体流程:首先依据所构建的模型体系中黏结层和陶瓷层各自的厚度,选择性地选取样品 Z 轴方向上连续的 170 张切片照片,并将其导入 Simpleware 软件中,通过设定 XY 平面内的感兴趣区域以及一系列的阈值分割、柔化处理等操作对样品进行重构,得到热障涂层的三维微观组织图像模型。该模型由陶瓷层和黏结层两部分组成,模型的整体尺寸为 100 μm × 100 μm × 253 μm,其中黏结层的厚度约为 100 μm,与实际制备出的涂层体系中黏结层的厚度匹配。从模型中还可以看到,陶瓷层内部以及陶瓷层与黏结层的界面处均存在无规则分布的孔隙、裂纹等缺陷。

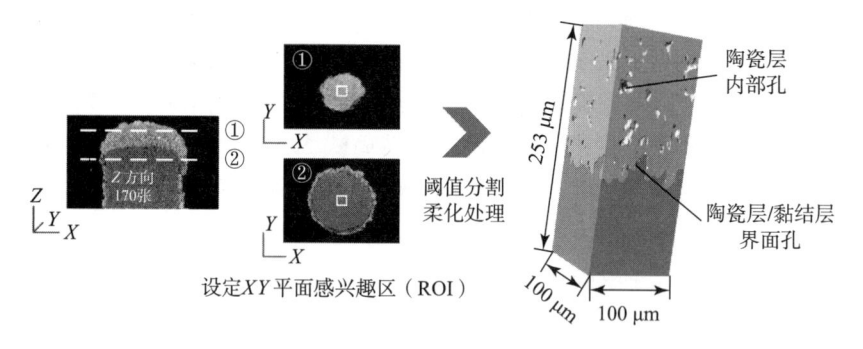

图 8-8 基于 Simpleware 生成热障涂层三维微观组织模型

最后,将上述模型导入 Simpleware 软件的网格剖分模块 +ScanFE 中对其进行四面体和六面体单元混合的网格剖分,该网格剖分方法会对模型内部界面以及缺陷附近进行网格加密处理,从而可以精确地表征出陶瓷孔的边界以及陶瓷层与黏结层的界面轮廓,如图 8-9 所示,最终得到基于热障涂层微观组织的三维有限元模型。

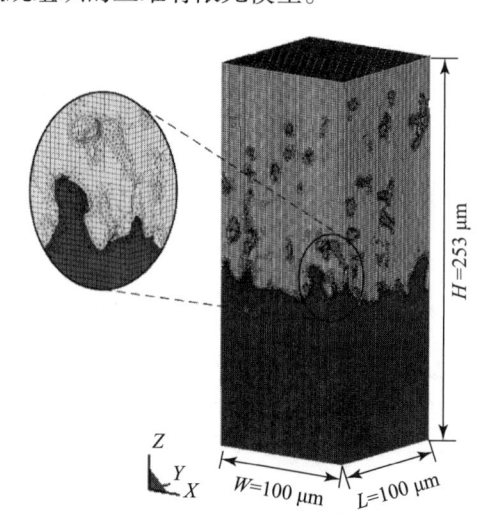

图 8-9 基于热障涂层微观组织的三维有限元模型

参考文献

[1] Leigh S, Berndt C C. Modelling of elastic constants of plasma spray deposits with ellipsoid-shaped voids [J]. Acta Mater, 1999, 47: 1575.

[2] Leigh S, Berndt C C. Quantitative evaluation of void distributions within a plasma-sprayed ceramic [J]. Journal of the American Ceramic Society, 1999, 82 (1): 17.

[3] Langer S A, Carter W C, Fuller E R. Object oriented finite element analysis for materials science, center for theoretical and computational materials science and the information Lab. at the NIST, 1997 [OL]. URL: www.ctcms.nist.gov/oof/.

[4] Zimmermann A, Carter W C, Fuller E R. Damage evolution during microcracking of brittle solids [J]. Acta Materialia, 2001, 49 (1): 127.

[5] Ghafouri-azar R, Mostaghimi J, Chandra S. Modeling development of residual stresses in thermal spray coatings [J]. Computational Materials Science, 2006, 35 (1): 13.

[6] Hsueh C H, Fuller E R. Residual stresses in thermal barrier coatings: effects of interface asperity curvature/height and oxide thickness [J]. Materials Science and Engineering A, 2000, 283 (1-2): 46.

[7] 许录平. 数字图像处理 [M]. 北京: 科学出版社, 2007.

[8] 刘慧. 基于CT图像处理的冻融岩石细观损伤特性研究 [D]. 西安: 西安科技大学, 2006.

[9] Flynn M J, Hames S M, Reimann D A, et al. Microfocus X-ray sources for 3D microtomography [J]. Nuclear Instruments & Methods in Physics Research, 1994, 353 (s1-3): 312.

[10] Holdsworth D W, Ngova M, Fenster A. A high-resolution XRII-based quantitative volume CT scanner [J]. Medical Physics, 1993, 20 (2Pt1): 449.

[11] Sasov A. Desktop X-Ray Micro-CT instruments [C]. Developments in X-Ray Tomography III, 2002: 282.

[12] Sang C L, Kyungkim H, Konchun I, et al. A flat-panel detector based Micro-CT system: performance evaluation for small-animal imaging [J]. Physics in Medicine & Biology, 2003, 48 (24): 4173.

[13] Li H, Zhang H, Tang Z, et al. Micro-Computed Tomography for Small Animal Imaging: Technological Details [M]. Progress in Nature Science, 2008, 18 (5): 513.

[14] Simpleware Ltd, Exeter, UK. http://www.simpleware.com/.

第9章
缺陷及片层粒子间界面对涂层基本属性的影响

等离子喷涂热障涂层体系中陶瓷隔热层的基本属性在很大程度上决定了整个涂层的隔热性能和力学性能。陶瓷层基本属性的影响因素主要包括：陶瓷层材料的本征基本属性；缺陷，主要包括孔洞、裂纹；片层粒子间界面。片层粒子间界面对涂层基本属性的影响不容忽视，但到目前为止，仍然缺乏针对缺陷及片层粒子间界面对涂层基本属性影响规律的数学模型[1,2]。考虑到涂层中孔洞、裂纹等缺陷以及片层粒子间界面对热膨胀系数的影响较为有限[3]，而对弹性模量和热导率的影响极为显著，本章将重点介绍陶瓷层中缺陷与片层粒子间界面对弹性模量和热导率的影响规律。

9.1 缺陷及片层粒子间界面对涂层基本属性影响的数学模型

由于缺陷及片层粒子间界面对应力传递或热传导的阻碍作用，在围绕缺陷及片层粒子间界面周围的应力或温度梯度相对较为集中。在缺陷及片层粒子间界面周围存在应力集中区或较高的温度梯度变化区，呈现出不均匀分布的特征；而在远离缺陷及片层粒子间界面的区域，其应力或温度梯度与外加应力或温度梯度载荷相当，呈现出均匀分布的特征。基于此，将涂层缺陷及片层粒子间界面周围的区域定义为非均匀分布区，远离缺陷及片层粒子间界面的区域定义为均匀分布区。图9-1（a）中的区域 Ω 表示应力非均匀分布区，其体积为 V_Ω；图9-1（b）中的区域 Ψ 表示温度梯度非均匀分布区，其体积为 V_Ψ。分别研究均匀分布区和非均匀分布区对应力传递及热传递的作用，并进一步深入分析缺陷及片层粒子间界面对涂层弹性模量、热导率的内在影响规律。在此基础上，实现相关数学模型的构建。

9.1.1 缺陷及片层粒子间界面对涂层弹性模量影响的数学模型构建

基于应力均匀分布区和非均匀分布区的总内能等于外力做功，本节将构建受缺陷及片层粒子间界面影响的涂层弹性模量数学模型。根据能量守恒定律，如果外加应力载荷是由零逐渐、缓慢地增加，则外加载荷所做的功完全转化成系统内的应变能。假定单位厚度的涂层一端固定，另一端逐渐施加从 0 到 σ_0 的应力载荷，涂层最终的位移为 Δh，如图9-1（a）所示。在整个加载过程中，外加载荷所做的总功为

$$W = \frac{\sigma_0 \cdot l \cdot \Delta h}{2} \tag{9-1}$$

式中，l 为涂层的宽度。

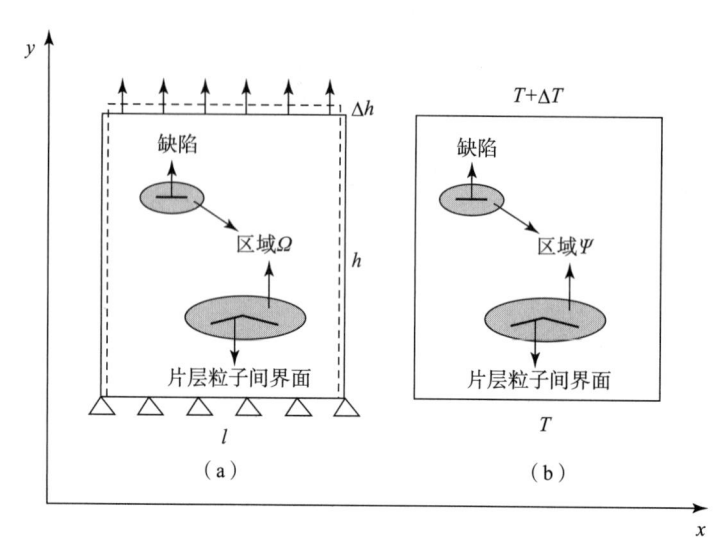

图 9-1 应力非均匀分布区和温度梯度非均匀分布区示意图
(a) 均布载荷作用下的应力非均匀分布区；(b) 温度载荷作用下的温度梯度非均匀分布区

假设涂层中不含缺陷和片层粒子间界面，则根据胡克定律，系统的应变能为

$$U = \int_0^\varepsilon \sigma_0 \mathrm{d}\varepsilon \int \mathrm{d}x \int \mathrm{d}y \int \mathrm{d}z = \frac{1}{2} \frac{\sigma_0^2}{E_0} \int_V \mathrm{d}V \tag{9-2}$$

式中，E_0 为致密材料的本征弹性模量；ε 为应变；V 为整个涂层的体积。外加载荷所做的功等于系统的应变能，即 $W = U$，所以 Δh 可以进一步表示为

$$\Delta h = \frac{1}{2} \frac{\sigma_0^2}{E_0} \cdot l \cdot h \cdot \frac{2}{\sigma_0 \cdot l} = \frac{\sigma_0 \cdot h}{E_0} \tag{9-3}$$

式中，h 为涂层的高度。

对于不含缺陷和片层粒子间界面的涂层，涂层弹性模量为

$$E_{\mathrm{eff}} = \frac{\sigma_0}{\varepsilon_0} = E_0 \tag{9-4}$$

实际涂层中，由于缺陷及片层粒子间界面的存在，涂层的弹性模量发生了显著的改变。根据圣维南原理，在缺陷及片层粒子间界面周围，应力分布发生显著的变化，而在远离缺陷及片层粒子间界面的地方，应力的分布与外加载荷应力基本相当。由于缺陷及片层粒子间界面的存在，在缺陷及片层粒子间界面周围产生了应力非均匀分布区，因此，系统总的应变能等于应力均匀分布区与非均匀分布区的应变能之和：

$$U = \frac{1}{2} \frac{\sigma_0^2}{E_0} [(1-\rho) \cdot hl - V_\Omega] + \int_{V_\Omega} \omega \mathrm{d}V_\Omega \tag{9-5}$$

式中，ρ 为涂层的孔隙率；ω 为应力非均匀分布区 Ω 的应变能密度；$\int_{V_\Omega} \omega \mathrm{d}V_\Omega$ 为应力非均匀分

布区 Ω 的应变能。

由于 $W = U$，所以 Δh 可以进一步表示为

$$\Delta h = \frac{\dfrac{\sigma_0^2}{E_0}[(1-\rho) \cdot hl - V_\Omega] + 2\int_{V_\Omega}\omega \mathrm{d}V_\Omega}{\sigma_0 \cdot l} \quad (9-6)$$

根据胡克定律，涂层弹性模量可以表示为

$$E_{\mathrm{eff}} = \sigma_0 / \left(\frac{\Delta h}{h}\right) \quad (9-7)$$

结合式（9-6）和式（9-7），涂层弹性模量改写为

$$\frac{1}{E_{\mathrm{eff}}} = \frac{1}{E_0}\left(1 - \rho - \frac{V_\Omega}{hl}\right) + \frac{2\int_{V_\Omega}\omega \mathrm{d}V_\Omega}{\sigma_0^2 \cdot hl} \quad (9-8)$$

其中

$$\frac{2\int_{V_\Omega}\omega \mathrm{d}V_\Omega}{\sigma_0^2} = \frac{1}{2E_0}\int_{V_\Omega}\left[\frac{(\sigma_x^2 + \sigma_y^2 + \sigma_z^2) - 2v(\sigma_x\sigma_y + \sigma_y\sigma_z + \sigma_z\sigma_x)}{\sigma_0^2} + \frac{2(1+v)(\tau_{xy}^2 + \tau_{yz}^2 + \tau_{zx}^2)}{\sigma_0^2}\right]\mathrm{d}V_\Omega \quad (9-9)$$

式中，σ 为正应力；τ 为切应力；v 为泊松比；$[(\sigma_x^2 + \sigma_y^2 + \sigma_z^2) - 2v(\sigma_x\sigma_y + \sigma_y\sigma_z + \sigma_z\sigma_x) + 2(1+v)(\tau_{xy}^2 + \tau_{yz}^2 + \tau_{zx}^2)]/\sigma_0^2$ 为量纲为 1 的变量，仅与缺陷及片层粒子间界面的形状、大小等因素有关。因此：

$$\frac{2\int_{V_\Omega}\omega \mathrm{d}V_\Omega}{\sigma_0^2} = \frac{f(V_\Omega)}{E_0} \quad (9-10)$$

式中，变量 V_Ω 和 $f(V_\Omega)$ 为仅与缺陷及片层粒子间界面有关的函数，与涂层几何模型大小以及外加载荷无关。涂层弹性模量可以进一步表示为

$$E_{\mathrm{eff}} = E_0 \cdot \frac{hl}{(1-\rho) \cdot hl + [f(V_\Omega) - V_\Omega]} \quad (9-11)$$

如果只考虑缺陷对涂层弹性模量的影响，则

$$E_{\mathrm{defects}} = E_0 \cdot \frac{1}{1+\alpha} \quad (9-12)$$

式中，$\alpha = [f(V_{\Omega(\mathrm{defects})}) - V_{\Omega(\mathrm{defects})}]/(hl) - \rho$，$\alpha$ 为缺陷对涂层弹性模量的影响系数。

如果只考虑片层粒子间界面对涂层弹性模量的影响，则

$$E_{\mathrm{interfaces}} = E_0 \cdot \frac{1}{1+\beta} \quad (9-13)$$

式中，$\beta = [f(V_{\Omega(\mathrm{interfaces})}) - V_{\Omega(\mathrm{interfaces})}]/(hl)$，$\beta$ 为片层粒子间界面对涂层弹性模量的影响系数。

在实际涂层内部，由于缺陷与片层粒子间界面的数量较多，加之分布位置具有很大的随机性，在外加载荷的作用下，缺陷与片层粒子间界面也存在着相互作用。为了能分别考虑缺陷和片层粒子间界面对涂层弹性模量的影响，涂层弹性模量可以进一步改写为

$$E_{\text{eff}} = E_0 \cdot \frac{1}{1 + \alpha + \beta + \lambda} \quad (9-14)$$

式中，$\lambda = \dfrac{E_0}{E_{\text{eff}}} - \alpha - \beta - 1$，表示缺陷与片层粒子间界面之间的交互作用对涂层弹性模量的影响系数。

本节基于能量守恒原理与胡克定律，介绍了受缺陷及片层粒子间界面影响的涂层弹性模量计算数学模型，为进一步研究缺陷及片层粒子间界面对涂层弹性模量的影响规律提供了新的理论依据。

9.1.2 缺陷及片层粒子间界面对涂层热导率影响的数学模型构建

基于在单位时间内流入涂层各个位置的热量等于涂层总的净流入热量，本节将构建受缺陷及片层粒子间界面影响的涂层热导率计算模型。当物体内部存在温差，即存在温度梯度时，热量从物体的高温部分传递到低温部分。根据傅里叶热传导定律，热传导方程表示为

$$\boldsymbol{q} = -\lambda \nabla \boldsymbol{T} \quad (9-15)$$

$$\nabla \boldsymbol{T} = \boldsymbol{n}_0 \frac{\Delta T}{dh} \quad (9-16)$$

式中，$\boldsymbol{q}$ 为热流密度矢量；$\nabla \boldsymbol{T}$ 为温度梯度矢量；ΔT 为温度差；dh 为不同温度之间的距离；$\boldsymbol{n}_0$ 为单位矢量；λ 为热导率。

涂层热导率可以通过稳态热分析来获得。如图 9-1（b）所示，在涂层的上下两端面分别施加温度载荷 $T + \Delta T$ 和 T，这样在涂层的上下两端面之间产生了 ΔT 的温度差。在稳态条件下，根据傅里叶热传导方程，沿着热量传递方向的涂层热导率 λ_{eff} 可以表示为

$$\lambda_{\text{eff}} = \frac{q_{\Gamma} \cdot h}{\Delta T \cdot l} \quad (9-17)$$

式中，q_{Γ} 为在稳态条件下通过单位厚度涂层任意高度的热流量。

同时，由于外加温度载荷的作用，在涂层内部的总热能表示为

$$Q_{\text{sum}} = \lambda_{\text{eff}} \cdot \Delta T \cdot l \quad (9-18)$$

由于缺陷及片层粒子间界面的存在，在缺陷及片层粒子间界面周围产生了温度梯度非均匀分布区，此时，系统的总热能可以写成如下形式：

$$\begin{aligned} Q_{\text{sum}} &= \int_V \lambda_0 \cdot (\delta \nabla T)^{\mathrm{T}} \nabla T \mathrm{d}V \\ &= \lambda_0 \left\{ \frac{\Delta T}{h} [(1-\rho) \cdot hl - V_{\Psi}] + \int_{V_{\Psi}} (\delta \nabla T)^{\mathrm{T}} \nabla T \mathrm{d}V_{\Psi} \right\} \end{aligned} \quad (9-19)$$

式中，λ_0 为致密材料的本征热导率；V 为涂层的体积；V_{Ψ} 为温度梯度非均匀分布区 Ψ 的体积。

结合式（9-18）和式（9-19），λ_{eff} 可以表达为

$$\lambda_{\text{eff}} = \lambda_0 \left[1 - \rho - \frac{V_{\Psi}}{hl} + \frac{\int_{V_{\Psi}} (\delta \nabla T)^{\mathrm{T}} \nabla T \mathrm{d}V_{\Psi}}{\Delta T \cdot l} \right] \quad (9-20)$$

其中

$$\int_{V_\Psi} \left[\frac{(\delta \nabla T)^{\mathrm{T}} \nabla T}{\frac{\Delta T}{h}} \right] \mathrm{d}V_\Psi = f(V_\Psi) \qquad (9-21)$$

式中，$[(\delta \nabla T)^{\mathrm{T}} \nabla T]/(\Delta T/h)$ 为量纲为 1 的变量，仅与缺陷及片层粒子间界面的形状、大小等因素有关。

式 (9-20) 可以改写为

$$\lambda_{\mathrm{eff}} = \lambda_0 \left[1 - \rho - \frac{V_\Psi}{hl} + \frac{f(V_\Psi)}{hl} \right] \qquad (9-22)$$

式中，变量 V_Ψ 和 $f(V_\Psi)$ 为仅与缺陷及片层粒子间界面有关的函数，与涂层几何模型大小以及外加载荷无关。

如果只考虑缺陷的影响，则涂层热导率可以表示为

$$\lambda_{\mathrm{defects}} = \lambda_0 (1 - \phi) \qquad (9-23)$$

式中，$\phi = [V_{\Psi(\mathrm{defects})} - f(V_{\Psi(\mathrm{defects})})]/(hl) + \rho$，$\phi$ 表示缺陷对涂层热导率的影响系数。

如果只考虑片层粒子间界面的影响，则涂层热导率可以表示为

$$\lambda_{\mathrm{interfaces}} = \lambda_0 (1 - \varphi) \qquad (9-24)$$

式中，$\varphi = [V_{\Psi(\mathrm{interfaces})} - f(V_{\Psi(\mathrm{interfaces})})]/(hl)$，$\varphi$ 表示片层粒子间界面对涂层热导率的影响系数。

为了能分别考虑缺陷及片层粒子间界面对涂层热导率的影响，涂层热导率可以进一步改写成

$$\lambda_{\mathrm{eff}} = \lambda_0 (1 - \phi - \varphi - \gamma) \qquad (9-25)$$

式中，$\gamma = 1 - \phi - \varphi - \frac{\lambda_{\mathrm{eff}}}{\lambda_0}$，$\gamma$ 表示缺陷与片层粒子间界面之间的交互作用对涂层热导率的影响系数。式 (9-25) 即受缺陷及片层粒子间界面影响的涂层热导率计算数学模型。

本节基于傅里叶热传导方程，首次提出了受缺陷及片层粒子间界面影响的涂层热导率计算数学模型，有望通过对数学模型中待定系数的求解来研究缺陷及片层粒子间界面对涂层弹性模量的影响规律。

9.2 缺陷对涂层基本属性影响系数的确定

本节将针对缺陷对涂层弹性模量、热导率影响系数 α、ϕ 进行求解。采用第 8 章所述的方法，生成与实际涂层显微组织图片一致的有限元模型。通过 SEM 可以获得不同放大倍数的图片，图片的放大倍数越高，则所能反映的涂层局部位置的信息也越多（如可以观察到更细小的孔洞、裂纹）；然而，放大倍数越高，所观察到的区域越小，能反映的涂层的整体信息也越少。因此，放大倍数的选择对基于图片的涂层基本属性研究产生一定的影响。在 SEM 图片放大倍数的选择上，应该遵循两个原则：一是尽可能多地反映涂层的整体信息；二是尽可能多地捕捉涂层的具体信息。本节通过对涂层孔隙率的统计分析来选取最佳的 SEM 放大倍数，具体实施方法为：利用金相法对不同放大倍数下涂层孔隙率进行统计，各选取不同放大倍数下（×200～×1 000）SEM 图片若干张，统计不同放大倍数下的涂层孔隙率；同时，统计相同放大倍数下不同图片孔隙率的标准方差。图片的放大倍数越高，所反映

的涂层局部位置的微孔洞、微裂纹等信息越多,表现为所统计的图片孔隙率越高;而孔隙率的标准方差越小,则表明各图片的孔隙率差异越小。本节选择了孔隙率尽可能大而孔隙率标准方差尽可能小的放大倍数为最佳的放大倍数。

图 9-2 所示为陶瓷层不同放大倍数下的孔隙率和孔隙率标准方差分布图,随着放大倍数从 200 倍增加到 1 000 倍,涂层的孔隙率从 7.50% 增加到 8.30%,孔隙率的标准方差从 0.009 增加到 0.019。当放大倍数大于"×600"时,孔隙率的增加趋势逐渐变缓,而孔隙率标准方差迅速增大。因此,"×600"的放大倍数能较好地满足 SEM 图片的选择标准。计算得到"×600"倍的 SEM 图片孔隙率统计值为 8.20%,接近陶瓷层孔隙率的实测值 7.86%(阿基米德排水法)。综合上述分析,本章选用"×600"倍的陶瓷层 SEM 图片为研究对象,统计分析缺陷对涂层基本属性的影响。

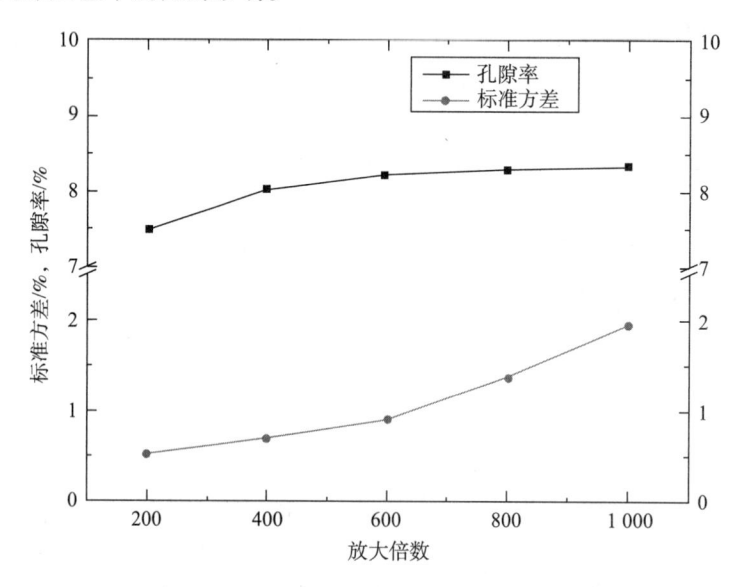

图 9-2 陶瓷层不同放大倍数图片的孔隙率和孔隙率标准方差分布

选取放大倍数为 600 倍的 SEM 图片(图 9-3(a)),依据第 8 章所述方法,建立与其图片特征一致的有限元模型,如图 9-3(b)所示。分别采用图 9-1(a)和图 9-1(b)所示的载荷施加方式,利用 ANSYS 有限元软件计算涂层平行于喷涂方向的应力分布和温度梯度分布,如图 9-3(c)、(d)所示。图中不同的颜色代表着应力和温度梯度的不同分布状态,其中灰色部分区域显示的应力和温度梯度变化较小,代表应力和温度梯度的均匀分布区;其余部分区域显示的是围绕缺陷周围产生了应力集中或较高的温度梯度变化,代表应力和温度梯度的非均匀分布区。在非均匀分布区中,红色部分表示应力较高或者温度梯度较高的区域,蓝色部分表示应力较低或者温度梯度较低的区域。从图 9-3(c)和图 9-3(d)的对比中还可以看出,Ω 区域明显大于 Ψ 区域,说明同一缺陷在承受应力载荷和温度梯度载荷作用下所产生的应力非均匀分布区要明显大于温度梯度非均匀分布区,这就意味着缺陷对应力传递的阻碍作用要强于对热传导的阻碍作用,说明缺陷对涂层弹性模量降低的影响要强于对涂层热导率降低的影响,具体比较见本章 9.2.3 节。

$$\text{(a)} \qquad\qquad\qquad\qquad \text{(b)}$$

$$\sigma_{\min} \quad (1\pm 20\%)\sigma_0 \quad \sigma_{\max} \qquad \nabla T_{\min} \quad (1\pm 20\%)\Delta T/h \quad \nabla T_{\max}$$

$$\text{(c)} \qquad\qquad\qquad\qquad \text{(d)}$$

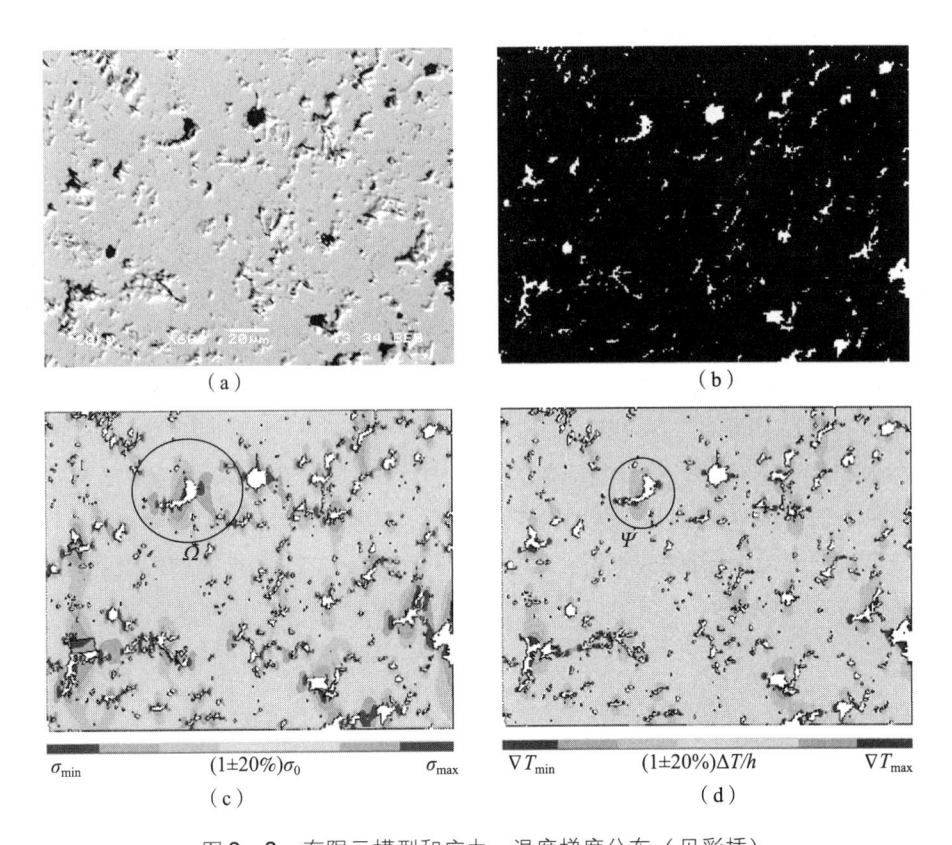

图 9-3 有限元模型和应力、温度梯度分布（见彩插）
(a) 陶瓷层横截面 SEM 图像；(b) 有限元模型；(c) 应力分布；(d) 温度梯度分布

9.2.1 缺陷对涂层弹性模量影响系数的确定

本节针对式（9-12）中缺陷对涂层弹性模量的影响系数进行计算，为 9.4 节比较缺陷及片层粒子间界面对涂层弹性模量降低的影响提供具体的参数。利用 ANSYS 有限元软件计算单纯受缺陷影响的涂层弹性模量 E_{defects}，具体步骤如下：

① 在厚度为 h 的涂层有限元模型的下端面施加位移约束，在上端面施加一定大小的应力载荷 σ_0，进行涂层的稳态应力场计算；

② 根据涂层稳态应力场计算结果算出涂层的整体位移量 Δh；

③ 根据式（9-7）即可计算出涂层的弹性模量。

在有限元计算中，YSZ 本征弹性模量 E_0 为 200 GPa，孔洞和裂纹等缺陷的弹性模量可以忽略[4]。计算了 100 张涂层 SEM 图片，得到涂层垂直于喷涂方向的弹性模量 E_{DX} 和平行于喷涂方向的弹性模量 E_{DY} 分别为 142 GPa 和 132 GPa，说明涂层在平行于喷涂方向的弹性模量要小于垂直于喷涂方向的弹性模量，两者差异产生的主要原因是喷涂的方向性，使得在涂层内部裂纹主要以横向裂纹为主，横向裂纹的存在降低了涂层在平行于喷涂方向的杨氏模量。

根据式（9-12），缺陷对涂层两方向弹性模量 E_{defects} 的影响可以表示为

$$\begin{cases} 142 = 200 \dfrac{1}{1+\alpha_X} \\ 132 = 200 \dfrac{1}{1+\alpha_Y} \end{cases} \quad (9-26)$$

式中，α_X 和 α_Y 分别表示缺陷对涂层两方向弹性模量的影响系数，计算得出 $\alpha_X = 0.408$，$\alpha_Y = 0.515$。

9.2.2 缺陷对涂层热导率影响系数的确定

本节针对式（9-23）中缺陷对涂层热导率的影响系数进行计算。利用 ANSYS 有限元软件计算单纯受缺陷影响的涂层热导率 λ_{defects}。在有限元模型上下两个端面分别施加 T 和 $T+\Delta T$ 的温度载荷，进行稳态热分析。陶瓷层材料 YSZ 本征热导率 λ_0 为 2.3 W/(m·K)，孔洞和裂纹可近似看成绝热，其热导率可以忽略[4]。当涂层在 ΔT 温度梯度下达到稳态时，流入涂层的热量与流出涂层的热量相等。此时，涂层热导率 λ_{defects} 可通过傅里叶方程求得。

$$\lambda_{\text{defects}} = \frac{h \cdot \int_{\Gamma} \lambda \nabla T \mathrm{d}\Gamma}{l \cdot \Delta T} \quad (9-27)$$

式中，h 为涂层的高度；l 为涂层的宽度；∇T 为温度梯度矢量；Γ 为热流密度的积分路径；$\int_{\Gamma} K \nabla T \mathrm{d}\Gamma$ 为流经涂层任一高度的单位厚度的总热流量。图 9-4（b）为通过图 9-4（a）中路径 S 的热流密度 q 分布，q 对 S 的积分即路径 S 上的总热流量。从图 9-4（b）中可以看出，热流密度分布并不均匀，如在位置 A 处的热流密度为 0，表明在图 9-4（a）中路径 S 上的缺陷 A 处没有热流通过，由于缺陷的存在阻碍了热流的传递，所以在缺陷附近的热流密度变化幅度较大。

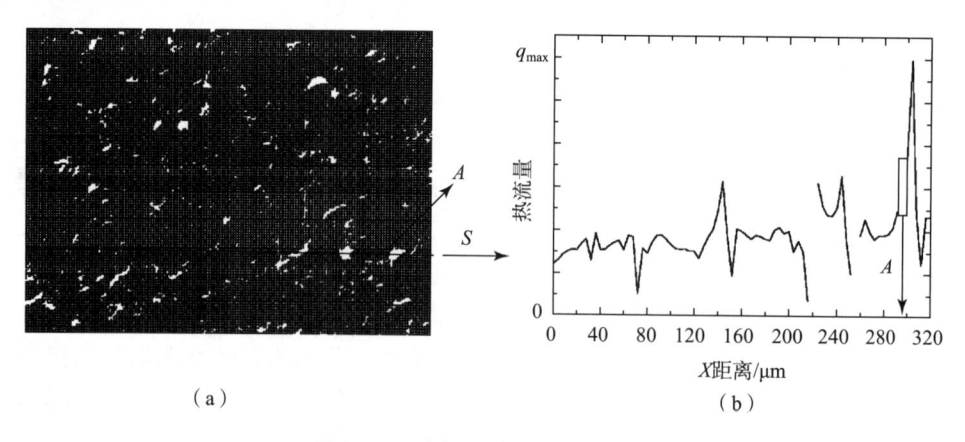

图 9-4 路径 S 的热流密度分布
(a) 陶瓷层中的路径 S；(b) 热流密度分布

本节选用与用于弹性模量计算相同的 100 张陶瓷层 SEM 图片进行热导率的计算。根据式（9-27），得到涂层垂直于喷涂方向的热导率 λ_{DX} 和平行于喷涂方向的热导率 λ_{DY} 分别为 1.85 W/(m·K) 和 1.78 W/(m·K)。由于横向裂纹的存在，涂层在平行于喷涂方向的热导率略低于垂直于喷涂方向的热导率。

根据式（9-23），缺陷对涂层热导率 λ_{defects} 的影响可以表示为

$$\begin{cases} 1.85 = 2.3(1 - \phi_X) \\ 1.78 = 2.3(1 - \phi_Y) \end{cases} \quad (9-28)$$

式中，ϕ_X 为缺陷对涂层垂直于喷涂方向热导率的影响系数，$\phi_X = 0.196$；ϕ_Y 为缺陷对涂层平行于喷涂方向热导率的影响系数，$\phi_Y = 0.226$。

9.2.3 缺陷对涂层弹性模量及热导率的影响比较

通过 9.2.1 节的计算，得到了受缺陷影响的涂层在垂直和平行于喷涂方向的弹性模量分别为 142 GPa、132 GPa，而陶瓷层材料 YSZ 的本征弹性模量为 200 GPa，说明在不考虑片层粒子间界面的条件下，缺陷使涂层垂直和平行于喷涂方向的弹性模量分别降低了 29% 和 34%；9.2.2 节计算出了受缺陷影响的涂层在垂直和平行于喷涂方向的热导率分别为 1.85 W/(m·K)、1.78 W/(m·K)，而陶瓷层材料 YSZ 的本征热导率为 2.3 W/(m·K)，说明在不考虑片层粒子间界面的条件下，缺陷使涂层垂直和平行于喷涂方向的热导率分别降低了 20% 和 23%。对比两组数据可以看出，缺陷对涂层垂直和平行于喷涂方向的弹性模量降低的影响要强于对热导率降低的影响。

9.3 片层粒子间界面对涂层基本属性影响系数的确定

片层粒子间界面对涂层基本属性影响系数的求解过程可用图 9-5 所示的流程来表示。具体步骤为：

① 根据 9.2 节所述方法，通过有限元计算求解出受缺陷影响的涂层基本属性 E_{defectss}、λ_{defects}；

② 根据式（9-12）、式（9-23）计算缺陷的影响系数 α、ϕ；

③ 结合实验结果与数学模型计算出缺陷和片层粒子间界面对涂层基本属性 E_{eff}、λ_{eff} 的综

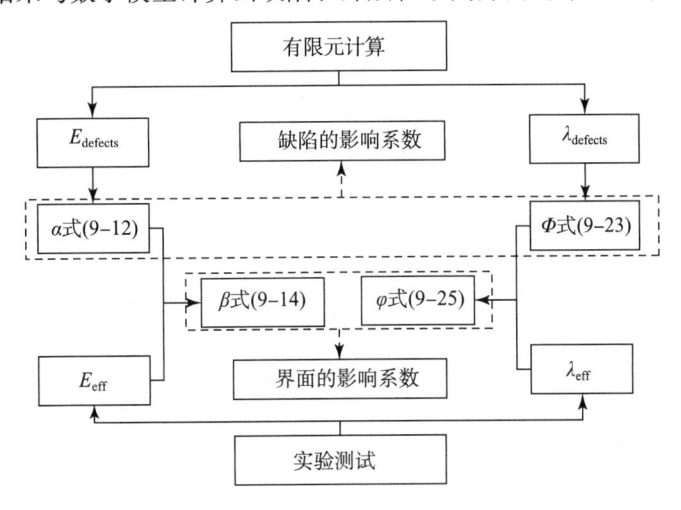

图 9-5 片层粒子间界面对涂层基本属性的影响系数的求解流程

合影响系数；

④分别建立缺陷、片层粒子间界面的理想有限元模型，根据式（9-14）、式（9-25）综合分析片层粒子间界面对涂层基本属性的影响系数 β、φ。

9.3.1 涂层基本属性的实验测定

分别采用共振法和热扩散法测试了涂层的弹性模量 E_{eff} 和热导率 λ_{eff}。

1. 涂层弹性模量测定

在石墨基体上喷涂制备 2 mm×10 mm×40 mm 的 YSZ 陶瓷层块体。采用共振法（型号：HDT-I 固体材料弹性性能测试仪）测得涂层平行于喷涂方向的弹性模量为 56 GPa。

2. 涂层热导率测定

在石墨基体上喷涂制备 ϕ12.6 mm×1 mm 的 YSZ 陶瓷层圆片。采用激光脉冲法（型号：FLASHLINE5000）测试陶瓷层的热扩散率 κ。测试前，在试样上下两个表面喷上薄石墨层，以防止激光束直接透过试样。每个温度点测 3 次，结果取平均值。陶瓷的热导率 λ 为：

$$\lambda = c_p \cdot \kappa \cdot \rho \tag{9-29}$$

式中，ρ 为 YSZ 陶瓷层的密度。

实验测得涂层平行于喷涂方向的热导率为 1.08 W/(m·K)。

9.3.2 片层粒子间界面对涂层基本属性影响系数的计算

将涂层弹性模量的实验测试值代入式（9-14）得

$$56 = 200 \frac{1}{1 + 0.515 + \beta + \kappa} \tag{9-30}$$

因此，片层粒子间界面对涂层弹性模量 E_{eff} 的影响系数 β 可以表示为

$$\beta = 2.056 - \kappa \tag{9-31}$$

将涂层热导率的实验测试值代入式（9-25）得

$$1.08 = 2.3(1 - 0.226 - \varphi - \gamma) \tag{9-32}$$

因此，片层粒子间界面对涂层热导率 λ_{eff} 的影响系数 φ 可以表示为

$$\varphi = 0.304 - \gamma \tag{9-33}$$

涂层中缺陷与片层粒子间界面之间的相互作用，影响了片层粒子间界面对涂层基本属性的影响系数的求解。为此，通过建立理想的片层粒子间界面模型来计算片层粒子间界面对涂层弹性模量 E_{eff} 和热导率 λ_{eff} 的影响系数。图 9-6 所示为基于图 9-3（a）涂层 SEM 图片建立的 3 种有限元模型：图（a）为缺陷模型，缺陷的分布与涂层微区内的缺陷分布一致；图（b）为缺陷+片层粒子间界面模型，在图（a）模型的基础上添加随机分布的理想片层粒子间界面；图（c）为片层粒子间界面模型，只含随机分布的理想片层粒子间界面。

表 9-1 表明，通过计算得到图 9-6（a）的弹性模量、热导率值分别为 136 GPa 和 1.76 W/(m·K)，与 9.2 节中受孔洞、裂纹等缺陷影响的涂层弹性模量、热导率的有限元计算结果 132 GPa、1.78 W/(m·K) 相当，说明图 9-6（a）能够代表实际涂层中孔洞、裂纹等缺陷对涂层弹性模量以及热导率的影响；同时，计算得到图 9-6（b）的弹性模量、热导率分别为 58 GPa 和 1.04 W/(m·K)，与 9.3.1 节中受缺陷和片层粒子间界面共同影响

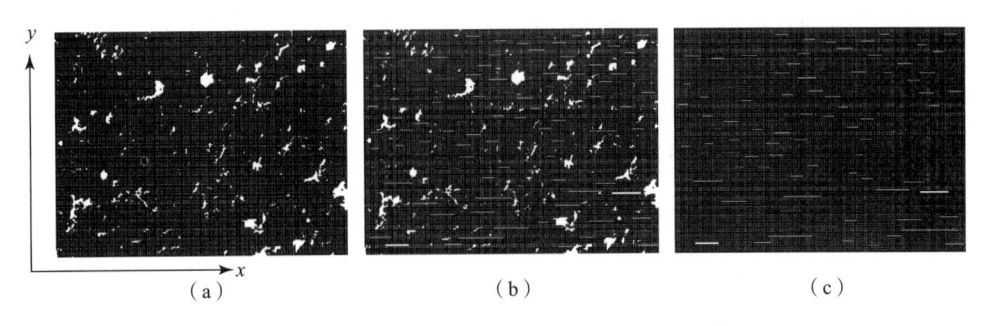

图 9-6 计算弹性模量及热导率的有限元网格模型
(a) 缺陷模型; (b) 缺陷+片层粒子间界面模型; (c) 片层粒子间界面模型

的涂层弹性模量、热导率的实验结果 56 GPa、1.08 W/(m·K) 相当, 说明图 9-6 (b) 能够反映缺陷和片层粒子间界面共同作用对涂层基本属性的影响。因此, 根据图 9-6 (c) 计算得到的结果能够反映出片层粒子间界面对弹性模量以及热导率的影响规律。另外, 根据式 (9-12) 和式 (9-23) 计算得到图 9-6 (a) 所代表的缺陷对弹性模量、热导率的影响系数分别为 0.471 和 0.235, 根据式 (9-13) 和式 (9-24) 计算得到图 9-6 (c) 所代表的片层粒子间界面对弹性模量、热导率的影响系数分别为 1.632 和 0.487, 说明片层粒子间界面对弹性模量、热导率降低的作用更显著。为了使计算结果更具有普适性, 根据上述方法选取一系列典型的涂层 SEM 图片建立包含理想片层粒子间界面的有限元模型。计算得到 β、φ 的变化范围如下式所示:

$$\begin{cases} 3\alpha < \beta < 4\alpha \\ 1.35\phi < \varphi < 2.35\phi \end{cases} \tag{9-34}$$

表 9-1 弹性模量、热导率和影响系数的计算结果

	E_Y/GPa	α, β, γ	$K_Y/[\text{W} \cdot (\text{m} \cdot \text{K})^{-1}]$	ϕ, φ, κ
图 9.6 (a)	136	$\alpha = 0.471$	1.76	$\phi = 0.235$
图 9.6 (b)	58	$\kappa = 0.345$	1.04	$\gamma = -0.40$
图 9.6 (c)	76	$\beta = 1.632$	1.18	$\varphi = 0.487$

9.4 缺陷及片层粒子间界面对涂层基本属性的影响分析

根据式 (9-34), 在不考虑缺陷与片层粒子间界面交互作用 κ 的影响下, 缺陷及片层粒子间界面对涂层弹性模量 E_{eff} 的影响系数 α、β 之间的比例关系可以表示为

$$\begin{cases} 20\% < \dfrac{\alpha}{\alpha + \beta} < 25\% \\ 75\% < \dfrac{\beta}{\alpha + \beta} < 80\% \end{cases} \tag{9-35}$$

式 (9-35) 表明, 缺陷和片层粒子间界面对涂层弹性模量降低的影响范围分别为 20%~25% 和 75%~80%, 说明片层粒子间界面对涂层弹性模量降低的影响要远高于缺陷的影响, 当

涂层中含有比较多的片层粒子间界面时,能够促使涂层的弹性模量降低。由于弹性模量的降低,涂层在承受热载荷作用时由热应变所产生的热应力也要降低。

在不考虑缺陷与片层粒子间界面交互作用 γ 的影响下,缺陷及片层粒子间界面对涂层热导率 λ_{eff} 的影响系数 ϕ、φ 之间的比例关系可以表示为

$$\begin{cases} 30\% < \dfrac{\phi}{\phi+\varphi} < 42\% \\ 58\% < \dfrac{\varphi}{\phi+\varphi} < 70\% \end{cases} \qquad (9-36)$$

式(9-36)表明,缺陷和片层粒子间界面对涂层热导率降低的影响范围分别为30%~42%和58%~70%,说明片层粒子间界面对涂层热导率降低的影响要高于缺陷的影响。当涂层中含有比较多的片层粒子间界面时,能够在一定程度上降低涂层的热导率,从而提高涂层的隔热性能。

参考文献

[1] Nakamura T, Qian G, Berndt C C. Effects of pores on mechanical properties of plasma-sprayed ceramic coatings [J]. Journal of the American Ceramic Society, 2000, 83 (3): 578.

[2] Michlik P, Berndt C. Image-based extended finite element modeling of thermal barrier coatings [J]. Surface and Coatings Technology, 2006, 201 (6): 2369.

[3] 马壮. 功能梯度涂层的制备及片层粒子间界面特性与隔热性能研究 [D]. 北京: 北京理工大学, 2001.

[4] Wang Z, Kulkarni A, Deshpande S, et al. Effects of pores and interfaces on effective properties of plasma sprayed zirconia coatings [J]. Acta Materialia, 2003, 51 (18): 5319.

第 10 章
涂层拉伸结合强度预测方法及实例分析

涂层结合强度包括涂层与基体之间的黏结强度以及涂层自身的内聚强度,是反映涂层性能高低的一个重要指标。若结合强度过小,轻则会引起涂层寿命降低,重则会造成涂层局部起皮、剥落,导致过早失效。

涂层结合强度通常采用轴向拉伸法来测定,与涂层拉伸失效相关的主要因素包括:外加拉伸载荷的强度,涂层材料自身的本征力学性能,涂层中孔洞、裂纹等缺陷的分布,片层粒子间的界面,涂层内不同材料之间的层间界面。由于这些因素的综合作用,对涂层拉伸结合强度的预测显得尤为困难[1~4]。

本章基于真实的显微组织图像,充分考虑涂层中缺陷的大小与分布对涂层结合强度的影响,介绍了预测涂层结合强度的两种方法,即有限元法和解析法,并对比分析两种方法的优缺点。

10.1 涂层拉伸结合强度的试验测试

10.1.1 涂层拉伸试验

根据 HB 5476—1991 国家标准,采用薄膜粘接轴向拉伸法测试涂层的结合强度。试样尺寸设计为 $\phi 25 \text{ mm} \times 10 \text{ mm}$,选用 FM1000 薄膜胶作为黏结剂。将制备好的拉伸试件装卡在电子式万能试验机上,采用 1 mm/min 的速率加载,直至涂层内部发生分离或从基体上剥离。涂层结合强度的表达式为

$$\sigma_f = F/S \tag{10-1}$$

式中,σ_f 为涂层的结合强度;F 为涂层试样被拉断时的最大载荷;S 为涂层面积。

10.1.2 结合强度试验值 Weibull 统计分析

在对离散结果进行统计处理时,Weibull 概率纸法是最常用的一种方法。本节利用 Weibull 概率纸法对涂层拉伸结合强度进行统计分析,具体方法如下:

(1) 将拉伸结合强度结果按照由小到大的顺序排列得到一个序列:$\sigma_1 < \sigma_2 < \cdots <$

$\sigma_i < \cdots < \sigma_n$。

（2）令涂层在外加应力载荷 σ_i 作用下发生断裂的概率 P_i 为

$$P_i = \frac{i - 0.5}{n}$$

从而可以得到 n 组 (P_i, σ_i)。

（3）采用最小二乘法对这 n 组 (P_i, σ_i) 数对进行线性回归处理，得到一个 $\ln\ln\left(\frac{1}{1-P_i}\right) \sim \ln\sigma_i$ 直线关系式：

$$\ln\ln\left(\frac{1}{1-P_i}\right) = m(\ln\sigma_i - \ln\sigma_0)$$

该直线的斜率即 Weibull 分布的形状参数 m（Weibull 模数）。σ_0 为拉伸结合强度的 Weibull 统计值，当 $\ln\ln\left(\frac{1}{1-P_i}\right) = 0$ 时，$\ln\sigma_i = \ln\sigma_0$，此时的 σ_i 值等于 σ_0。

10.1.3　涂层拉伸失效位置

图 10-1 所示为等离子喷涂热障涂层典型的拉伸断口形貌，通过对 15 个涂层试样拉伸失效断口的形貌观察，发现失效主要发生在陶瓷层内部靠近黏结层的位置。热障涂层拉伸失效更容易在陶瓷层内发生的主要原因是：

（1）黏结层具有较好的延展性，室温下其屈服应力可以达到 426 MPa[5]，而陶瓷层为脆性材料，断裂发生较为容易。

图 10-1　涂层试样拉伸失效断口

（2）陶瓷层中含有一定数量的孔洞、裂纹等缺陷，涂层在拉伸过程中应力极易在这些缺陷的尖端迅速累积，导致断裂失效。

10.2　涂层结合强度预测的有限元方法

根据本章前面的讨论，涂层拉伸结合强度有限元预测方法计算流程如图 10-2 所示。具体步骤为：

（1）随机选取 N 张一定放大倍数下的涂层 SEM 图片，综合有限元方法与数字图像处理技术，生成与 SEM 图片对应的有限元网格模型。

（2）通过添加失效判据，模拟 SEM 图片对应的有限元模型在外加拉伸载荷下的裂纹扩展与失效，并根据裂纹扩展所对应的应变能变化情况判定涂层失效的时刻，该时刻所对应的外加载荷应力即涂层拉伸结合强度。

（3）利用 Weibull 概率纸法统计出涂层拉伸结合强度有限元预测结果。

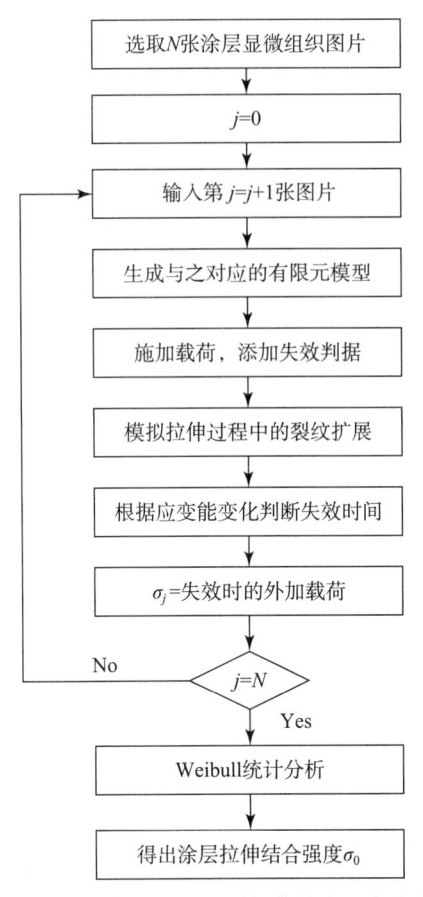

```
选取N张涂层显微组织图片
        ↓
       j=0
        ↓
   输入第j=j+1张图片  ←── No
        ↓                  │
   生成与之对应的有限元模型    │
        ↓                  │
   施加载荷，添加失效判据      │
        ↓                  │
   模拟拉伸过程中的裂纹扩展    │
        ↓                  │
   根据应变能变化判断失效时间  │
        ↓                  │
   σⱼ=失效时的外加载荷        │
        ↓                  │
       j=N ─────────────────┘
        ↓ Yes
   Weibull统计分析
        ↓
   得出涂层拉伸结合强度σ₀
```

图 10-2　有限元法预测拉伸结合强度流程

10.3　解析法预测涂层拉伸结合强度

10.3.1　解析模型

Griffith 微裂纹理论认为，断裂起源于材料中存在的最危险缺陷，材料的断裂强度往往与最危险缺陷有关。本节将通过涂层中最危险裂纹的应力分布来表征涂层的拉伸结合强度。为便于计算最危险缺陷周围的应力分布，涂层中孔洞、裂纹等缺陷的形状可以近似呈椭圆形，通过对拉伸过程中椭圆形裂纹承受的最大拉应力的计算来预测涂层的拉伸结合强度。

固定涂层的一端面，在与其对称的另一端面上施加均匀拉应力载荷 σ，假设在距离边界较远处有椭圆形孔口，它的长轴和短轴分别为 $2a$ 和 $2b$，且孔口与应力载荷方向的夹角为 α，如图 10-3 所示。

利用复变函数解法，在孔周边的应力为

$$\sigma_\theta = \sigma \frac{1 - \left(\frac{a-b}{a+b}\right)^2 + 2 \times \frac{a-b}{a+b}\cos 2\alpha - 2\cos 2(\alpha+\theta)}{1 + \left(\frac{a-b}{a+b}\right)^2 - 2\left(\frac{a-b}{a+b}\right)\cos 2\theta} \quad (0 \leq \theta < 2\pi) \quad (10-2)$$

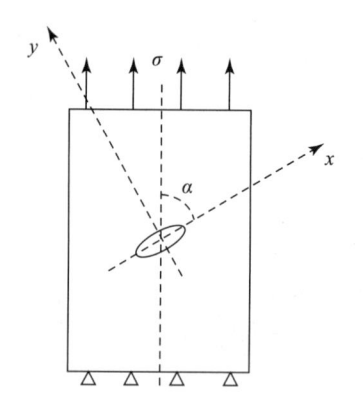

图 10 - 3 椭圆孔口受力示意图

当外加拉应力方向与 x 轴平行时，$\alpha = 0$，在孔周边的最大拉应力为

$$\sigma_{\max} = \sigma\left(1 + \frac{2b}{a}\right) \tag{10-3}$$

当外加拉应力方向与 x 轴垂直时，$\alpha = \dfrac{\pi}{2}$，在孔周边的最大拉应力为

$$\sigma_{\max} = \sigma\left(1 + \frac{2a}{b}\right) \tag{10-4}$$

提取用于拉伸模拟的图片的最危险缺陷，根据式（10-2）进行最大拉应力的极值求解，当最大拉应力达到失效应力 215 MPa 时，所对应的外加载荷即涂层的结合强度。

图 10-4（b）所示为基于图 10-4（a）生成的有限元模型，有限元计算中固定模型的下端面，在模型的上端面施加任意的载荷值，利用 ANSYS 有限元软件快捷的稳态应力场计算能力，快速地确定出拉应力峰值所在区域，根据拉应力峰值所在区域提取出来的缺陷即最危险缺陷。图 10-3（c）C 区域中黑色线条为提取的最危险缺陷，虚线部分为转换的理想椭圆形缺陷，转换的椭圆形缺陷应保证与原始缺陷具有相似的角度并且能够基本包含原始的缺陷大小。建立 x 轴与应力加载方向垂直的坐标系，根据该裂纹起点 $S(x_1, y_1)$ 与终点 $E(x_2, y_2)$ 的坐标值，确定出椭圆的长轴 $2a = \sqrt{(x_2 - x_1)^2 + (y_2 - y_1)^2}$，角度 $\alpha = \dfrac{\pi}{2} - \dfrac{y_2 - y_1}{x_2 - x_1}$，短轴长度 $2b$ 等于裂纹上与长轴垂直的最长距离。具体大小和角度分别为：$a = 24\ \mu m$，$b = 4\ \mu m$，$\alpha = \dfrac{5}{12}\pi$。代入式（10-2）有

$$215\ \text{MPa} = \sigma \frac{1 - \left(\dfrac{24-4}{24+4}\right)^2 + 2 \times \dfrac{24-4}{24+4}\cos\left(2 \cdot \dfrac{5}{12}\pi\right) - 2\cos 2\left(\dfrac{5}{12}\pi + \theta\right)}{1 + \left(\dfrac{24-4}{24+4}\right)^2 - 2 \times \dfrac{24-4}{24+4}\cos 2\theta} \quad (0 \leq \theta < 2\pi)$$

$$= \sigma \frac{1.72 - 2\cos 2(0.26 + \theta)}{1.49 - 1.4\cos 2\theta} \tag{10-5}$$

式（10-5）中 σ 可表示为

$$\sigma = 215 \times \frac{1.49 - 1.4\cos2\theta}{1.72 - 2\cos2(0.26 + \theta)} \quad (0 \leqslant \theta < 2\pi) \quad (10-6)$$

图 10-4 最危险缺陷形貌提取
(a) 涂层 SEM 图片；(b) 稳态应力场分布；(c) 最危险缺陷

对式（10-6）中 σ 进行极小值求解，求得图 10-4（a）所对应的涂层的拉伸强度为 20 MPa。

10.3.2 结合强度解析解 Weibull 统计分析

选取 60 张 SEM 涂层图片，本节利用解析法计算其所对应的结合强度，并对各个微区计算出的拉伸结合强度进行 Weibull 概率纸法统计，以表征所研究的涂层宏观试样的结合强度。图 10-5 所示为结合强度解析解的 Weibull 分布，从图中可以发现，根据 Weibull 统计得到的涂层拉伸结合强度为 33 MPa，与试验统计值 37 MPa 的误差为 11%，说明与有限元法相比，解析法预测的结合强度的精度相对较低。

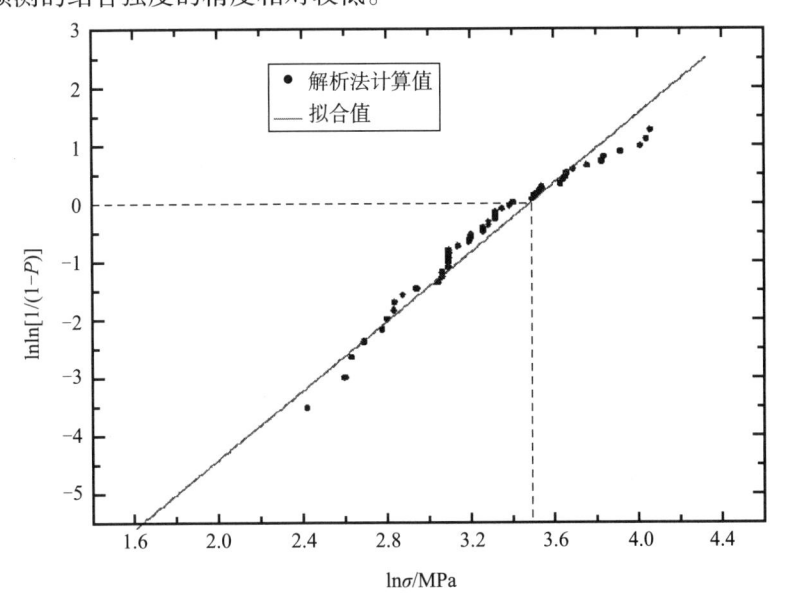

图 10-5 解析法拉伸结合强度 Weibull 分布（60 张 SEM 图片）

10.3.3　涂层结合强度预测的解析方法

根据 10.3.1 节和 10.3.2 节所述,解析法预测涂层拉伸结合强度的流程如图 10-6 所示。具体步骤为:

(1) 随机选取 N 张一定放大倍数下的涂层 SEM 图片,综合有限元方法与数字图像处理技术,生成与 SEM 图片对应的有限元网格模型。

(2) 利用 ANSYS 等有限元软件,对 SEM 图片对应的有限元模型进行简单的稳态应力场分布计算,提取出最大拉应力所在缺陷,转换成近似的椭圆孔口缺陷。

(3) 根据椭圆孔口的应力分布函数,计算出椭圆孔口最大应力达到失效判据时所对应的外加拉应力载荷,该应力即涂层的拉伸结合强度。

(4) 利用 Weibull 概率纸法计算出涂层拉伸结合强度解析法预测结果。

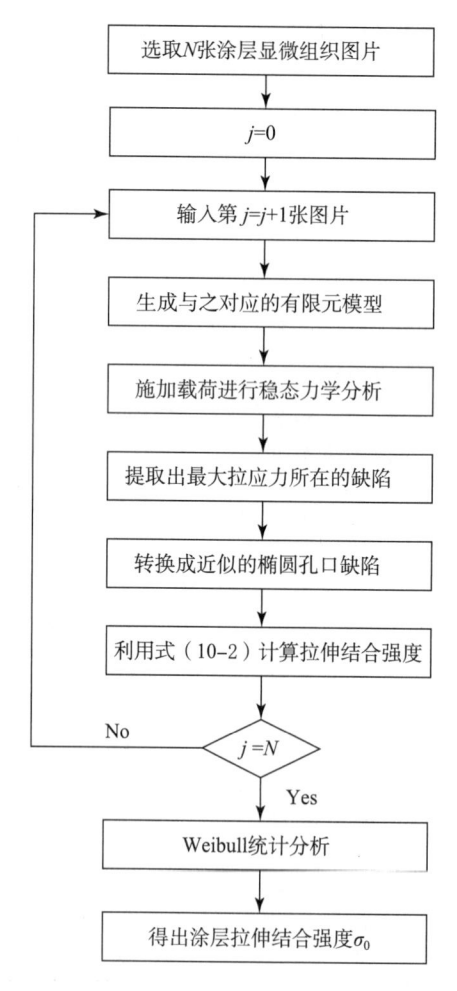

图 10-6　解析法预测拉伸结合强度流程

10.4 涂层拉伸结合强度预测有限元法与解析法的比较

1. 有限元法评价

有限元法的优势在于其能建立与涂层真实显微组织形貌相一致的有限元模型，从而在有限元计算中尽可能多地考虑涂层中各种缺陷对结合强度的影响，使计算结果较为准确。同时，有限元法预测涂层结合强度的统计值为 39 MPa，与结合强度的试验统计值 37 MPa 相比，两者的误差为 5.4%，说明有限元预测结果具有较强的准确性和可靠性。产生一定的误差主要是由于 SEM 图片放大倍数及分辨率的关系，涂层中一些微裂纹、微孔洞不能被观察到，这就造成了建立的有限元模型中缺少了这些微裂纹、微孔洞的信息，而这些微孔洞、微裂纹在一定程度上造成涂层结合强度预测结果比实际结果略有增高。

2. 解析法评价

解析法的优势在于可以利用简单的解析公式来直接进行涂层结合强度的求解，该方法方便、快捷，可用于对涂层拉伸结合强度的粗略估算。解析法预测涂层结合强度的统计值为 33 MPa，与试验统计值 37 MPa 相比，误差为 11%。在对预测结果精度要求不太高的情况下，可以用解析法进行结合强度的估算。误差产生的主要原因是将提取的最危险缺陷模型简化为理想的椭圆形，与实际涂层的缺陷形状并不完全一致；另外，忽略了除最危险缺陷外的其他缺陷也对涂层结合强度的计算产生一定的影响。

3. 有限元法与解析法的比较

涂层拉伸结合强度的有限元计法预测结果与试验统计结果之间的误差为 5.4%，而解析法预测结果与试验结果之间的误差为 11%，说明有限元法预测涂层结合强度的准确性更高。造成解析法预测涂层拉伸结合强度的准确性低于有限元法的主要原因包括：

（1）解析法中的最危险缺陷模型都被视为理想的椭圆形，而实际涂层中的缺陷形状比较复杂，使得在拉伸过程中涂层缺陷周边的应力分布具有一定的特殊性，不等同于椭圆形缺陷的应力分布。而基于涂层显微组织图像的有限元法能够准确地再现涂层中最危险缺陷的形状、大小与分布，得到的最危险缺陷处的应力特征与实际涂层更为吻合。

（2）解析法仅考虑最危险缺陷对涂层拉伸结合强度的影响，而实际涂层中具有大量的气孔、裂纹等缺陷，这些缺陷的存在对拉伸过程中涂层内应力的传递与分布产生了重要的影响，既有可能缓和最危险缺陷附近的应力，也有可能加剧最危险缺陷附近的应力集中程度。而基于涂层显微组织图像的有限元法能够较为充分考虑除最危险缺陷外的其他缺陷对应力的影响，能够更准确地再现涂层中应力分布复杂的特征。

10.5 工程应用实例 1

本节基于真实的 YSZ/NiCrCoAlY 涂层显微组织图片构建有限元模型，模拟拉伸引起的应力变化以及裂纹扩展直至失效的整个过程，并根据涂层内能突变时刻所对应的外加载荷值判断涂层的拉伸结合强度。涂层采用等离子喷涂工艺制备获得，其主要参数如表 10 - 1 所示。

表 10-1 等离子喷涂工艺参数

粉末	电流/A	主气 Ar 流率/(scf·h^{-1})	辅气 He 流率/(scf·h^{-1})	载气流率/(scf·h^{-1})	送粉/(r·min^{-1})	喷涂距离/mm	喷涂厚度/mm
黏结层	500	110	10	8	2	75	0.1
陶瓷层	700	60	40	8	3	75	0.4

材料性能参数包括弹性模量、泊松比以及屈服应力,如表 10-2 所示。此外,陶瓷 YSZ 的失效判据为最大抗拉强度,其值为 215 MPa。

表 10-2 材料性能参数

	弹性模量 E/GPa	泊松比 v (-)	屈服应力 σ_y/MPa
YSZ	73	0.26	—
NiCoCrAlY	200	0.3	426

10.5.1 有限元模型、材料性能参数与载荷施加

1. 基于二维微观组织有限元模型的构建

轴向拉伸过程中,应力主要沿着喷涂方向从端面向涂层内部传递,涂层中的缺陷分布对应力的传递以及裂纹扩展都将产生重要的影响;同时,拉伸失效的位置主要是在界面附近的陶瓷层。基于上述特点,在选取用于拉伸模拟的涂层显微组织图片时应关注以下两点:含有面层与黏结层的界面形貌特征;所建几何模型中,陶瓷层应选取足够的厚度以充分反映裂纹的扩展路径。基于此,选用放大倍数为 350 倍的涂层显微组织 SEM 图片为有限元建模对象,如图 10-7(a)所示,陶瓷层的厚度在 200 μm 左右,能够充分反映裂纹的扩展路径;同时,面层与黏结层的界面形貌特征也能很好地展现出来。图 10-7(b)所示为基于图 10-7(a)所建立的有限元网格模型,其网格单元数约为 62 500,为有限元计算提供了较好的网格精度。

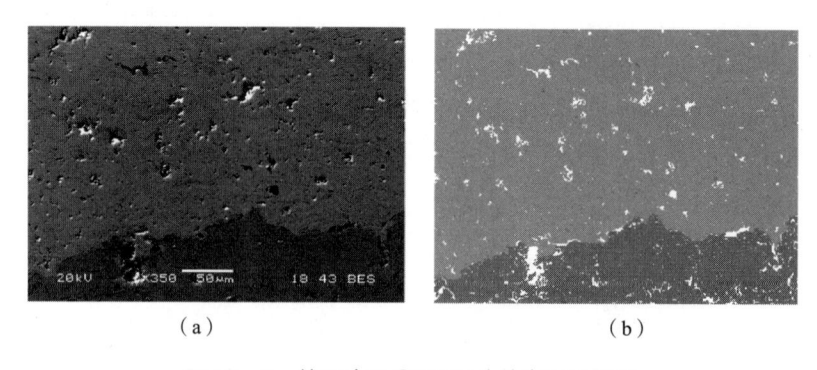

图 10-7 基于涂层 SEM 图片的有限元模型
(a) 横截面显微组织图片;(b) 有限元网格模型

2. 载荷施加

选取模型的上下两端面为载荷施加对象,固定一端面,在另一端面施加随时间变化线性增

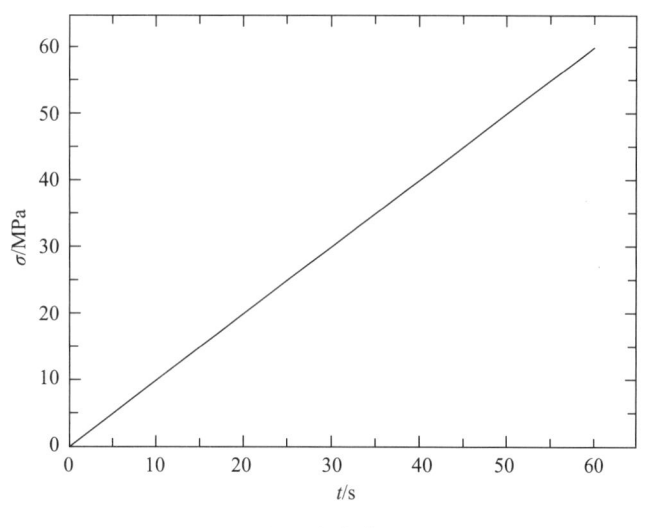

加的应力载荷,如图 10-8 所示。在有限元计算中,外加应力载荷的加载速率为 1 MPa/s。

图 10-8 拉应力载荷-时间曲线

10.5.2 拉伸失效裂纹扩展模拟

采用 LS-DYNA 有限元软件模拟拉伸过程中涂层裂纹扩展直至失效的过程,把试验中无法观察到的失效过程真实地再现出来。图 10-9(a)和图 10-9(b)是两张典型的涂层横截面 SEM 图片,其内部的显微组织特征是喷涂过程中分别在面层与黏结层界面附近以及陶瓷层内形成了较长的裂纹,涂层在拉伸过程中的失效易于从这些裂纹处开始。

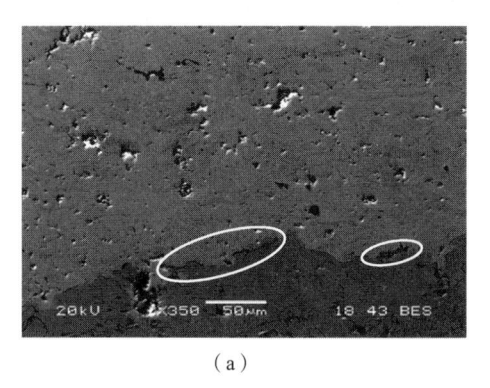

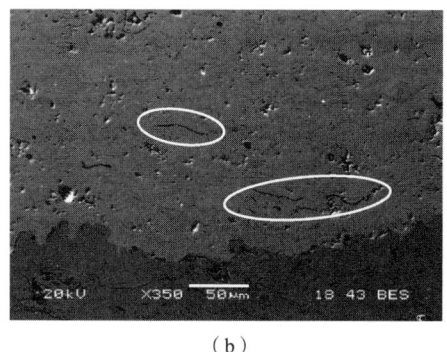

图 10-9 涂层横截面 SEM 图片
(a)面层与黏结层界面附近含有较长裂纹;(b)陶瓷层内含有较长裂纹

图 10-10(a)~(d)和图 10-10(e)~(h)分别为图 10-9(a)和图 10-9(b)在不同时刻的裂纹扩展有限元模拟图。

图 10-10(a)和图 10-10(e)给出了载荷增加至一定程度时的应力变化情况,从图中可以看出,A 区域和 B 区域为应力峰值所在区域,当载荷施加时间为 36 s 时,A 区域的应力峰值已经达到 208 MPa;B 区域的应力峰值在载荷施加至 32.6 s 时为 202 MPa。当外加载荷继续增加时,裂纹将优先在 A 区域的界面附近或者 B 区域的陶瓷层内形核,反映出两种

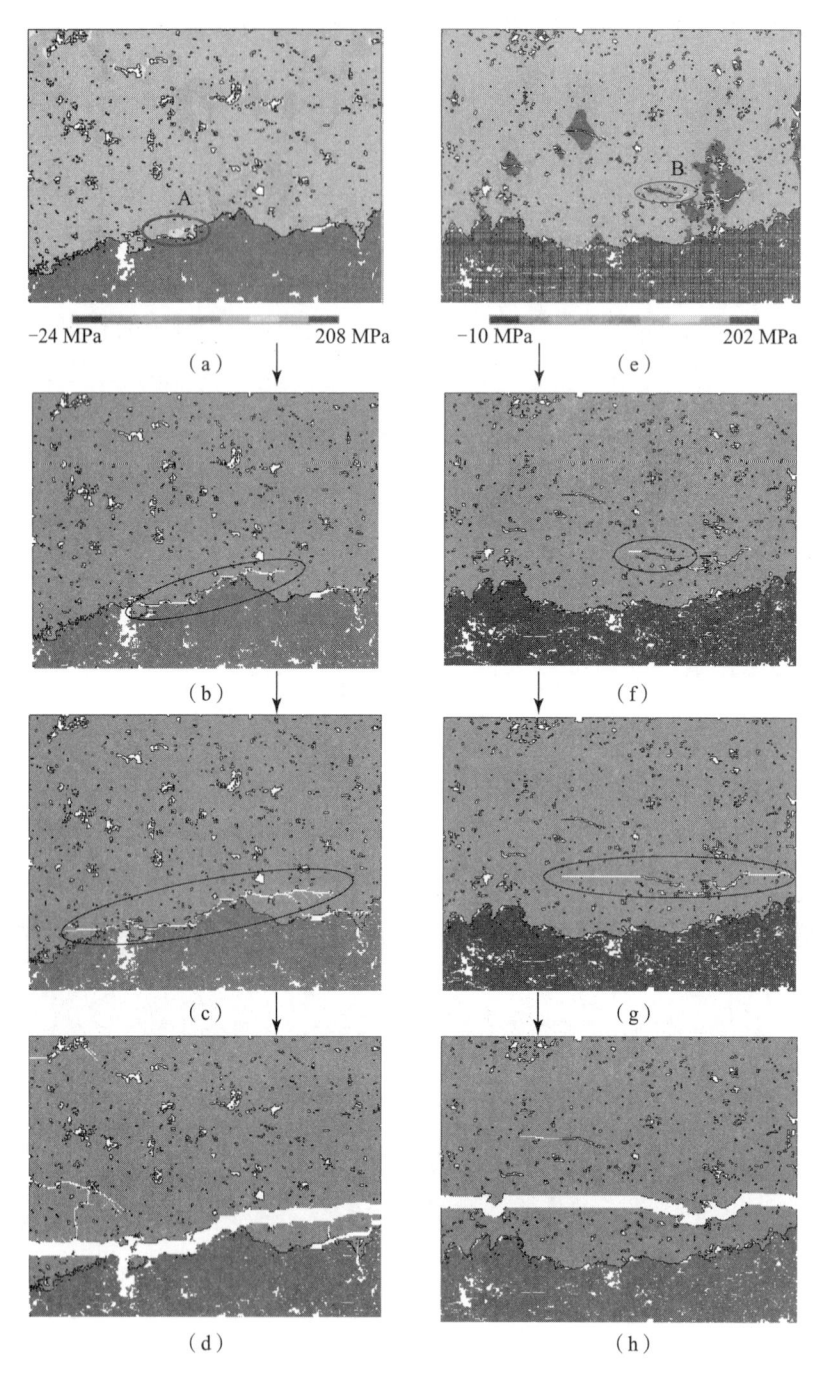

图 10-10 不同时刻裂纹扩展图

(a) $t=36$ s；(b) $t=36.2$ s；(c) $t=36.6$ s；(d) $t=37$ s；
(e) $t=32.6$ s；(f) $t=32.8$ s；(g) $t=32.9$ s；(h) $t=33.1$ s

典型的裂纹形核位置。

图 10-10 (b) 给出了加载时间为 36.2 s 时图 10-9 (a) 的裂纹扩展模拟图，从图中可以看出，裂纹沿面层与黏结层界面向左右两方向扩展，受到面层与黏结层界面附近处缺陷

的影响，当裂纹扩展到缺陷附近时，将发生偏转，向陶瓷层内扩展。图 10-10（f）给出了加载时间为 32.8 s 时图 10-9（b）的裂纹扩展模拟图，从图中可以看出，裂纹在陶瓷层内与原有缺陷相连，形成裂纹的扩展。

随着外加载荷的持续增加，裂纹继续扩展。当加载时间为 36.6 s 时，从图 10-10（c）中可以观察到，图 10-9（a）的裂纹在向右侧方向横向扩展的过程中经过陶瓷层内的微孔洞时，会在原有缺陷处形成次生裂纹，表现为横向扩展的主裂纹发生了细小的分叉。图 10-10（g）给出了加载时间为 32.9 s 时图 10-9（b）的裂纹扩展模拟图，从图中可以看出，裂纹在向左侧方向扩展的同时也向右侧方向开始扩展，并很快贯穿至模型的右侧边界。

图 10-10（d）给出了加载时间为 37 s 时图 10-9（a）被完全拉断的模拟图，从图中可以看出，图 10-9（a）被拉断的过程中，在除了横向扩展的主裂纹之外的其他地方也出现了次生裂纹，主要是因为在主裂纹横向扩展的过程中，图 10-9（a）中其他较大缺陷周围的应力值也达到了失效应力值，次生裂纹开始扩展。加载时间为 33.1 s 时，图 10-9（b）被完全拉断，如图 10-10（h）所示。从图中可以看出，主裂纹横向扩展过程中经过陶瓷层内较大的缺陷时，横向扩展的主裂纹发生了一定程度的偏转。尽管图 10-10 中存在两种不同的形核位置（界面处形核、陶瓷层内形核），但最终都是在陶瓷层内靠近界面位置附近形成主裂纹直至贯穿型断裂，这表明相关计算结果与 10.1.3 节的试验观察现象是吻合的，反映了计算方法的可靠性。

10.5.3 涂层典型区域拉伸结合强度计算

本节将从拉伸过程中涂层内应变能的变化规律出发，计算涂层典型区域的拉伸结合强度。当外加应力载荷作用在涂层上时，外加载荷做功不断转换成系统的内能（应变能）。当涂层中的应力累积达到涂层的失效应力时，裂纹开始扩展，并伴随着能量的释放，系统的内能会发生显著的变化。图 10-11 所示为图 10-9（a）的应变能随时间变化的有限元计算结果。当加载时间在 0~36 s 范围内时，随着外加应力载荷的增加，系统应变能从 0 增加到 6.86×10^{-4} J。加

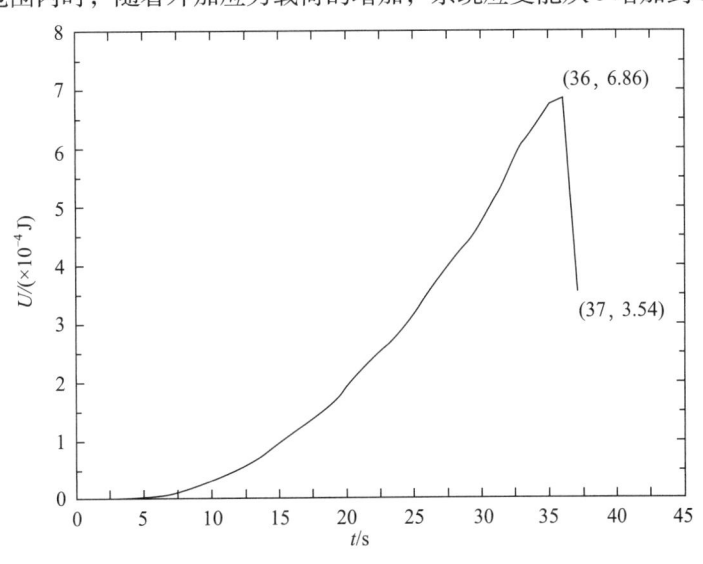

图 10-11 应变能-时间曲线

载时间继续增加，应变能开始迅速下降，到 37 s 时系统内的应变能降低到了 3.54×10^{-4} J，在外加载荷持续增加的过程中，应变能的突降对应着涂层中裂纹的失稳扩展，应变能转化为新生成裂纹的表面能。图 10-9 (a) 的裂纹扩展模拟表明，36~37 s 是图 10-9 (a) 中裂纹萌生至涂层微区失效的阶段，应变能峰值所在时刻也是失效开始时刻。为便于直观统计涂层微区的结合强度，选取涂层系统应变能峰值时刻所对应的外加应力载荷作为涂层微区的拉伸结合强度，通过该方法计算得到图 10-9 (a) 代表的涂层拉伸结合强度为 36 MPa。

10.5.4 结合强度有限元计算值 Weibull 统计分析

本节随机选取 3 个涂层试样为研究对象，对每一个试样进行横截面 SEM 观察并拍摄 20 张不同微区的图片。根据 10.2 节所述的方法，对涂层内不同微区进行结合强度计算。利用 Weibull 概率纸法分别对由 3 个试样 20 个微区 (20 张 SEM 图片) 计算出的拉伸结合强度进行统计，以表征所研究的涂层宏观试样的结合强度。3 个试样结合强度的 Weibull 分布分别如图 10-12 (a)~(c) 所示，进一步的统计结果表明 3 个试样的结合强度分别为 37 MPa、41 MPa、36 MPa，而拉伸结合强度测试结果在 32~42 MPa 范围内，说明结合强度计算方法是可靠的。

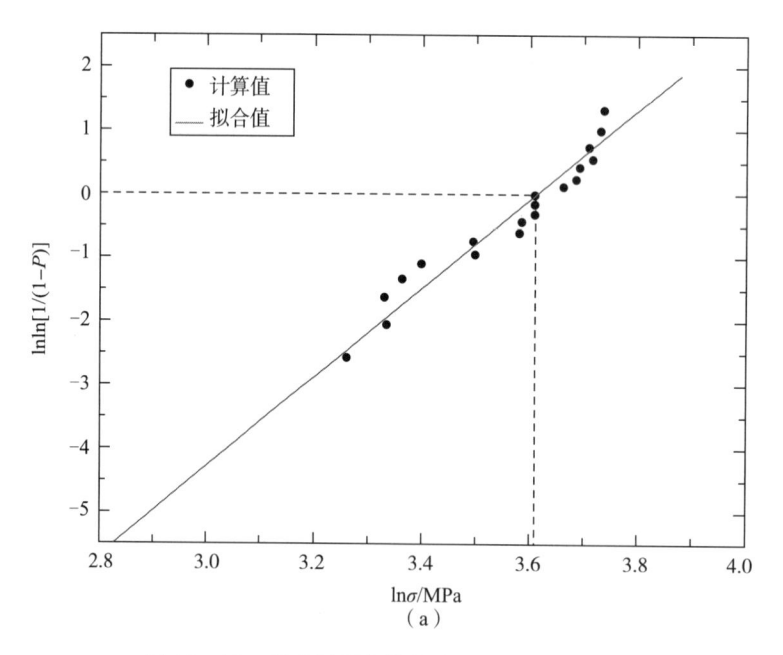

图 10-12 单个试样拉伸结合强度 Weibull 分布
(a) 试样 1

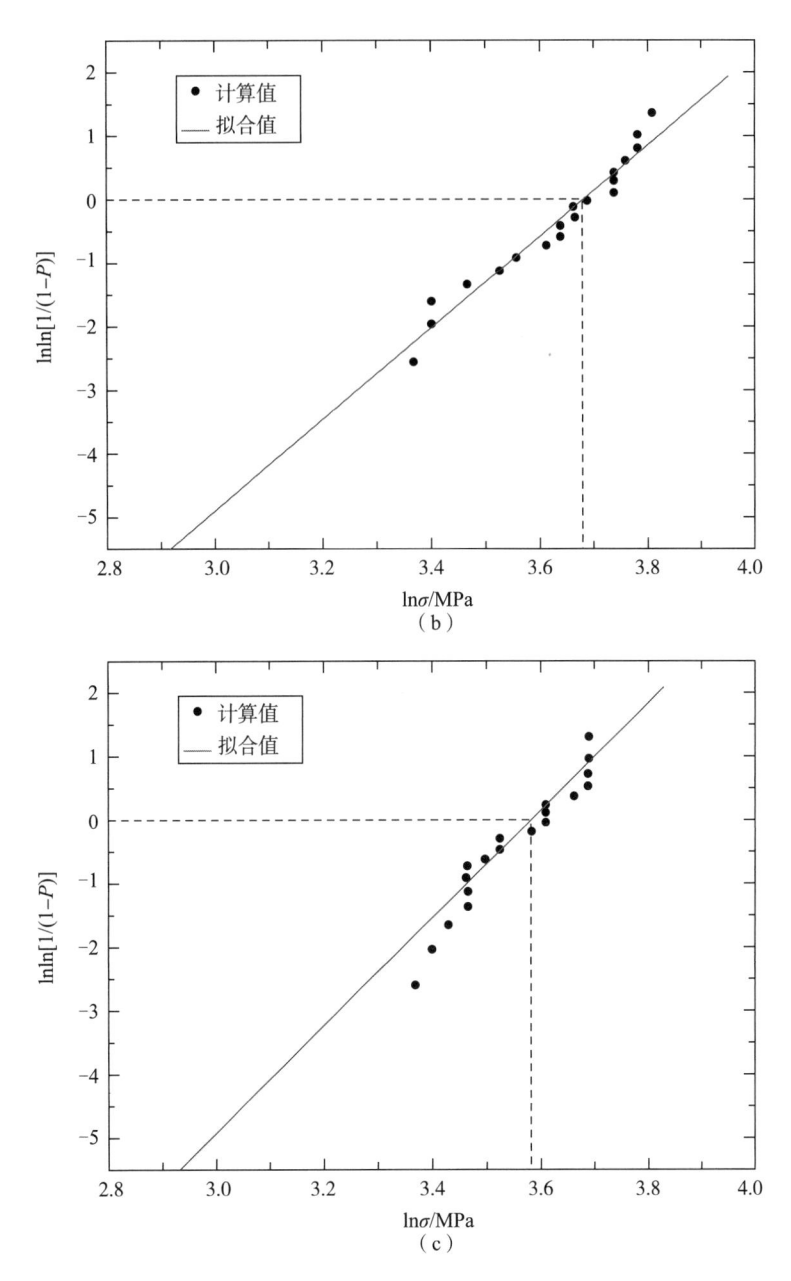

图 10-12 单个试样拉伸结合强度 Weibull 分布（续）
(b) 试样 2；(c) 试样 3

为了更好地反映涂层的实际结合强度，对 3 个涂层试样中共 60 张 SEM 图片所代表的微区结合强度进行 Weibull 统计。图 10-13 所示为 Weibull 概率纸法的统计结果，$\ln\ln[1/(1-P_i)] = 0$ 所对应的 $\ln\sigma_i = 3.65$，所以用有限元法预测得到涂层拉伸结合强度的统计值为 39 MPa，与试验统计值接近，进一步说明有限元预测的结合强度具有较好的准确性，该方法能够有效地预测涂层的结合强度。

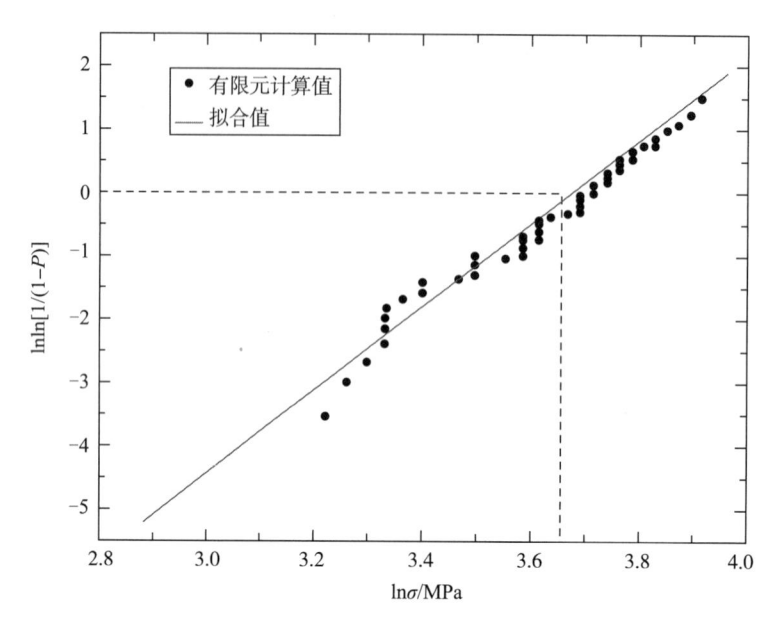

图 10-13　拉伸结合强度有限元计算结果 Weibull 分布（60 张 SEM 图片）

10.6　工程应用实例 2

10.6.1　基本参数及三维有限元模型的构建

本节基于三维微观断层扫描技术及有限元技术，构建了典型工艺参数下热障涂层的三维有限元模型。在此基础上，分析了涂层的失效机理，并预测了结合强度。等离子喷涂主要工艺参数如表 10-3 所示。

表 10-3　等离子喷涂主要工艺参数

粉末	电流/A	主气 Ar 流率/(scf·h^{-1})	辅气 H$_2$ 流率/(scf·h^{-1})	载气 Ar 流率/(scf·h^{-1})	送粉/(r·min^{-1})	喷涂距离/mm
NiCrCoAlY	700	120	20	10	2	75
8YSZ	850	75	45	8	5	75

喷涂完毕后，切掉多余的底座与过渡层部分，仅留下针状涂层样品以供后续扫描，扫描样品的制备流程如图 10-14 所示。

10.6.2　施加载荷及边界条件

将第 8 章 8.2 节所构建的基于热障涂层微观组织的三维有限元模型导入 ANSYS/LS-DYNA 软件中，选取模型的上下端面为载荷施加对象，其中下端面固定，上端面施加随时间变化线性增加的应力载荷，涂层的加载示意图如图 10-15 所示，在有限元计算中，外加应力载荷的加载速率为 1 MPa/s。

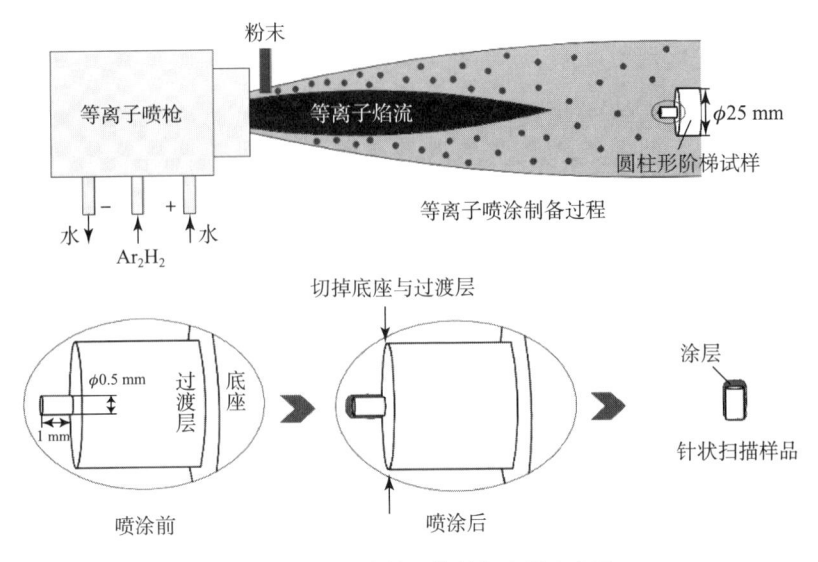

图 10-14　扫描样品的制备流程示意图

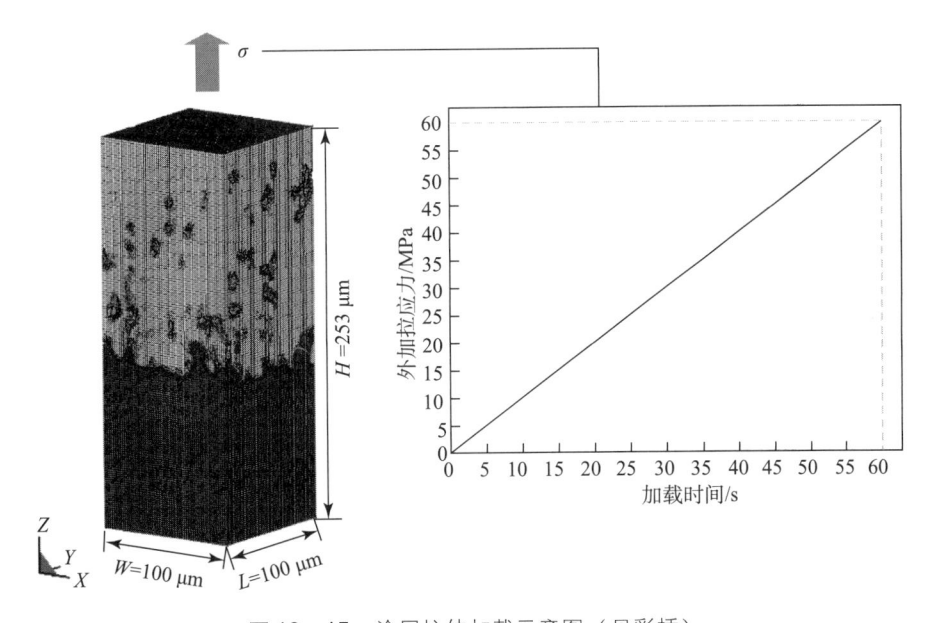

图 10-15　涂层拉伸加载示意图（见彩插）

此外，边界条件的设置对数值模拟的结果有着重要的影响。对于所研究的涂层内部局部微小区域而言，在拉伸过程中，垂直于喷涂方向的边界由于受到周边介质的约束作用，整个边界应具有相近的位移量。因此分别对模型 $x=0$ 和 $x=100$ μm 边界位置上的节点进行 x 方向上的自由度耦合，以保证其在 x 方向上位移一致，并对 $y=0$ 和 $y=100$ μm 边界位置上的节点作同样处理。

$$u(0,y,z) = u(0,0,0) \qquad (10-7)$$

$$u(100,y,z) = u(100,0,0) \qquad (10-8)$$

$$v(x,0,z) = v(0,0,0) \qquad (10-9)$$

$$v(x,100,z) = v(0,100,0) \quad (10-10)$$

式中，u 和 v 分别表示模型节点在 x 方向和 y 方向上的位移。

基本材料参数如表 10-2 所示。

10.6.3　模拟结果与试验结果的对比

1. 拉伸结合强度

在弹塑性变形过程中，材料的内能会发生变化。图 10-16 所示为模拟得到的加载过程中模型整体以及陶瓷层、黏结层各相内能随时间的变化曲线，从图中可以看出，陶瓷层的弹性变形吸收了绝大部分的能量，约占模型整体吸收能量的 73%。当加载时间达到 44.4 s 时，模型的整体内能达到峰值，随后开始急剧下降，产生这一现象的原因是大量的陶瓷层单元被删除，从而使被删除单元所吸收的能量得以释放。本节中，选用该应力塌陷时刻（即 44.4 s）所对应的外加拉应力大小来表征涂层结构的拉伸结合强度，通过图 10-15 中所给出的加载曲线可知，涂层的拉伸结合强度为 44.4 MPa。

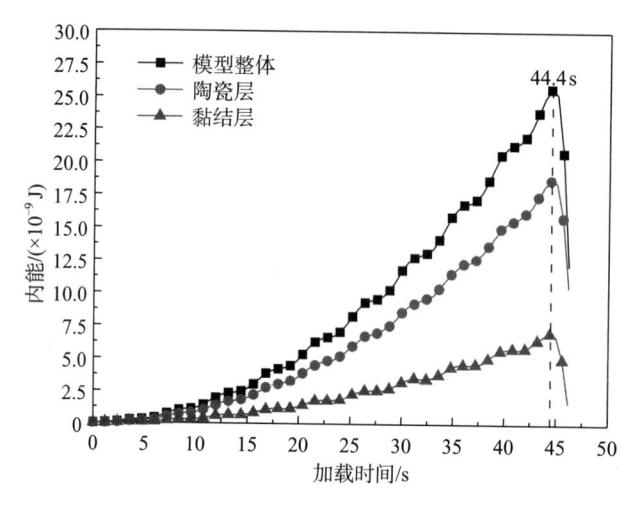

图 10-16　模型整体与陶瓷层、黏结层各相的内能-时间曲线

2. 拉伸断口形貌

10.1.3 节中涂层试样拉伸断面的宏观照片显示，涂层的拉伸断裂位置在陶瓷层与黏结层的界面结合处或位于其界面附近的陶瓷层中，从而形成起伏状的断口形貌。在此基础上，通过三维景深测量仪（型号：MicroXAM-100）对试样的三维断口粗糙表面进行了更为细微的测试，并对其进行了定量的分析与表征。

图 10-17 所示为选区范围内（300.0 μm×243.1 μm）涂层断面的二维等高图（图 10-17（a））和三维形貌图（图 10-17（b））。测试结果显示：断面的凸起区域（图中标记为"A"）对应黏结层，而凹区（图中标记为"B"）则对应附着的陶瓷层，选区内拉伸断面的最高点与最低点之间高度差为 20~35 μm。

类似地，图 10-18 给出了模拟得到的涂层结构三维拉伸断口形貌，从图中可以看到，涂层断面同样是由暴露的黏结层以及附着的陶瓷层组成，说明涂层的拉伸断裂同时存在于陶瓷层内部和陶瓷层与黏结层的界面位置。此外，通过给模型施加 z 方向的标尺，测得

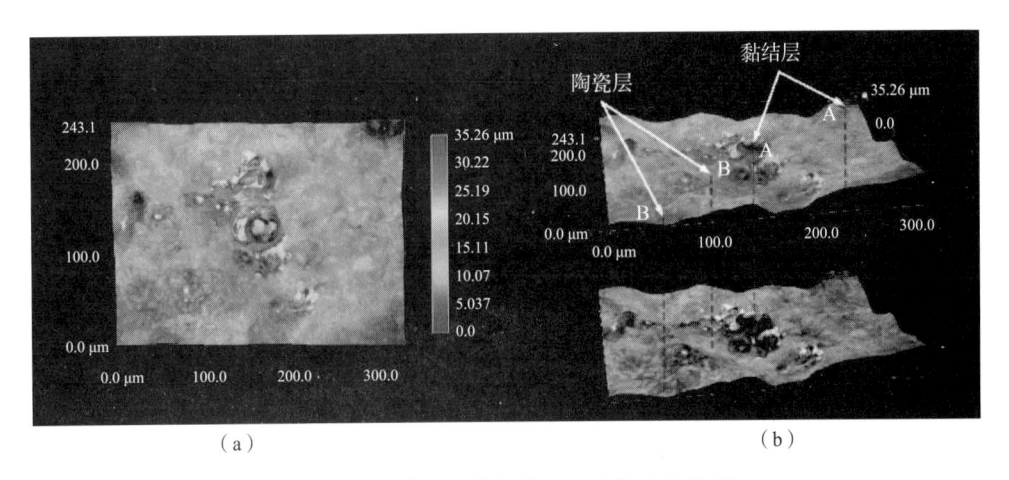

图 10-17 涂层试样拉伸断口形貌（见彩插）
(a) 二维等高图；(b) 三维形貌图

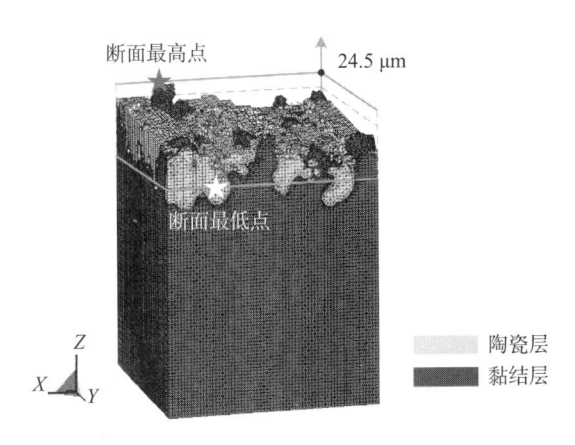

图 10-18 涂层结构三维拉伸断口形貌（见彩插）

断面最高点与最低点之间的垂直距离为 24.5 μm，该数值与光学测量仪所测得的结果吻合良好。

综上，模拟结果与试验结果的对比证实了采用该数值模拟方法研究热障涂层结构在拉伸载荷作用下的失效过程及失效机理的准确性和可靠性。

10.6.4 涂层失效过程及机理分析

本节将重点讨论拉伸过程中涂层裂纹的萌生、扩展直至最终断裂的过程，把试验中无法观察到的失效过程实时地再现出来，并对其内在失效机理进行深入的分析。

1. 多重裂纹源的萌生

图 10-19 所示为 $t=30$ s 时涂层的最大主应力分布云图，从图中可以看到，在陶瓷层与黏结层界面处以及陶瓷孔附近等被普遍认定的涂层最薄弱的区域最先出现了显著的应力集中现象，且应力的最大值约达到了 120 MPa。随着加载的进行，这些相对较高的局部应力继续增加，直至陶瓷层单元达到失效判据而被删除，由此引发陶瓷层内部多重裂纹源的萌生。

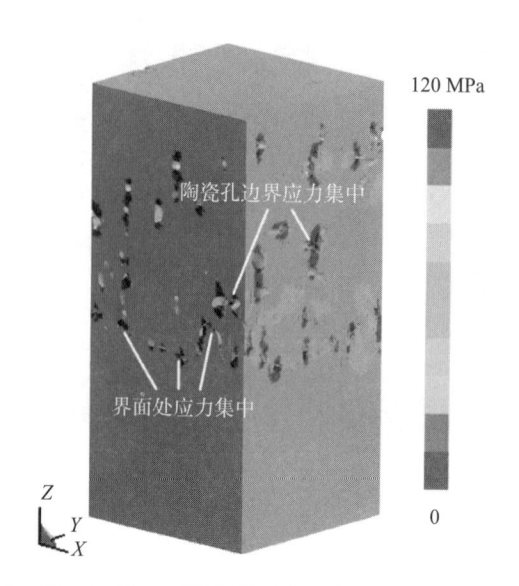

图 10-19　$t=30$ s 时涂层最大主应力分布云图（见彩插）

图 10-20 给出了加载时间达到 40 s 时陶瓷层内部的损伤示意图。为了可以更直观地观察裂纹源在陶瓷层与黏结层界面附近的分布情况，将陶瓷层未失效的单元隐藏，同时用不同的颜色分别显示出陶瓷层内部已经失效并删除的单元以及黏结层单元，如图 10-20（a）所示。从图中可以很明显地看出，在陶瓷层与黏结层界面附近的陶瓷层内部萌生了大量的裂纹源（记为 I 型裂纹源）。此外，为了进一步了解陶瓷层内部远离界面处微裂纹的分布情况，从垂直于 z 轴的方向截取了 4 张陶瓷层切片，依次标记为"切片 A""切片 B""切片 C"和"切片 D"。如图 10-20（b）所示，通过二维切片的局部放大图可以看到，陶瓷孔隙的边界同样存在裂纹源（记为 II 型裂纹源）的萌生。

图 10-20　$t=40$ s 时陶瓷层的损伤示意图（见彩插）
(a) I 型裂纹源；(b) II 型裂纹源

2. 主裂纹的形成与扩展

图 10-21 给出了陶瓷层内部主裂纹的形成与扩展过程，从图中可以看出，当加载进行到 44.4 s 时，陶瓷层与黏结层界面处萌生的多个微裂纹（图 10-21（a）中依次标为"I""II""III"和"IV"）开始扩展、合并形成一个主裂纹，如图 10-21（b）所示，且这一时

刻刚好对应着图 10-16 中内能的峰值点时刻。图 10-21（b）的局部放大图显示了主裂纹尖端单元的第一主应力矢量，通过应力矢量图可以看到主裂纹的尖端受到垂直方向拉应力的作用，且两端拉应力的大小分别达到了约 150 MPa 和 80 MPa。随着拉伸的进行，主裂纹尖端拉应力逐渐增大，进而引发了该主裂纹在陶瓷层内部沿界面方向的进一步扩展，扩展路径如图 10-21（c）所示，并最终在陶瓷层与黏结层界面附近形成了一条水平方向的长裂纹。

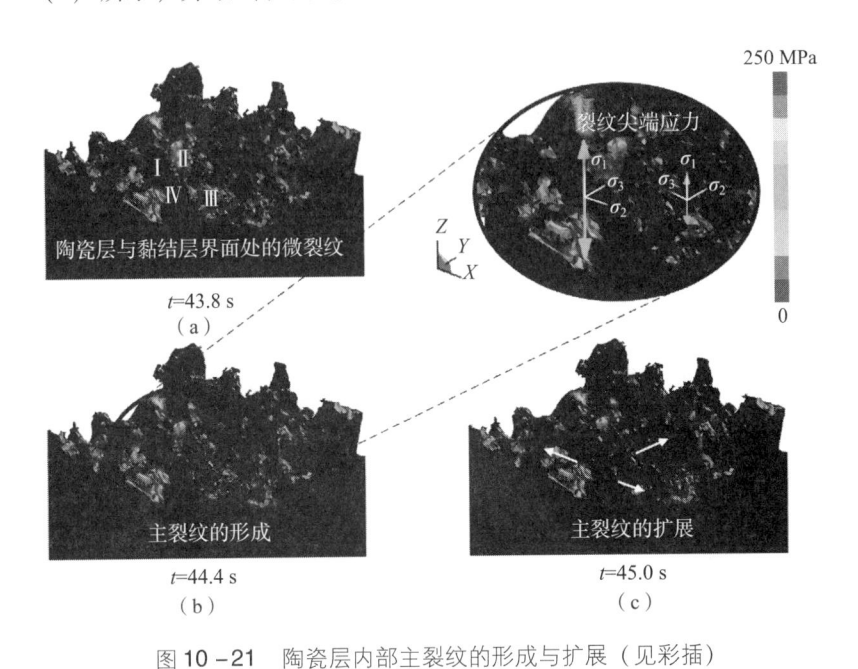

图 10-21　陶瓷层内部主裂纹的形成与扩展（见彩插）
(a) 陶瓷层与黏结层界面处的微裂纹；(b) 主裂纹的形成；(c) 主裂纹的扩展

随着加载的继续进行，主裂纹快速扩展直至涂层的最终断裂。相比试验而言，数值模拟可以提供有关主裂纹后续扩展更为丰富的信息，其中值得一提的是，在加载后期，凸起较明显的黏结层会阻断主裂纹沿原方向继续扩展，在这种情况下，主裂纹将绕着陶瓷层与黏结层界面继续扩展，并最终在界面附近形成起伏状的涂层拉伸断面，如图 10-22 所示。

图 10-22　加载后期陶瓷层内部主裂纹的扩展（见彩插）

参考文献

[1] Nakamura T, Qian G, Berndt C C. Effects of pores on mechanical properties of plasma-sprayed ceramic coatings [J]. Journal of the American Ceramic Society, 2000, 83 (3): 578.

[2] Michlik P, Berndt C. Image-based extended finite element modeling of thermal barrier coatings [J]. Surface and Coatings Technology, 2006, 201 (6): 2369-2380.

[3] 马壮. 功能梯度涂层的制备及片层粒子间界面特性与隔热性能研究 [D]. 北京：北京理工大学, 2001.

[4] Wang Z, Kulkarni A, Deshpande S, et al. Effects of pores and interfaces on effective properties of plasma sprayed zirconia coatings [J]. Acta Materialia, 2003, 51 (18): 5319.

[5] Busso E P, Wright L, Evans H E, et al. A physics-based life prediction methodology for thermal barrier coating systems [J]. Acta Materialia, 2007, 55 (5): 1491.

第11章
涂层热循环寿命预测方法及实例分析

针对热障涂层热循环服役条件下的寿命预测研究，目前人们已发展了较为成熟的 TGO 相变模型[1,2]、涂层体系蠕变模型[3,4]和陶瓷层烧结模型[5]。然而长期以来，这些模型主要是针对涂层的单一因素描述其对涂层寿命的影响，忽视了多种因素的共同作用，建立准确、可靠的多因素耦合热障涂层寿命预测方法已十分必要。

本章通过热循环试验建立 TGO 生长动力学曲线，对涂层 SEM 图片进行统计分析获取面层与黏结层界面的形貌特征，建立准确的有限元网格模型；将导致热障涂层失效的相变、蠕变、烧结等多种因素引入数值模拟计算中，通过计算不同循环次数下涂层中应力峰值的变化来预测热障涂层的热循环寿命。

11.1 涂层热循环试验

本节以涂层典型工况为例，介绍了涂层热循环试验的过程及关键参数的获取方法。

11.1.1 试验条件

试验选取 1 050 ℃的温度为加热温度，保温时间为 1 h，随后空冷至 20 ℃，循环反复，具体试验工艺如图 11-1 所示。热循环每进行 12 次观察一次试验结果，当涂层试样表面出现肉眼可见的裂纹或者剥落视为失效，试验停止。

11.1.2 TGO 生长动力学曲线

热障涂层中陶瓷层的主要材料为 YSZ，由于 YSZ 具有大量的氧离子空位，加之陶瓷层内一定数量孔洞、裂纹等缺陷的存在，加速了高温下氧的传输，引起黏结层发生氧化，在陶瓷与黏结层之间形成了 TGO 层。TGO 形成过程中，一方面氧通过陶瓷层向黏结层传输，另一方面黏结层中的 Ni、Al、Cr 等元素向陶瓷层扩散。在面层与黏结层界面处，Ni、Al、Cr 等元素与氧发生化学反应，生成 TGO，TGO 的主要成分为 $\alpha - Al_2O_3$。随着保温时间的延长，TGO 厚度不断增加。根据式（1-6），TGO 厚度 h 与热循环次数 n 的关系可以简写成如下形式：

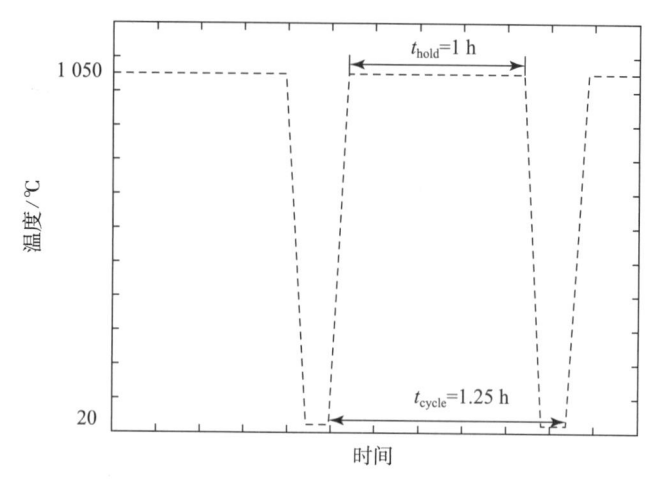

图 11-1 热循环温度-时间历程

$$h = B \cdot (n \cdot t_{\text{hold}})^m \tag{11-1}$$

式中，B 为保温温度的函数，不同的保温温度对应着不同的 B 值；m 为 TGO 的生长指数。

图 11-2 所示为不同循环次数下 TGO 的厚度特征形貌。当热循环进行到第 8 次时，TGO 的生长已经较为明显，其厚度已达到 1.6 μm；当热循环至 100 次时，其厚度约为 3.2 μm，与热循环至 8 次时相比，TGO 厚度增长了一倍；热循环至 200 次、400 次、600 次、860 次时，TGO 厚度分别为 4.1 μm、5.2 μm、5.8 μm、6.6 μm。

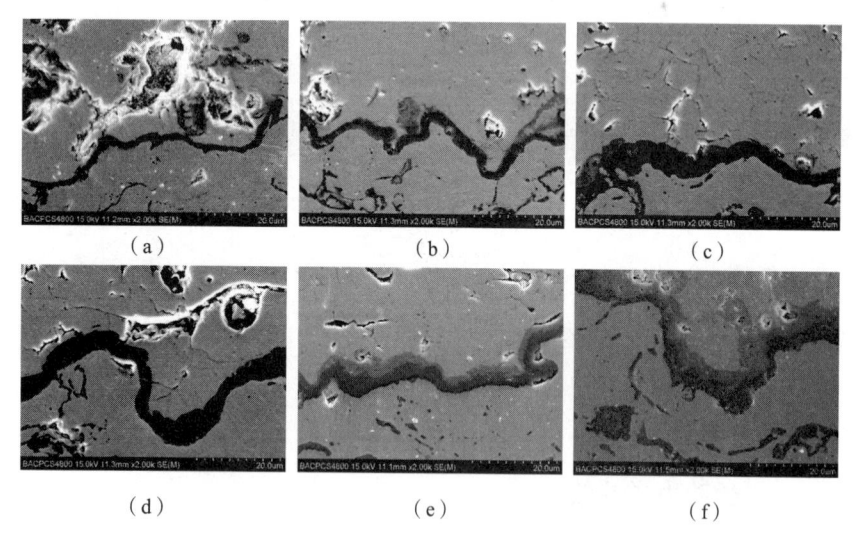

图 11-2 不同次数热循环的 TGO 横截面 SEM 图像
(a) 8 次；(b) 100 次；(c) 200 次；(d) 400 次；(e) 600 次；(f) 860 次

图 11-3 给出的是不同循环次数下 TGO 厚度的变化曲线，根据式 (11-1)，将试验统计结果进行指数拟合，得到 TGO 厚度 h 与热循环次数 n 的关系曲线，其具体表达式为

$$h = 0.86 \cdot n^{0.3} \tag{11-2}$$

式中，h 为 TGO 的厚度，单位为 μm；n 为热循环次数。

对比图 11-3 中不同热循环次数下 TGO 厚度的变化发现，在热循环初期 TGO 的生长速度较快，热循环进行至 400 次以后，TGO 生长速度明显变慢。

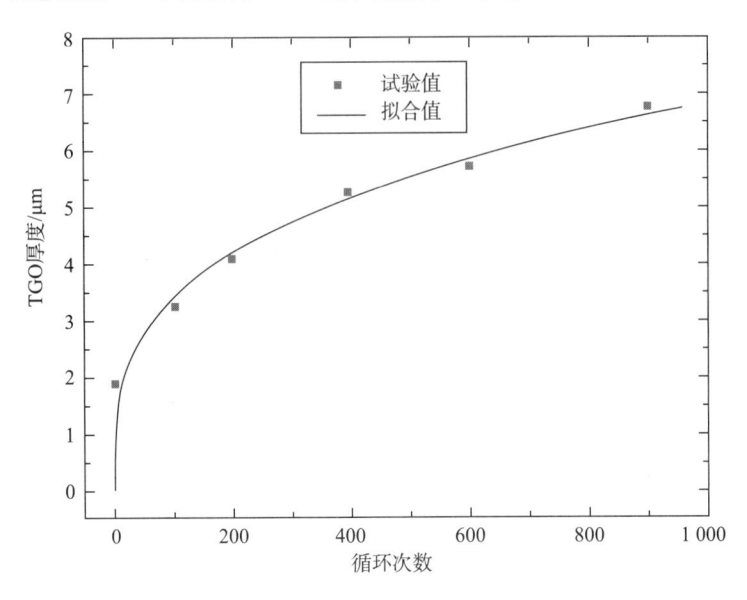

图 11-3　TGO 厚度随循环次数的增长规律

11.1.3　涂层热循环试验寿命

在 11.1.1 节试验条件下，对冷却至室温时的涂层进行观察。当热循环进行至 848 次时，在试样的表面和边缘位置尚未观察到裂纹的出现，如图 11-4（a）所示。而当热循环进行至 860 次时，涂层表面发生了严重的剥落，如图 11-4（b）所示。由于本试验每隔 12 次观察一次试验结果，所研究的涂层热循环寿命理论值在 848～860 次之间。

图 11-4　不同热循环次数的涂层表面形貌
（a）848 次；（b）860 次

图 11-5 所示为涂层试样热循环失效的截面 SEM 照片，对涂层中两个不同区域的高倍（×2 000）SEM 图片观察发现，失效主要发生在陶瓷层内接近面层与 TGO 界面位置。可见，对于所研究的热障涂层，陶瓷层是热循环过程中最容易失效的部位。

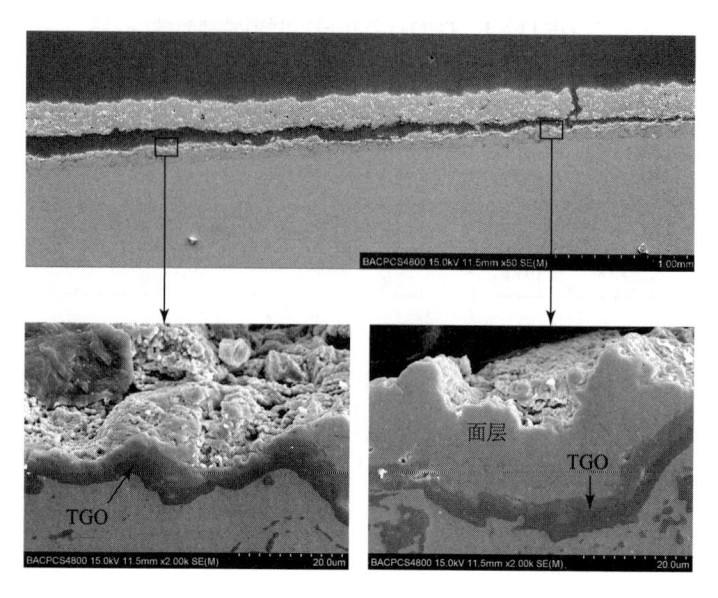

图 11-5　涂层失效后的横截面 SEM 图

11.2　涂层热循环应力计算有限元方法

在热循环的高温保温阶段，涂层主要发生了相变、蠕变、烧结等过程；在冷却时承受着热应力作用。正是这些因素的综合作用，导致涂层在经过一定的热循环次数后最终失效。准确的材料模型是计算各种因素对涂层性能影响的基础。表 11-1～表 11-3[6~8]给出了不同温度条件下涂层的基本性能参数，包括弹性模量 E、泊松比 v、热膨胀系数 α 以及屈服应力 σ_{yield}。需要说明的是，弹性模量 E 在热循环过程中将会因烧结作用引起的涂层致密化而发生变化，本节将通过烧结模型对热循环进行到特定温度条件下的 E 值进行修正。此外，在热循环过程中，因 TGO 相变膨胀引发的应变载荷以及高温阶段各类材料发生的蠕变现象也必须考虑。

表 11-1　陶瓷层材料性能参数

$T/℃$	E/GPa	v	$\alpha/(×10^{-6}\ ℃)$
20	56	0.2	10.01
1 050	25	0.2	10.02

表 11-2　黏结层材料性能参数

$T/℃$	20	500	700	850	950	1 050
E/GPa	152	136	128	109	100	58
v	0.311	0.334	0.342	0.347	0.350	0.352
$\alpha/(×10^{-6}\ ℃)$	12.3	15.1	15.9	17.0	18.0	19.4
σ_{yield}/MPa	868	807	321	117	66	38

表 11-3　TGO（氧化层）材料性能参数

$T/℃$	20	500	1 000	1 100
E/GPa	400	375	325	320
v	0.23	0.24	0.25	0.25
$\alpha/(\times 10^{-6}\ ℃)$	7.13	7.99	8.75	8.88
$\sigma_{\text{yield}}/\text{MPa}$	8 000	8 000	300	300

1. 烧结模型

如前所述，热循环试样将经历高温到低温的往复循环，弹性模量将因高温阶段的烧结作用而发生改变，这是因为陶瓷层内含有一定数量的孔洞、裂纹等缺陷，随着热循环次数的增加，高温作用时间的延长，在高温作用下陶瓷层发生烧结而变致密，弹性模量增大。烧结作用引起弹性模量变化的方程为[5]

$$E(t) = \frac{\beta E^0 E^\infty}{\beta E^0 + E^\infty - E^0} \tag{11-3}$$

其中

$$\beta = 1 + A_{\text{sint}} \cdot \exp\left(-\frac{E_{\text{sint}}}{k_B T}\right) \cdot t^n \tag{11-4}$$

式中，E^0 和 E^∞ 分别为烧结前陶瓷层的弹性模量和致密材料本征弹性模量；A_{sint}，E_{sint} 和 n 为烧结动力学参数，$A_{\text{sint}} = 2 \times 10^{10}$，$E_{\text{sint}} = 3\ \text{eV}$，$n = 0.25$ [8]；k_B 为玻尔兹曼常数。

在多因素耦合计算过程中，主要针对 20 ℃ 和 1 050 ℃ 两种典型温度条件进行涂层寿命预测方法研究。根据表 11-1，陶瓷层 YSZ 材料烧结前在 20 ℃ 和 1 050 ℃ 条件下的弹性模量分别为 56 GPa、25 GPa。此外，致密 YSZ 材料在 20 ℃ 和 1 050 ℃ 条件下的本征弹性模量都为 200 GPa[9]。因此，在热循环高温保温阶段 1 050 ℃ 温度烧结 t 小时后，陶瓷层在 20 ℃ 和 1 050 ℃ 两种典型温度条件下的弹性模量分别为

$$E_{\text{TC}}^{20\ ℃}(t) = \frac{11\ 200 \times (1 + 0.076 t^{0.25})}{4.256 \cdot t^{0.25} + 200} \tag{11-5}$$

$$E_{\text{TC}}^{1\ 050\ ℃}(t) = \frac{5\ 000 \times (1 + 0.076 t^{0.25})}{1.9 \cdot t^{0.25} + 200} \tag{11-6}$$

根据式（11-5）和式（11-6），图 11-6 给出了 1 050 ℃ 高温保温条件下，陶瓷层在热循环进行到 20 ℃ 和 1 050 ℃ 两种典型温度条件时弹性模量随烧结时间变化的规律曲线。从图中可以看出，在烧结的初始阶段，陶瓷层的弹性模量迅速增加，随着烧结的继续进行，陶瓷层的弹性模量增加速度逐渐变缓。图 11-6 中的弹性模量数据将用于多因素耦合计算中。

2. 相变模型

热循环过程中，生成 TGO 主要的化学反应式为

$$\text{Al} + \frac{3}{4}\text{O}_2 \rightarrow \frac{1}{2}\text{Al}_2\text{O}_3 \tag{11-7}$$

这一相变过程中，材料的体积发生了变化。相变后与相变前的体积变化用 Pilling-Bedworth

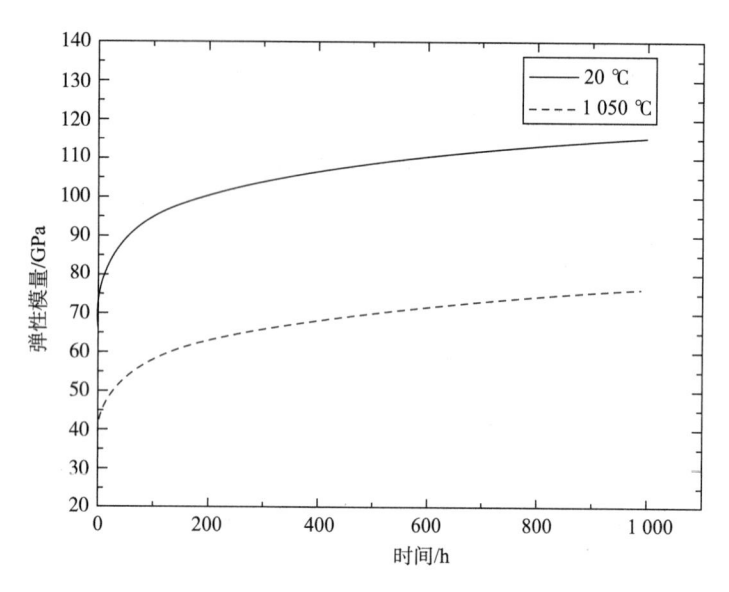

图 11-6　陶瓷层弹性模量与烧结时间的关系

比例 Φ_v 来表示[10]：

$$\Phi_v = \frac{V_{Al_2O_3}}{2V_{Al}} = \frac{V^*_{Al_2O_3} Z_{Al}}{2V^*_{Al} Z_{Al_2O_3}} \tag{11-8}$$

式中，V^* 为晶胞体积，$V^*_{Al} = 6.64 \times 10^{-29}$ m³，$V^*_{Al_2O_3} = 25.47 \times 10^{-29}$ m³[7,8]；Z 为晶胞中的原子数目 $Z_{Al} = 4$，$Z_{Al_2O_3} = 6$[11,12]。所以，$\Phi_v = 1.28$。

本章建立的涂层模型为二维模型，需要先将 $\Phi_v = 1.28$ 的三维体积膨胀率转换成 x、y、z 三个方向的线膨胀率。TGO 相变产生的线膨胀率为

$$\Phi_{x,y,z} = \Phi_v^{\frac{1}{3}} \tag{11-9}$$

根据式（11-9）可计算出 TGO 产生时在空间坐标三个方向的膨胀率为 1.085，表明 TGO 因相变而在各个方向上的应变增加了 0.085 倍。TGO 相变过程中的膨胀主要发生在喷涂方向，在垂直于喷涂方向的影响基本可以忽略[3]，故在本章有限元计算中只考虑平行于喷涂方向的 TGO 膨胀作用。实际涂层中，由于受到陶瓷层和黏结层的约束作用，TGO 相变时膨胀并不能自由发生，进而在 TGO 内部产生较高的压应力。基于上述分析，通过在平行于喷涂方向施加 0.085 倍 TGO 厚度的应变载荷来实现 TGO 相变应力的计算。

3. 蠕变模型

在热循环试验 1 050 ℃ 高温条件下，涂层中的陶瓷层、TGO 层、黏结层都会发生蠕变。蠕变的发生极大地缓解了因 TGO 相变产生的应力，使涂层不会过早地因 TGO 相变作用而发生失效。

材料高温蠕变方程一般形式为

$$\dot{\varepsilon} = A\sigma^n \exp\left(-\frac{Q}{RT}\right) \tag{11-10}$$

式中，$\dot{\varepsilon}$ 为蠕变应变率；A 为蠕变因子；n 为蠕变指数；Q 为活化能；R 为气体常数；T 为

温度。

在本章有限元计算中，1 050 ℃时陶瓷层、黏结层以及 TGO 层的蠕变方程具体形式分别为[7,8,13]

$$\dot{\varepsilon} = 3.8E - 16 \times \sigma^{3.98} \tag{11-11}$$

$$\dot{\varepsilon} = 1.5E - 7 \times \sigma^{4} \tag{11-12}$$

$$\dot{\varepsilon} = 7.3E - 4 \times \sigma \tag{11-13}$$

11.3 多因素耦合计算方法

本节将从高温保温到低温冷却两个不同阶段出发，综合考虑 TGO 生长、相变、陶瓷层烧结以及涂层蠕变等多种因素对涂层应力的影响。高温保温阶段：伴随着陶瓷层的烧结作用，因 TGO 的生长相变以及涂层体系的蠕变共同作用在涂层内产生了一定的应力 σ_{hold}，σ_{hold} 将成为冷却阶段的初始应力；冷却阶段：该阶段主要特征是温度变化引起热应力的产生，冷却阶段所形成的应力 σ_{cool} 实际是高温阶段产生的应力 σ_{hold} 与冷却过程产生的热应力 $\sigma_{thermal}$ 的叠加。

基于上述分析，本节建立了热循环应力多因素耦合计算方法，图 11-7 给出了第 i 次热循环应力的具体流程。具体步骤为：

①根据热循环进行的次数 i 确定出高温保温阶段的总时间 $t = t_{hold} \times i$，t_{hold} 为单次热循环的保温时间。

②根据式（11-1）建立 t 时间所对应 TGO 厚度为 h 的有限元模型。

③根据 11.2 节相变模型的分析，在有限元计算中通过施加 8.5% h 应变模拟相变作用，输入式（11-10）所示的涂层蠕变材料模型，根据式（11-3）赋予涂层材料高温阶段的弹性模量来模拟烧结作用的影响，从而实现高温保温阶段的多因素耦合计算。热循环过程中使用的材料模型具体参数见 11.2 节的计算结果。

④计算涂层高温阶段的应力 $\sigma_{hold}(i)$、应变 $\varepsilon_{hold}(i)$，将 $\sigma_{hold}(i)$、$\varepsilon_{hold}(i)$ 作为冷却过程的初始应力应变条件，并根据式（11-3）建立冷却到室温后弹性模量随烧结时间变化的热弹塑性材料模型。

⑤读入 $\sigma_{hold}(i)$、$\varepsilon_{hold}(i)$，计算涂层冷却过程中的应力 $\sigma_{cool}(i)$。

⑥冷却过程产生的热应力 $\sigma_{thermal}$ 在进入下次热循环的高温保温阶段时将变为 0，因此只需将 $\sigma_{hold}(i)$、$\varepsilon_{hold}(i)$ 作为下次热循环的初始应力应变。

根据 11.1.1 节所述的试验条件，选取 1 050 ℃ 为无热应力状态温度。热循环试验采用空气冷却的方式，冷却速度较为缓慢（2 ℃/s[14]），可近似认为在冷却过程中任意时刻涂层微区内的温度相同[5]。此时，产生热应力的主要原因包括：当前温度与参考温度之间存在一定的差值；涂层中不同材料之间的热膨胀系数不匹配，具体参数见表 11-1～表 11-3；由于边界条件的限制，冷却收缩不能自由发生。冷却至室温 20 ℃ 时，涂层内的热应力最大，每次热循环冷却至室温时涂层内的应力状态是评价涂层使用情况好坏的重要依据。

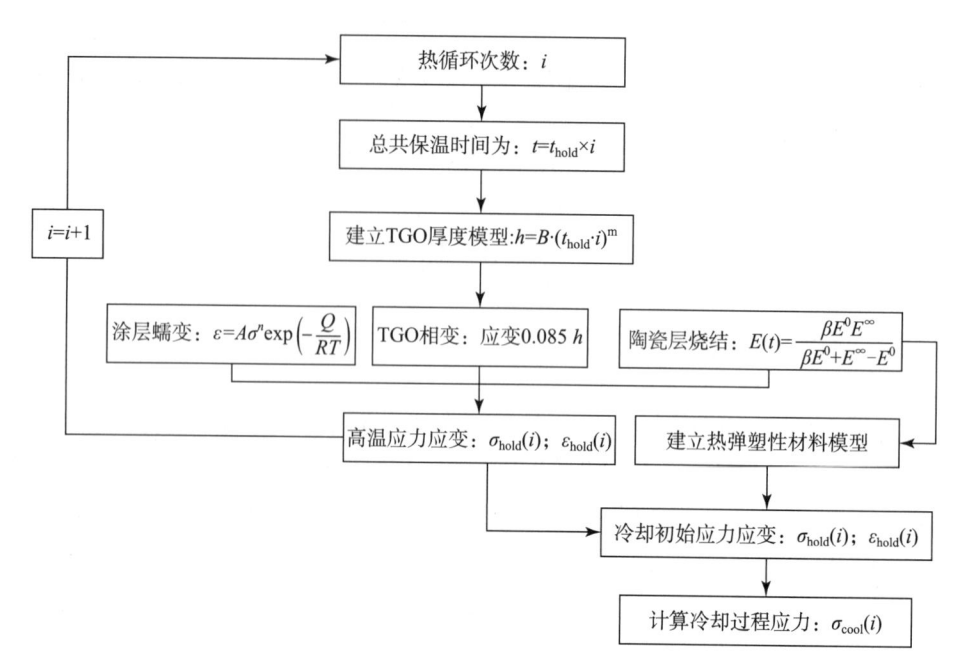

图 11-7　第 i 次热循环应力多因素耦合计算流程

11.4　工程应用实例分析

11.4.1　几何模型及边界条件

如图 11-8 所示，涂层横截面的界面形貌可以近似用正弦曲线来表示，其中正弦曲线的幅值 b 和半波长 a 的比例 b/a 即界面形貌的特征值 $r(i)$。$r(i)$ 的值越大，表明其对应的界面形貌越尖锐，对应力的集中效应越明显，所代表的涂层寿命也越低[6]。

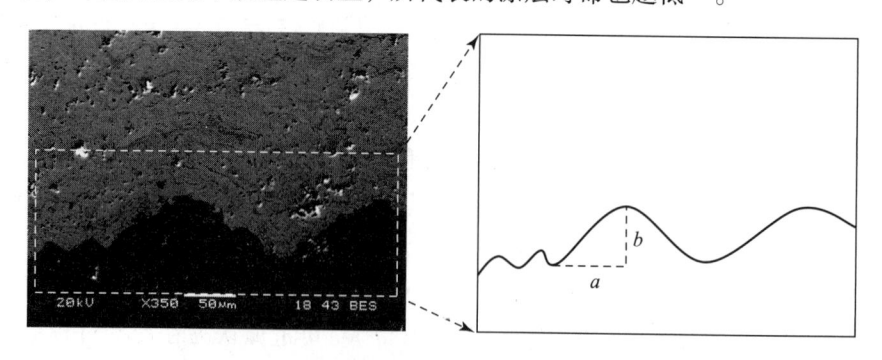

图 11-8　涂层界面形貌特征的定量统计方法示意图

统计了约 1 000 幅界面形貌的特征值 $r(i)$，由于统计的 $r(i)$ 组数较多，为了便于统计，先将 $r(i)$ 分成若干个区域，分别进行统计，再将这些区域的 $r(i)$ 分布特征值进行归一化处理。定义 L 为所有被统计的界面在横向上的总长度，图 11-9（a）给出了归一化处理后的大小在 0.2~1.7 之间的 $r(i)$ 所对应的波长总和与 L 的比值。由于 $r(i)$ 值越大涂层越容易失效，对于大于 $r(i)$ 的所有界面总波长在 L 中所占的比例进一步统计，如图 11-9（b）所示。Busso 等人的研究表明，当涂层中沿界面附近的失效区域达到 22% 时，判定涂层发生了整体失效。依据 Busso 等人的研究结果，将图 11-9（b）中比例为 22% 时所对应的特征值作为涂层失效的临界特征值 r_c，$r_c = 0.8$。

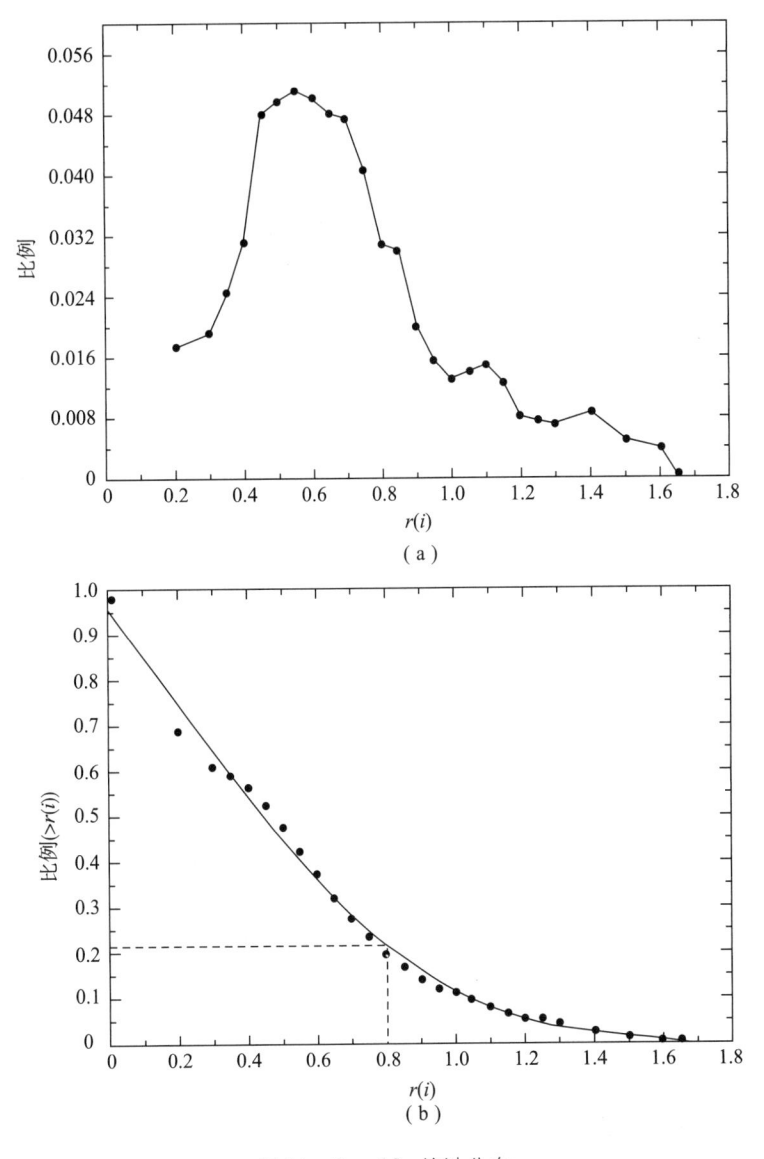

图 11-9 $r(i)$ 统计分布
(a) $r(i)$ 所对应的波长总和与 L 的比值；
(b) 大于 $r(i)$ 的所有界面总波长在 L 中所占的比例

2. 几何模型与网格划分

根据上述分析，一旦 $r_c = 0.8$ 的界面发生失效，则意味着涂层中沿界面 22% 的区域（$r(i) \geqslant 0.8$）将发生失效，涂层整体即视为失效。由此建立界面形貌特征值 $b/a = 0.8$ 的几何模型，其中 $a = 12~\mu m$，如图 11-10 所示。根据典型喷涂工艺参数，建立的模型中陶瓷层厚度为 300 μm，黏结层厚度为 100 μm。在有限元计算中，根据 11.1.2 节建立的 TGO 生长动力学曲线，构建厚度在 0 ~ 7 μm（本试验所测定的 TGO 厚度在此范围内）变化的 TGO 模型。为了提高计算效率，计算中选取 0.2 μm 作为单层 TGO 厚度，计算 TGO 生长的总层数为 35 层。对在界面附近的网格进行细化，以保证界面附近应力计算的准确性。建立的有限元模型单元总数为 10 280，单元类型为平面应变单元。

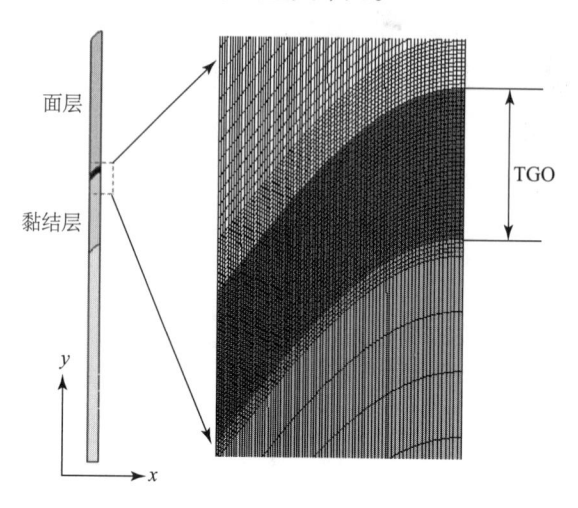

图 11-10　涂层有限元网格模型

在热循环计算中，边界条件的设置对计算结果有着重要的影响。但长期以来，关于涂层热循环计算中的边界条件设置问题一直存在着争议。Busso 等人的研究发现，当在模型波谷一侧施加位移约束，另一侧为自由边界时，应力的峰值出现在波峰附近；而 Baker 等人的研究发现，当在波峰一侧施加位移约束，另一侧为自由边界时，应力的峰值却出现在波谷附近。相关研究中，不同的边界条件下得到应力峰值所在位置截然不同，必将影响涂层最终寿命预测的可靠性。

对涂层内的局部微小区域而言，根据经典弹性力学小变形假设理论，沿厚度方向的角度变化可以忽略，故垂直于喷涂方向的边界应具有相近的位移量。为此，针对图 11-10 中的有限元几何模型，分别对 $x=0$ 与 $x=12$ μm 边界位置上的节点进行 x 方向的自由度耦合，以保证位于模型侧面同一线上的所有节点在 x 方向上的位移一致；同时，对 $y=0$ 边界位置上的节点施加 y 方向的位移约束，模型上边界为自由边界。该方法避免了前人边界条件设置的不确定性，与实际情况更为接近。

11.4.2　陶瓷层高温阶段的应力

在热循环的高温保温阶段，发生的主要变化是 TGO 相变、涂层蠕变以及陶瓷层烧结等。其中，陶瓷层的烧结作用体现为材料弹性模量随时间的变化，是伴随着 TGO 相变及涂层蠕变同时发生的，故本节将在引入陶瓷层弹性模量随烧结时间变化的基础上，重点讨论 TGO 相变及涂层蠕变对涂层在高温阶段应力的影响。

TGO 的厚度为 0.2 μm 时，因 TGO 相变而在陶瓷层内产生的最大主应力峰值达到了 80 MPa，如图 11-11（a）所示；图 11-11（b）表示在 TGO 相变和涂层蠕变共同作用下，陶瓷层内产生的最大主应力峰值仅为 0.28 MPa。图 11-11 (a)、(b) 的对比表明，涂层的蠕变显著改变了陶瓷层内的应力状态，使陶瓷层内最大主应力由不考虑蠕变作用的 80 MPa 转变为考虑蠕变作用的 0.28 MPa。

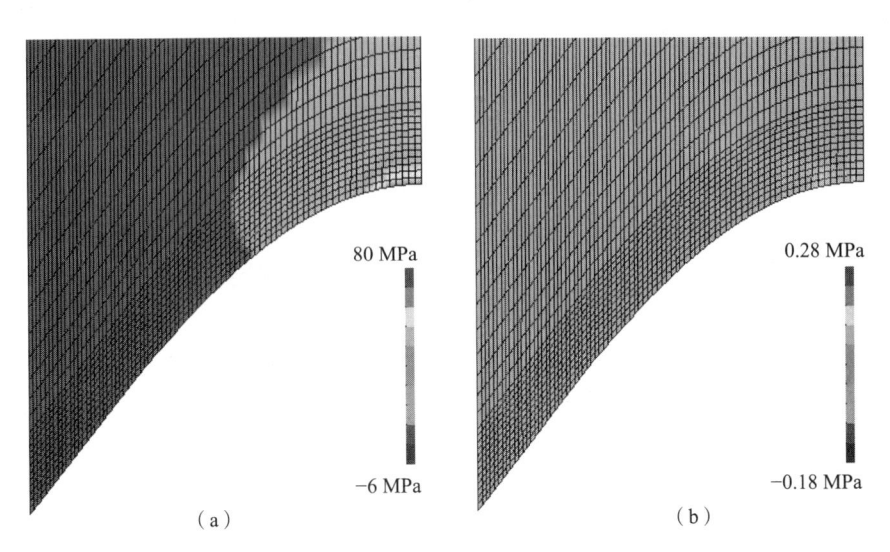

图 11-11 TGO 厚度为 0.2 μm 时陶瓷层内最大主应力分布
(a) 不考虑蠕变作用；(b) 考虑蠕变作用

TGO 的厚度为 6 μm 时，不考虑涂层蠕变和考虑蠕变的情况下，陶瓷层内最大主应力分布分别如图 11-12 (a)、(b) 所示。从图中可以看出，涂层的蠕变作用大大降低了陶瓷层内的最大主应力，使其由不考虑蠕变作用的 248 MPa 转变为考虑蠕变作用的 24 MPa。

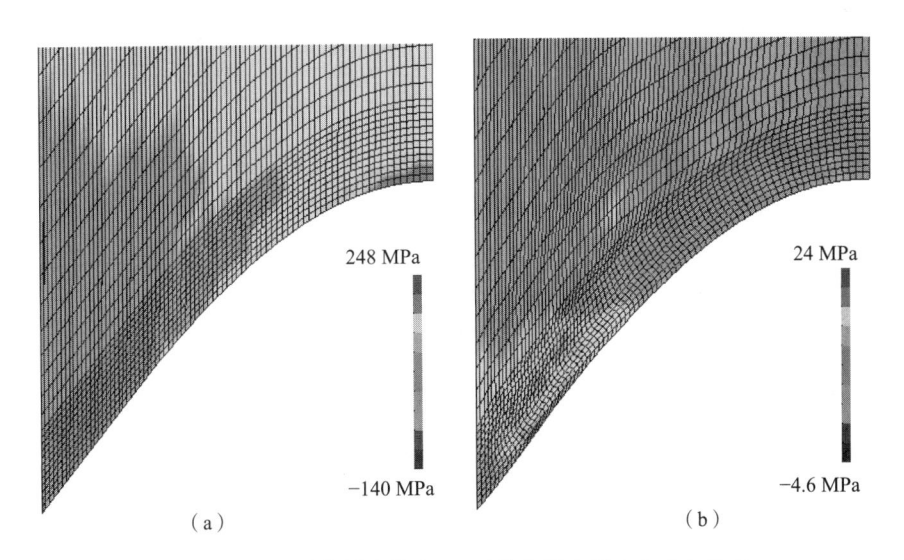

图 11-12 TGO 厚度为 6 μm 时陶瓷层内最大主应力分布
(a) 不考虑蠕变作用；(b) 考虑蠕变作用

对比图 11-11 和图 11-12 发现，在不考虑涂层蠕变作用的情况下，随着 TGO 相变的不断进行，陶瓷层内的应力逐渐增加，TGO 厚度从 0.2 μm 增大到 6 μm 时，TGO 相变作用引起陶瓷层内的最大主应力峰值从 80 MPa 增加到 248 MPa，达到了陶瓷层的失效应力 215 MPa。但由于涂层的蠕变作用，TGO 厚度为 6 μm 时的陶瓷层内实际最大主应力峰值仅为 24 MPa，远小于陶瓷层的失效应力，说明涂层的蠕变作用对缓解陶瓷层高温阶段的应力具有重要的作用。

11.4.3　陶瓷层室温阶段的应力

冷却阶段应力 σ_{cool} 除了受高温阶段 TGO 相变、陶瓷层烧结及涂层蠕变所残留下来的应力应变影响外，还将受因烧结作用引起的陶瓷层弹性模量增加从而导致热应力增加的影响。本节将根据 11.3 节多因素耦合计算方法，计算冷却至室温 20 ℃ 时的陶瓷层最大主应力。

图 11-13 所示为根据有限元计算结果拟合的 20 ℃ 时陶瓷层最大主应力峰值随热循环次数变化的理想曲线。从图 11-3 中可以看出，陶瓷层最大主应力峰值变化可大致分为 3 个阶段：①从第 1 次到第 660 次的热循环过程中，最大主应力峰值迅速增加；② 660 次到 900 次的热循环过程中，最大主应力峰值增速减慢，在热循环进行到 900 次时达到最高值 219 MPa；③ 900 次到 1 100 次的热循环过程中，最大主应力峰值开始下降。陶瓷层内最大主应力峰值在第①、②两个阶段不断增加且增加速度逐渐趋于缓慢，主要是因为随着 TGO 厚度不断增加且陶瓷层逐渐致密化，TGO 生长速率以及烧结引起陶瓷层弹性模量增加的速率都趋于缓慢，如图 11-3 和图 11-6 所示；在第③阶段，最大主应力峰值下降，主要是因为涂层在高温阶段的蠕变有效地松弛了因相变及烧结效应产生的应力，使随后冷却阶段形成的最大主应力峰值也相应下降。

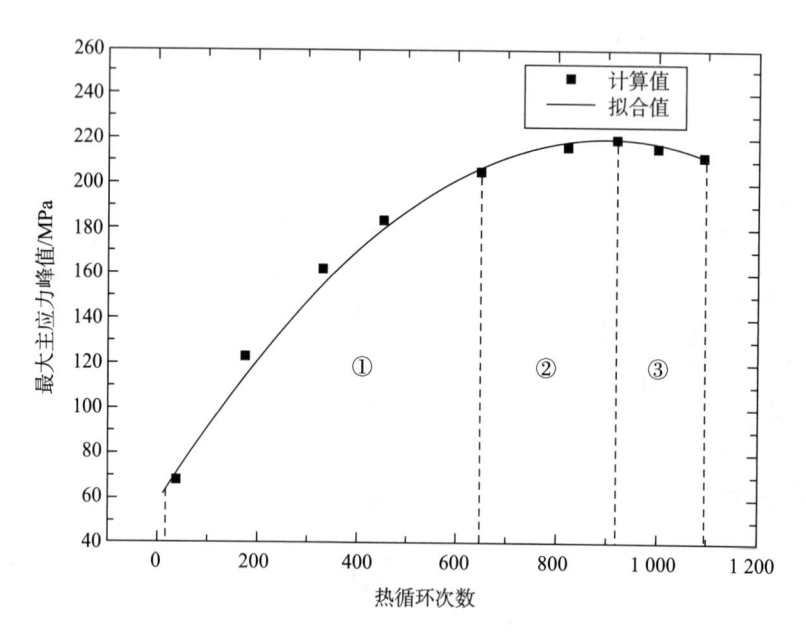

图 11-13　陶瓷层最大主应力峰值与热循环次数的关系

图 11-14 所示为热循环 900 次时，陶瓷层内最大主应力分布，图中 C 区域是 219 MPa 的应力峰值所在区域，说明在面层与 TGO 界面腰部位置的 C 区域是涂层中裂纹最易优先扩展的位置。

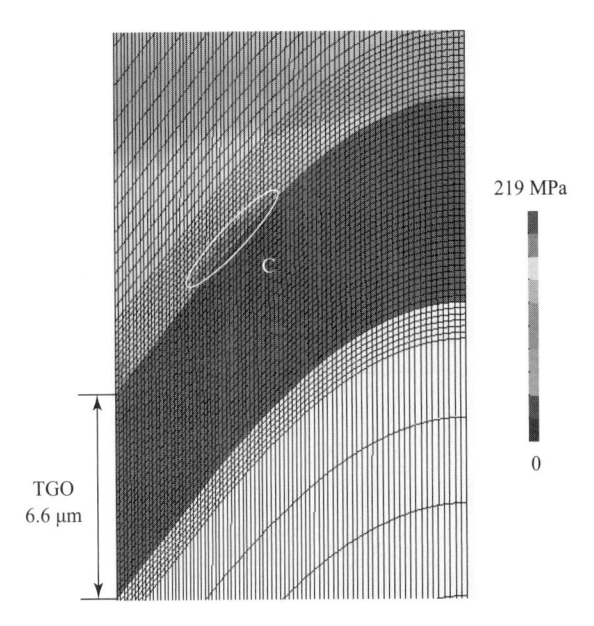

图 11-14　热循环 900 次时陶瓷层内最大主应力分布

图 11-15 所示为在热循环试验结束后的涂层典型区域 SEM 照片。根据图 11-14 的计算结果，面层与 TGO 界面腰部位置为最大主应力峰值所在区域，该区域是裂纹最易产生的地方，如图 11-15 中 C 区域所示。

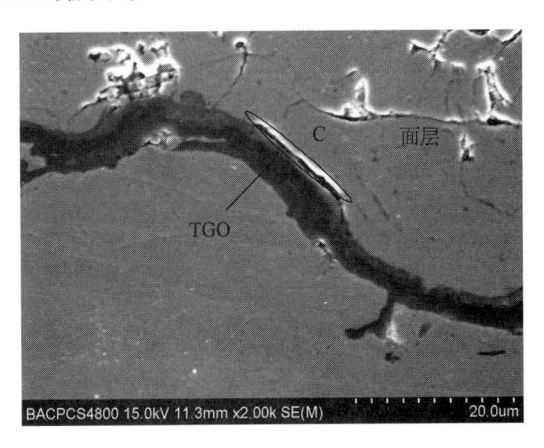

图 11-15　面层与 TGO 界面上的裂纹扩展

11.4.4　陶瓷层热循环应力影响因素分析

等离子喷涂热障涂层热循环过程中，陶瓷层应力峰值的大小决定了涂层的失效与否。分析陶瓷层应力峰值的影响因素对研究涂层的失效及长寿命涂层的设计具有重要的意义。

在热循环的高温保温阶段，由于陶瓷层烧结、TGO 生长以及涂层蠕变共同作用在陶瓷层内产生的最大主应力峰值 σ_{hold} 是冷却阶段的初始应力，是引起涂层失效的重要因素。如图 11-16（a）所示，随着热循环次数的增加，σ_{hold} 呈现出先增加后减小的变化规律，在热循环进行至第 900 次时，达到最大值 29 MPa。图 11-16（b）是通过对引起 σ_{hold} 变化的各个因素解耦后获得的曲线图，图中的 3 条曲线表示组成 σ_{hold} 的三部分应力：

① 因 TGO 生长产生的相变应力 σ_{hold}^{TGO}，通过只引入 TGO 相变模型即可求得；

② 因陶瓷层烧结引起弹性模量增加，从而产生的应力 $\sigma_{hold}^{sintering}$ 在数值上等于 TGO 相变、陶瓷层烧结共同作用产生的应力与 σ_{hold}^{TGO} 之差；

③ 涂层蠕变作用产生的蠕变应力 σ_{hold}^{creep} 在数值上等于 σ_{hold} 与 σ_{hold}^{TGO}、$\sigma_{hold}^{sintering}$ 之差。

从图 11-16（b）可以看出，随着热循环次数的增加，σ_{hold}^{TGO} 数值由第 1 次热循环时的 80 MPa 逐渐缓慢增加，当热循环至 1 100 次时达到 170 MPa；$\sigma_{hold}^{sintering}$ 数值也由第 1 次热循环时的接近 0 逐渐缓慢增加，当热循环至 1 100 次增加至 90 MPa。可见，在热循环过程的高温

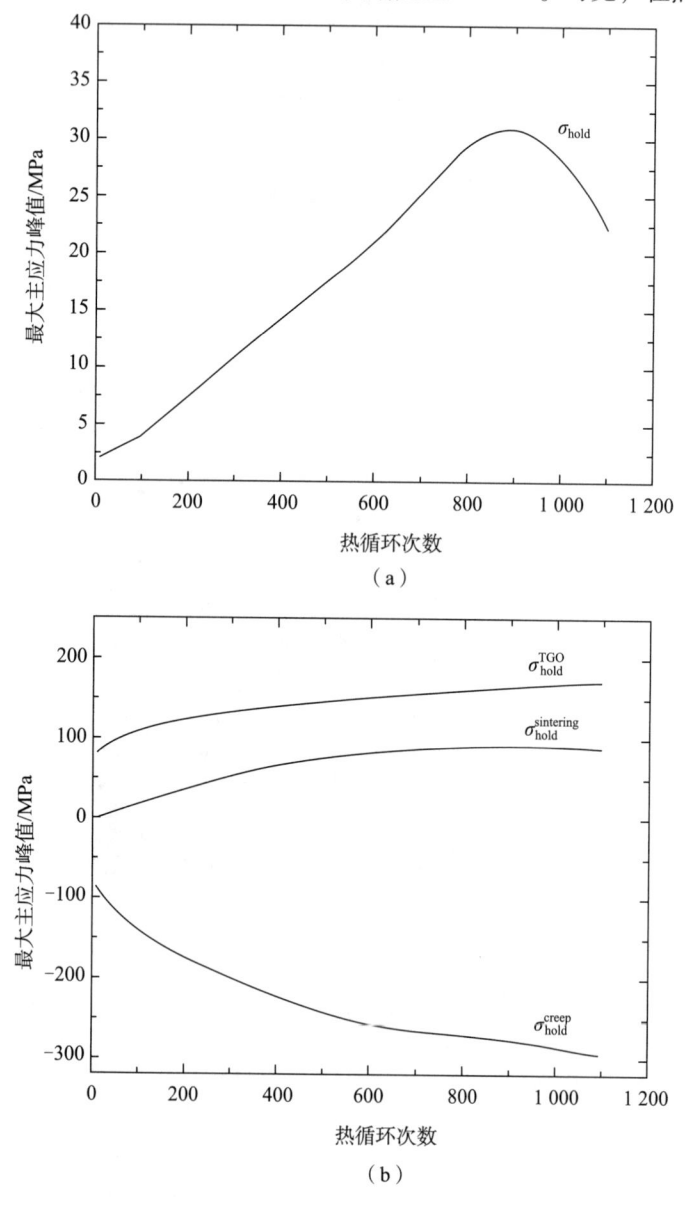

图 11-16　陶瓷层高温保温阶段最大主应力峰值及影响因素比较示意图
（a）最大主应力峰值；（b）各影响因素引起的应力变化比较

保温阶段，TGO 相变及陶瓷层的烧结效应将协同作用，共同促使陶瓷层在高温阶段的应力呈增加趋势，且 TGO 相变引起的应力值增量比陶瓷层因烧结作用引起的应力值增量高出约 80 MPa。从图 11-16（b）还可以看出，涂层在高温保温阶段的蠕变效应能有效地松弛因 TGO 相变、陶瓷层烧结而产生的较高的应力。当涂层蠕变作用不能及时松弛因 TGO 相变和陶瓷层烧结作用引起的陶瓷层应力时，陶瓷层应力 σ_{hold} 逐渐增加；反之，陶瓷层应力 σ_{hold} 减小。

图 11-17 所示为冷却至室温时的陶瓷层最大主应力峰值比较示意图。图中曲线 1 表示在不考虑 TGO 相变、陶瓷层烧结以及涂层蠕变等因素的情况下，获得的冷却至室温时陶瓷层内的最大主应力 $\sigma_{20℃}$；曲线 2 是仅考虑烧结作用对热应力增加的情况下，室温时陶瓷层内的最大主应力，该曲线是根据曲线 1 以及式（11-5）、式（11-6）估算得出的；曲线 3 是在综合考虑 TGO 相变、陶瓷层烧结以及涂层蠕变等多因素的情况下，根据图 11-13 得到的室温时陶瓷层内的最大主应力 $\sigma_{20℃}^{\text{all}}$，反映了涂层在不同循环阶段实际的应力峰值状态。

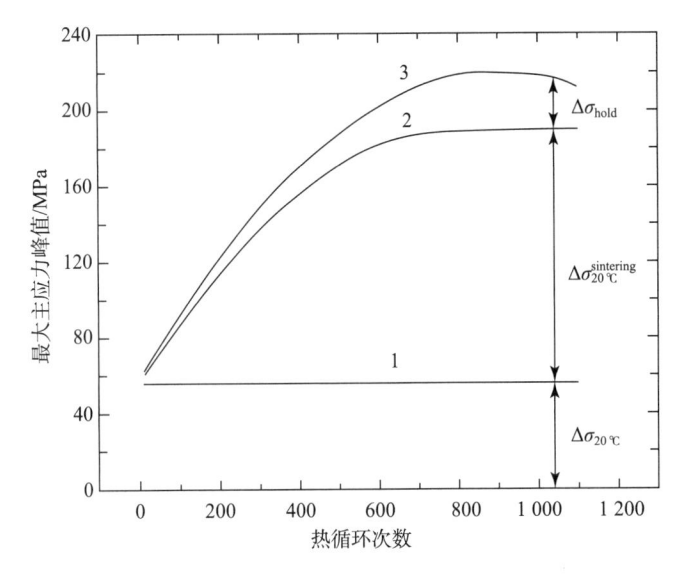

图 11-17 陶瓷层最大主应力影响因素比较示意图

从图 11-17 中可以看出：

①不考虑 TGO 相变、陶瓷层烧结以及涂层蠕变等因素的 $\sigma_{20℃}$ 为一定值，与循环次数无关。

②随着热循环次数的增加，陶瓷层的烧结作用使陶瓷层的弹性模量不断增加，因烧结作用引起的热应力增量 $\Delta\sigma_{20℃}^{\text{sintering}}$ 在数值上等于曲线 2 与曲线 1 的差。随着热循环次数的增加，因烧结作用引起的热应力增量使得陶瓷层的最大主应力迅速增加，增加到一定的循环次数后，烧结作用引起弹性模量增加的效应逐渐减弱，陶瓷层内最大主应力增速减慢。$\Delta\sigma_{20℃}^{\text{sintering}}$ 对 $\sigma_{20℃}^{\text{all}}$ 增加的影响最大，烧结因素在涂层失效中起了主导因素。

③高温保温阶段残余应力 σ_{hold}，σ_{hold} 与 $\sigma_{20℃}^{\text{all}}$ 两者之间的变化规律较为一致，说明当烧结作用引起的热应力增量 $\Delta\sigma_{20℃}^{\text{sintering}}$ 增加较为缓慢时，σ_{hold} 的变化则是促使 $\sigma_{20℃}$ 变化的关键因素，此时，σ_{hold} 继续增加极有可能引起涂层的失效。

基于上述分析，陶瓷层应力增加及涂层失效的影响因素中，陶瓷层的烧结作用引起的热应力增量最大，对涂层失效起了主导作用；而高温保温阶段的残余应力 σ_{hold} 虽然在数值上相对较小，但对涂层失效的影响不容忽略，当陶瓷层的烧结作用引起的热应力增加趋于缓慢时，高温阶段 TGO 相变、陶瓷层烧结与涂层蠕变的相互竞争则成了引起涂层失效的关键性因素。

通过上述分析发现，引起涂层热循环失效的材料性能因素主要包括：

（1）烧结效应。烧结作用对应力增加的影响较为明显，烧结速率越快越容易引起涂层的失效。

（2）TGO 生长。TGO 生长速率越快越容易引起涂层过早的失效。

（3）涂层蠕变。涂层的蠕变能够有效地松弛因 TGO 相变引起应力，延缓了涂层的失效。

在长寿命热障涂层的开发设计上，除了要考虑涂层基本属性外，还应该从以下几方面进行考虑：

（1）本征断裂强度。由于热障涂层体系中陶瓷层材料的力学性能相对较差，所以应尽量提高陶瓷层材料的本征断裂强度，保证陶瓷层能承受更高的服役应力。

（2）烧结速率。由于热障涂层的使用温度较高，陶瓷层中的孔洞烧结收缩引起弹性模量快速增加，所以应在保证陶瓷层韧性和隔热性能满足使用要求的前提下，通过调控陶瓷层孔隙率及孔洞大小等参量，将陶瓷层烧结速率控制在一个较低的范围之内。

（3）抗氧化性能。由于 TGO 的快速生长极易引起应力快速累积，导致涂层过早失效，陶瓷层应尽量选用阻氧材料，或者对阻氧性能较差的材料（如 YSZ）进行阻氧设计，这样可以减弱氧与黏结层的结合；同时，考虑如何尽可能降低黏结层的氧化效应，从而降低 TGO 的生长速率。

（4）蠕变性能。提高涂层的整体蠕变性能，能有效地松弛陶瓷层高温应力，在一定程度上可以延缓涂层的失效。

（5）界面形貌。在保证涂层结合强度的情况下，对黏结层进行表面平滑处理以减小黏结层表面的粗糙度，使面层与黏结层界面形貌的特征值控制在一个较小的范围之内，以减小因界面形貌引起的应力集中。

参考文献

[1] Busso E P. Oxidation induced stresses in ceramic-metal interfaces [J]. Journal de Physique IV, 1999, 9: 287.

[2] Evans H E. Stress effects in high temperature oxidation of metals [J]. International Materials Reviews, 1995, 40 (1-40).

[3] Rosler J, Baker M, Volgmann M. Stress state and failure mechanisms of thermal barrier coatings: role of creep in thermally grown oxide [J]. Acta Materialia, 2001, 49 (18): 3659.

[4] Rosler J, Baker M, Aufzug K. A parametric study of the stress state of thermal barrier coatings: Part I: creep relaxation [J]. Acta Materialia, 2004, 52 (16): 4809.

[5] Vaben R, Giesen S, Stover D. Lifetime of plasma-sprayed thermal barrier coatings: comparison

of numerical and experimental results [J]. Journal of Thermal Spray Technology, 2009, 18 (5-6): 835.
[6] Baker M, Rosler J, Heinze G. A parametric study of the stress state of thermal barrier coatings Part II: cooling stresses [J]. Acta Materialia, 2005, 53 (2): 469.
[7] Trunova O. Effect of thermal and mechanical loadings on the degradation and failure modes of APS-TBCs [D]. Aachen: Westfaelische Technische Hochschule Aachen, 2006.
[8] Bednarz P. Finite element simulation of stress evolution in thermal barrier coating systems [D]. Jülich: Forschungszentrum Jülich GmbH, 2006.
[9] Swab J J. Evaluation of Japanese yttria tetragonal zirconia polycrystal (Y-TZP) materials [J]. American Ceramic Society, 1987, 8 (7): 886.
[10] Busso E P, Wright L, Evans H E, et al. A physics-based life prediction methodology for thermal barrier coating systems [J]. Acta Materialia, 2007, 55 (5): 1491.
[11] Busso E P, Evans H E, Wright L, et al. A software tool for lifetime prediction of thermal barrier coating systems [J]. Materials and Corrosion, 2008, 59 (7): 556.
[12] Busso E P, Lin J, Sakurai S, et al. A mechanistic study of oxidation-induced degradation in a plasma-sprayed thermal barrier coating system.: Part I: model formulation [J]. Acta Materialia, 2001, 49 (9): 1515.
[13] Bhatnagar H. Computational modeling of failure in thermal barrier coatings under cyclic thermal loads [D]. Ohio State: The Ohio State University, 2009.
[14] Trunova O, Beck T, Herzog R, et al. Damage mechanisms and lifetime behavior of plasma sprayed thermal barrier coating systems for gas turbines—Part I: Experiments [J]. Surface and Coatings Technology, 2008, 202 (20): 5027.

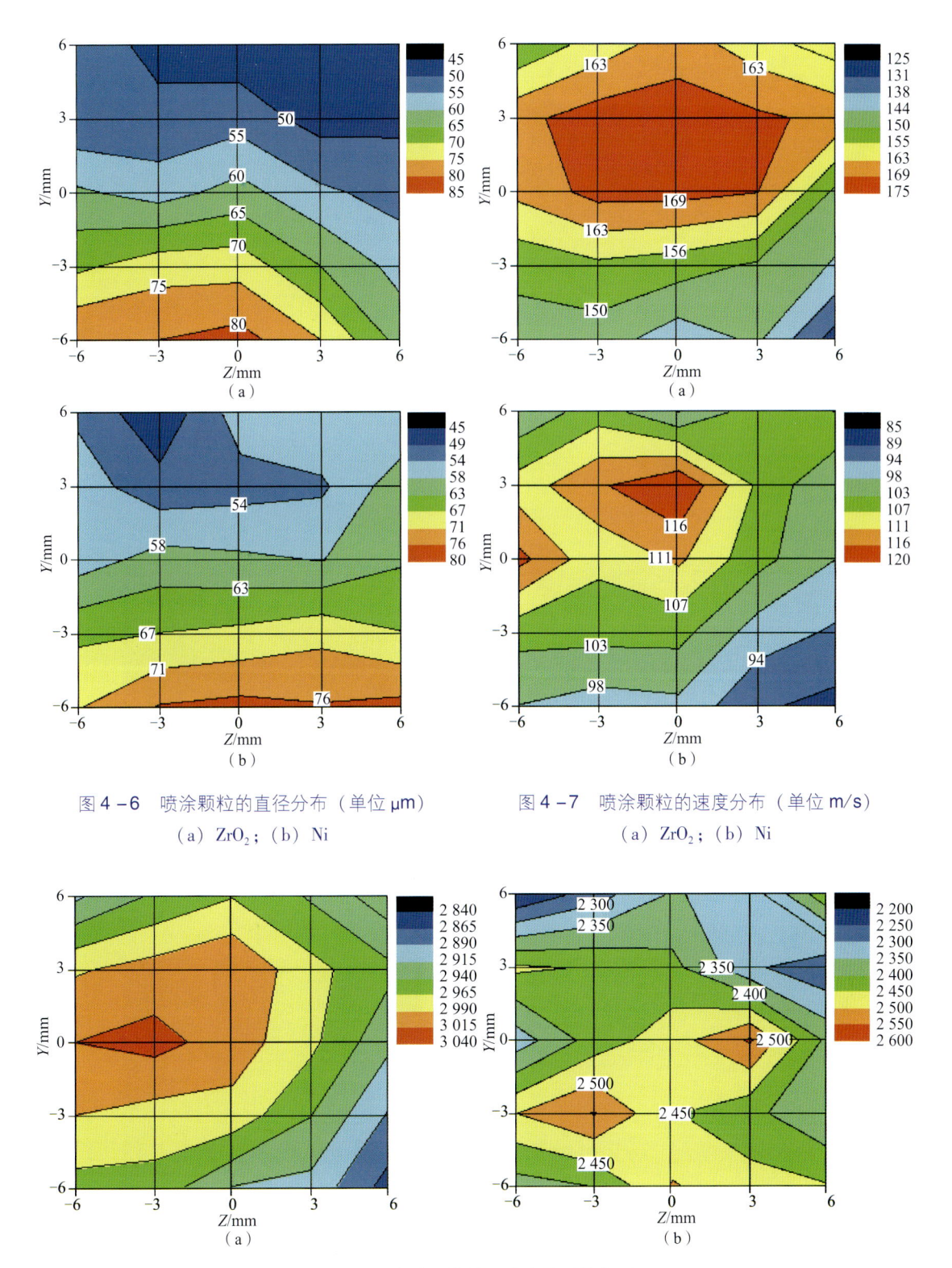

图 4-6 喷涂颗粒的直径分布（单位 μm）
(a) ZrO_2；(b) Ni

图 4-7 喷涂颗粒的速度分布（单位 m/s）
(a) ZrO_2；(b) Ni

图 4-8 喷涂颗粒的温度分布（单位 K）
(a) ZrO_2；(b) Ni

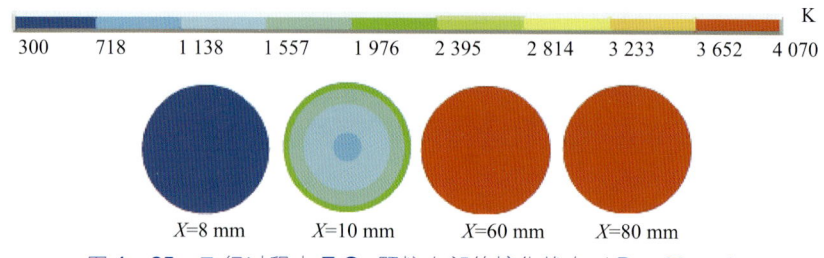

图 4-25 飞行过程中 ZrO$_2$ 颗粒内部的熔化状态（D_p =30 μm）

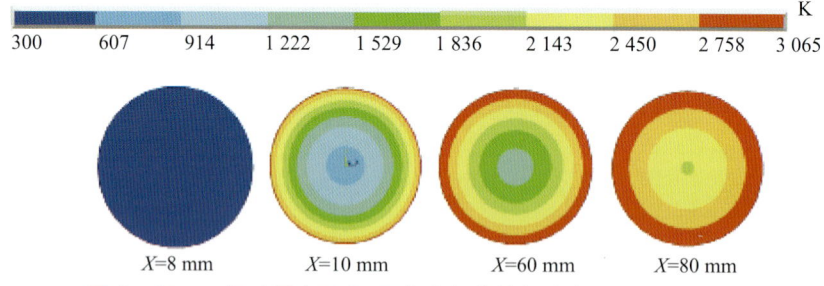

图 4-26 飞行过程中 ZrO$_2$ 颗粒内部的熔化状态（D_p =70 μm）

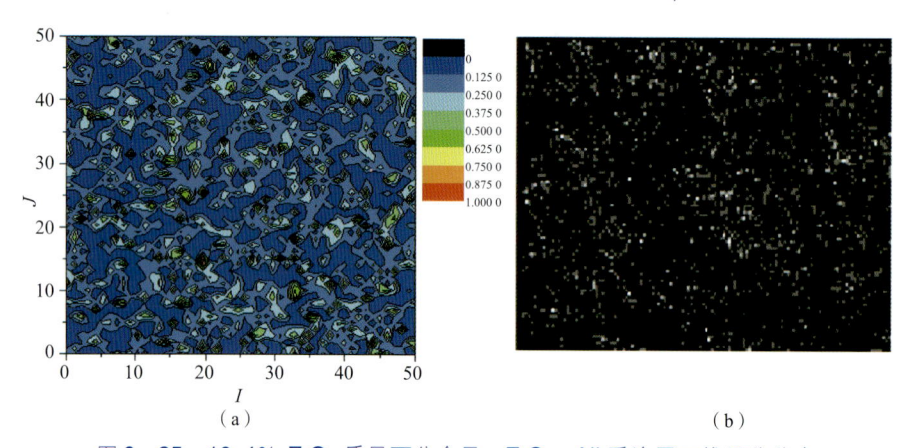

图 6-25 16.4% ZrO$_2$ 质量百分含量，ZrO$_2$-Ni 系涂层二维组分分布
（a）数值模拟结果；（b）扫描电镜面成分分析（Zr 元素）

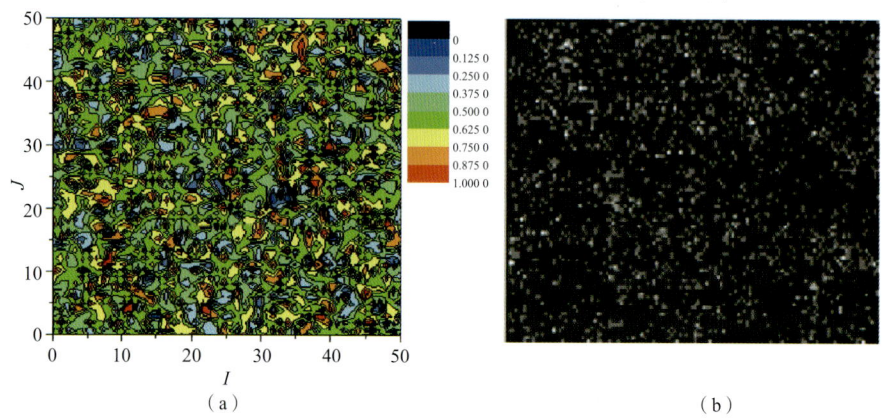

图 6-26 53.9% ZrO$_2$ 质量百分含量，ZrO$_2$-Ni 系涂层二维组分分布
（a）数值模拟结果；（b）扫描电镜面成分分析（Zr 元素）

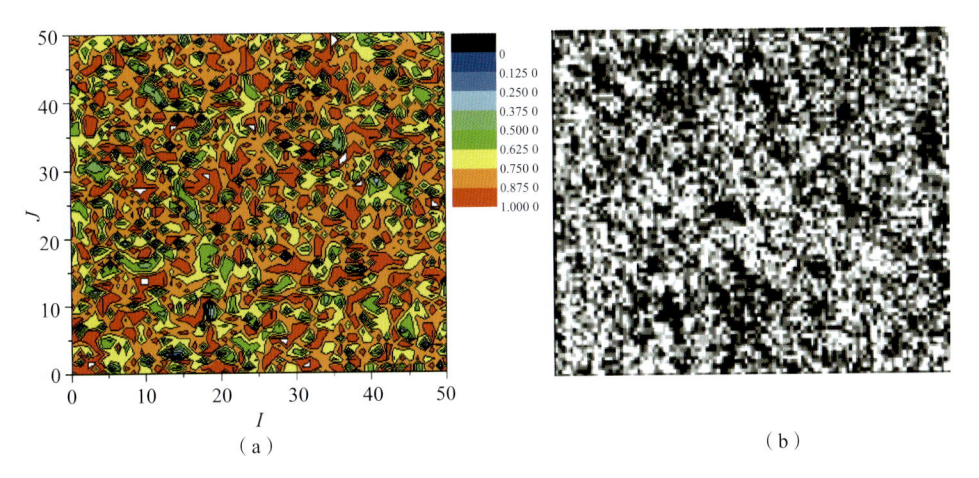

图 6-27 75.7% ZrO_2 质量百分含量,ZrO_2-Ni 系涂层二维组分分布
(a) 数值模拟结果;(b) 扫描电镜面成分分析(Zr 元素)

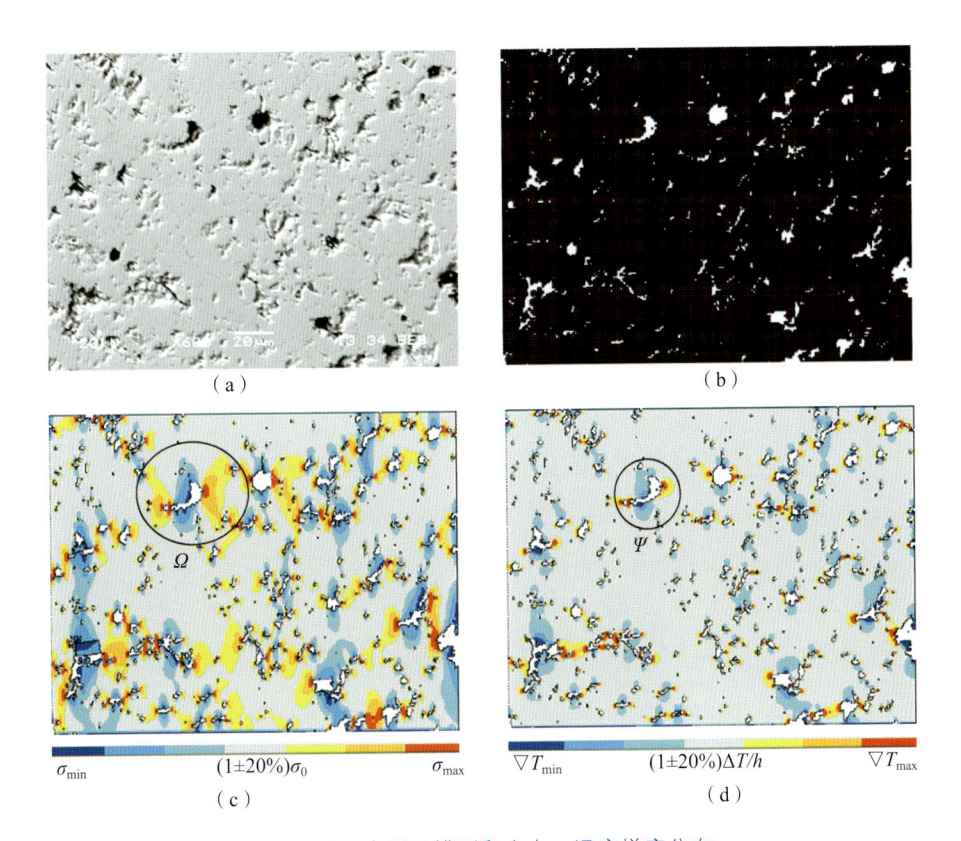

图 9-3 有限元模型和应力、温度梯度分布
(a) 陶瓷层横截面 SEM 图像;(b) 有限元模型;(c) 应力分布;(d) 温度梯度分布

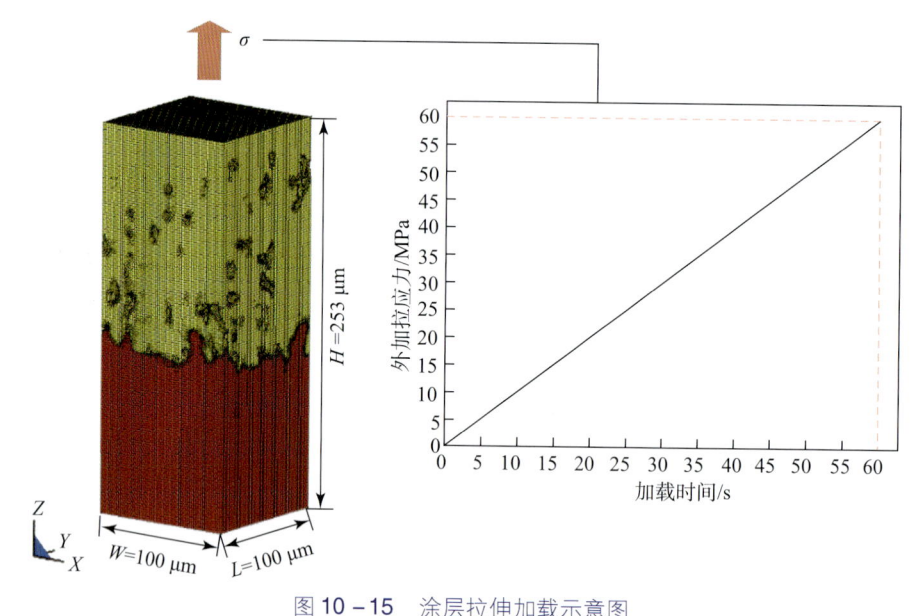

图 10-15 涂层拉伸加载示意图

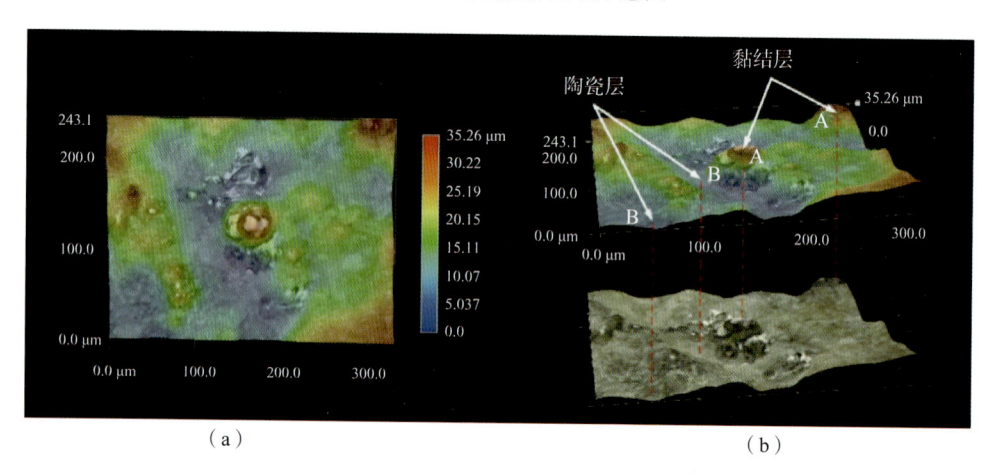

图 10-17 涂层试样拉伸断口形貌
（a）二维等高图；（b）三维形貌图

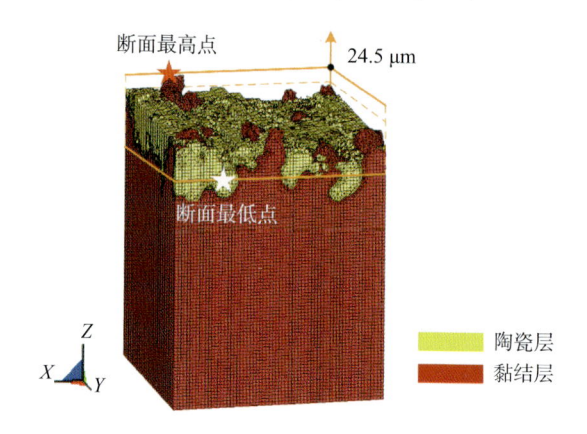

图 10-18 涂层结构三维拉伸断口形貌

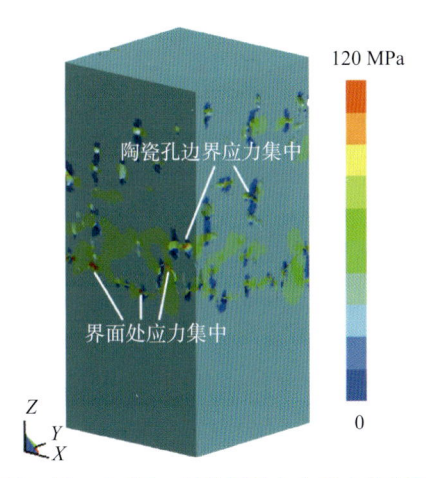

图 10-19　$t=30\ \mathrm{s}$ 时涂层最大主应力分布云图

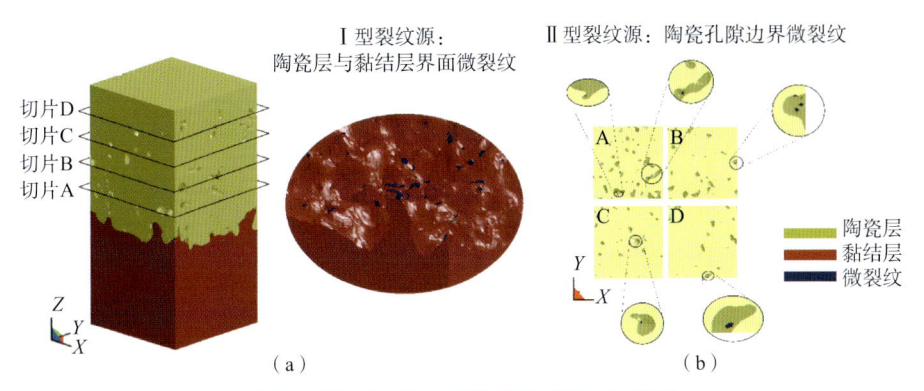

图 10-20　$t=40\ \mathrm{s}$ 时陶瓷层的损伤示意图
（a）Ⅰ型裂纹源；（b）Ⅱ型裂纹源

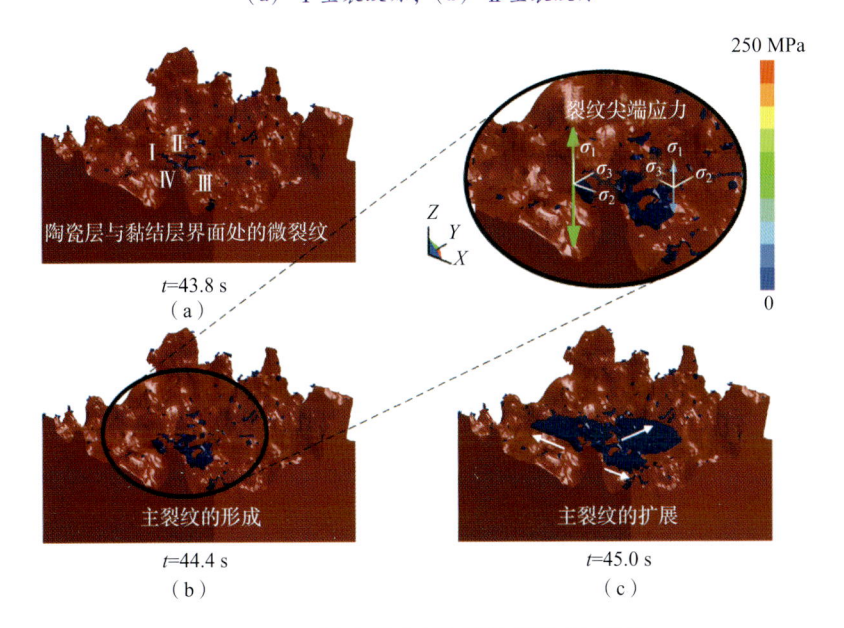

图 10-21　陶瓷层内部主裂纹的形成与扩展
（a）陶瓷层与黏结层界面处的微裂纹；（b）主裂纹的形成；（c）主裂纹的扩展

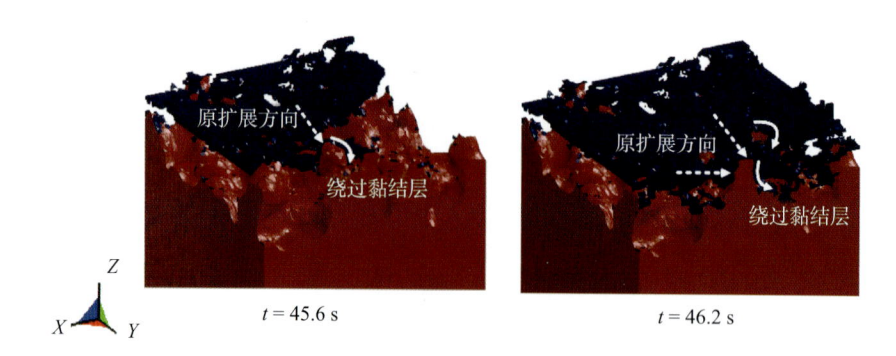

图 10-22 加载后期陶瓷层内部主裂纹的扩展